专家推荐

《E-mail营销——网商成功之道》这本书，是国内出版的第一本许可式订阅E-mail营销书籍，非常重视实践，通过大量的E-mail营销案例讲述了许可式订阅邮件营销的全过程。本书将带领读者从实战中领会邮件营销的核心，并在此过程中掌握E-mail营销的策略、流程、设计和实施技巧。本书对于许可式订阅E-mail营销的应用讲解之深入，其中对市场和营销的宏观思考到微观计划的精辟竞争分析都是前所未有的。不论是初学者还是经验丰富的E-mail营销人员，相信都能够从本书中得到意想不到的收获。对于初学者，本书按照教材的组织形式，数据完备，编写严谨，配套实例，很容易让初学者轻松上手，并快速成长为实战精英；对于E-mail营销从业人员，本书也是一本高级E-mail营销的实战手册，不仅有丰富的E-mail营销策略和技巧，也有难得一见的外贸电子商务中E-mail营销投放的例子，相信本书能够帮助邮件营销从业人员在营销思维上获得更进一步的升华。

谢晶

全球三大E-mail营销服务商之一WebPower亚洲区总裁

金融危机的影响依然存在，大量的传统外贸企业受到巨大冲击。而电子商务的快速发展，给中国制造带来了新的希望，但是如何在一个陌生的市场进行低投入高产出的营销推广是许多商家面临的最大问题。感谢本书作者从外贸企业最熟悉的E-mail出发，为我们大多数外贸企业家展现了国际最先进的客户关系维护手段。

方天雨

麦包包（http://www.mbaobao.com/）创始人

E-mail营销方面的书有很多，却很少有一本能系统完整地介绍许可式订阅邮件的书，这本书却做到了。本书完全从实战出发，包括国际顶尖的E-mail营销平台的应用，这与国内垃圾邮件当道的现状相比，无疑领先了很多。

文心

兰亭集势（http://www.lightinthebox.com/）总裁、创始人

与直接打广告的网络营销工具不同，E-mail营销是一种潜移默化的营销工具。而本书就是点出其精髓的指南，本书始终贯穿深耕市场的原则，通过各种实战案例，将具体的优化操作步骤清晰地展示在你的眼前。

刘涛

联科华夏（http://www.linkchina.com/）总裁

本书是我见过的最实用、最容易上手的一本书，因为作者本身就是电子商务领域中的成功企业家，不仅自己做得好，同时也帮助不少电子商务同行们突破很多瓶颈。作者说会写成一套丛书，这是其中的第四本，相信后面的会更精彩。感谢作者精益求精的写作，这套丛书将对我国电子商务领域的发展起到举足轻重的作用。

冯伟

米兰网（http://www.milanoo.com/）董事长兼 CEO

互联网这些年的飞速发展已经给中国带来了翻天覆地的变化，网络营销和电子商务的大环境正在成熟，网络营销热潮一片。而这本书却独辟蹊径，仅仅从 E-mail 营销讲起，细处着笔、步骤清晰、内容详细，与那些急功近利的营销手段相比，本书深得做长久生意的精髓。对于那些在热潮面前一片茫然的互联网企业来说，这是一条切实可行的有效营销道路。

过聚荣

上海交大安泰经济与管理学院院长助理、EMBA 项目主任

在国内，现在是在互联网上创业的好时机，是造就中国网商的时代。但是如何着眼实际操作，是很多行业内的书籍往往忽略的关键问题。本书却给目前正奋战在网络销售市场第一线的网商们带来了一个能够驾驭的营销渠道，对于茫然中的网商来说，是一本雪中送炭的好书。受本书作者邀请，我在书中也分享了一些自己的经验。相信这套丛书必将是我国外贸网络营销发展历程中起到普及作用的一盏明灯。

宫鑫

Google 北京代理商品众互动公司首席 AdWords 广告专家

国内也有不少 E-mail 营销方面的书籍，但绝大多数是理论教科书或者软件技术类书籍，也有一些翻译过来的书，在可操作性上参考价值很低。而本书则相当于 E-mail 营销工具的使用指南，逐步引导你从邮件平台账户的创建到成为一个维护老客户的高手，非常奇妙。尤其对 E-mail 营销，在通过 EDM 维护老客户方面阐述得很精辟，邮件营销作为网络营销的一个重要方面，对于很多进军网络销售市场的中小企业来说是一个非常必要的工具，高效、低廉。我相信本书能够给读者带来很多实用的东西，因为你会发现，打开书你就可以开始操作 E-mail 营销了。

柳焕斌

全球搜索引擎战略（SES）大会中国区执行委员会成员 点石互动创始人之一

前　言

20 世纪 90 年代初期，E-mail 营销诞生。

1995 年，通过 E-mail 发送的广告数量已经超过传统邮件，响应率和收益都胜过传统邮件和其他销售形式。

1998 年，随着几家 E-mail 服务供应商（ESPs）的成立，E-mail 营销成为一种重要的营销方式。

美国直销协会（Direct Marketing Association）研究：

2008 年营销者在 E-mail 营销上所投资的每 1 美元的赢利大约是 57.25 美元。

2009 年美国 E-mail 营销 1 美元的投资回报为 43.61 美元。

网络营销其他的非邮件营销渠道，平均投资回报为：2008 年，每 1 美元投入可获得 19.94 美元回报，回报率为 19.94 倍。预计到 2009 年，投资回报率可提高到 19.97 倍。

研究数据表明，E-mail 营销的投资回报远超过任何其他网络营销渠道。

似乎一切数据都表明 E-mail 营销的形势一片大好。

然而现在情况发生了变化：响应率骤减，普遍转化率降低。

这丝毫都不奇怪。

当我们自己的电子邮箱每周收到上百封甚至更多的垃圾邮件的时候，我们不可能奢望有一个绿色通道专供某个企业进行 E-mail 营销。研究表明：订阅者的收件箱里堆满了不符合实际需要的 E-mail，60%的订阅者干脆直接忽视邮件，使营销者建立客户关系与销售的希望泡汤。E-mail“批处理和轰炸”的营销模式山穷水尽。

商家们往往以数以万计的数量级来发送 E-mail，希望可以“广撒网多捕鱼”，但是事实证明，只有与客户建立良好关系，深度挖掘客户潜力，才是最明智的可持续发展战略。否则，无非是涸泽而渔。

本书的编写人员都是 E-mail 营销的一线斗士，我们同样遭遇过邮件到达率低、打开率低、转化率低，甚至退订、拉黑、举报等挫折，但是我们在丰富的实战经验中探索出了一条 E-mail 营销的新模式。

本书利用分析与测试的方法，论述了绩效管理、狩猎与耕作、发展阶段，以及消费者忠诚度的提高。阐述了怎样设置强大的标题，怎样使用互动和病毒式营销，怎样倾听消费者以及怎样将你的策略应用到特定类型的市场上。

这就是《E-mail 营销——网商成功之道》写作的目的，我们希望通过阅读此书，可以帮你开发和利用最先进的E-mail营销策略，找到更多的新客户，将更多的潜在客户变成忠诚客户，为你的公司赢利。

本书以实战经验为主，结合经典理论，按照由浅入深、先战略后实战的顺序通盘讲解了E-mail营销策划和操作的全过程。本书是网络营销一线人员实际运营的经验和智慧总结，本书的读者对象有以下几类：

1．目前正奋战在E-mail营销市场第一线的人

不论你是独立运作电子商务网站，还是借助阿里巴巴、淘宝和eBay等平台进行网上销售，本书都能够为你带来国际和国内市场的第一流的E-mail营销的技术和经验。

2．我国的企业家、企业营销总监、企业销售经理、企业企划总监、国际贸易人士等

E-mail 营销是一个长期的有策略、有方法的技术工作，如果你的企业里没有这样的专门人员，那么你需要找一个。如果已经有了，那么你要从本书中了解到一些基础知识，然后明白怎样去支持他，让他为你获取更多的利益。

3．网站运营商、网络营销专业人士、网络技术专业人士、网上交易操作者、电子商务操作者和网站站主

本书是一本以实战经验总结的书，其中配有大量的E-mail营销的案例和操作知识，可以作为读者的E-mail营销指南、耕作式E-mail营销的操作手册。

4．大学教师，营销、管理和商务等专业的学生

本书按照教科书的组织形式，力求严谨和完备，可以作为E-mail营销的电子商务百科全书，极具教学参考价值，同时也适合作为电子商务专业的教科书或教学参考书。

5．知识型猎奇白领

本书脉络清晰、理论精干、以操作步骤贯穿全书，并且结合实际案例，极具趣味性和可读性，是一本开阔视野、启发灵感和鼓励创新的好书。即便你并不从事E-mail营销行业，你也会发现很多令你兴奋的东西。

致谢

如我们所知，E-mail 在国内商业人士眼里完全没有达到它自身的价值所应该对应的地位。垃圾邮件、病毒、木马、欺诈等现象层出不穷。因此在大多数网商的意识里，E-mail营销，是一个广撒网、却很难捕鱼的营销方式。

因此，要将这么一个已经被轻视的营销方式通过理论与案例的论证，来重新定义它的价值，本身就是一件非常艰难的事情。

本书的四位作者都是奋战在电子商务一线的人员，也因此在长期的产品推广活动中，深切地体会到了 E-mail 营销所能带来的价值。所以，我们本着互相成就的理念，愿意将这些经验分享给更多的企业。

在这里还要特别感谢南京科泰信息科技有限公司董事长兼 CEO 周宁、总裁毛从任先生，是他们将这种互相成就的精神贯穿于企业发展的道路中，然后才有分享 E-mail 营销经验与技巧的写作计划，最后才有历时半年写作最终摆在大家案头的这本《E-mail 营销——网商成功之道》。

由于国内 E-mail 营销的相关资料以及数据远远落后于发达国家，我们查阅了大量的国外的数据、案例，在本书中分享给读者，共同来学习别人如何以最廉价的 E-mail 营销获得超越传统营销利润的方法。

在此也特别感谢孙欢、顾娟两位女士，为本书收集整理了大量的国外的先进资料。同时一并感谢本书内容引用的一些数据、图片来源书籍的作者和出版社。

最后还要感谢电子工业出版社，感谢李冰女士为本书的出版工作所付出的努力。

目　录

第1篇　E-mail营销概论

第2篇　E-mail营销技术

第 3 篇 E-mail 营销优化

第1篇

E-mail 营销概论

E-mail 营销是营销者的梦想：它方便、经济、有效，并且可以是个人的、独立的、流行的、互动的、可进行效果测量的。目前，E-mail 已经广为企业和个人接受，在我们的生活中起到令人难以置信的作用。由于科学的创新，我们可以使用数据库来定制发送的信息，这样，E-mail 就可以大规模定制。同时通过代码、特定网址或者其他追踪机制来增加对邮件的追踪能力，可以让营销者测量每一封邮件的营销效果。

第 1 章

E-mail 营销的诞生

在营销业发生了一些新的、复杂的，并且精彩的事情——E-mail 营销。新是因为它仅仅 10 岁，从 1998 年才大规模地展开；复杂是因为它允许营销者从事一些很有针对性和互动性的营销活动；精彩是因为如果正确操纵，它会比其他任何营销手段都能产生更多的效益。

1.1 E-mail 是如何进行营销的

1.1.1 E-mail 营销现状

Jupiter 调查显示，目前 93%以上的美国公司都使用 E-mail 营销。剩余的公司，加上一些小型的公司，都处于观望状态，并且打算使用它。然而，Jupiter 的调查同时显示，仅有 31%的 E-mail 营销者使用点击数据来跟踪目标信息。其余的营销者没有根据收件人的行为，对营销信息进行变更。那些雷同的邮件发送给了成百上千个未知订阅者。他们没有采用市场细分和互动模式，所以他们不能享受到 E-mail 营销所能产生的真正收益。

电视广告恰恰就是泛滥地给每个人发送相同的信息和诉求。从理论上说，给数字用户发送独立的电视广告是可行的，但是他们会在将来某时中断。单独的有针对性的 E-mail 营销也是存在的，但是大多数的公司却并不采用它。

给每个顾客发送不同的促销邮件的可能性不大，但 E-mail 可以根据我们所知道的顾客的偏好、行为和生活方式来定制。E-mail 营销可以是互动的。顾客不仅可以阅读 E-mail，而且可以在 E-mail 中与邮件发送者进行深入探讨，互相询问问题并获得回答；顾客可以表达观点和偏好、购买合适的产品。

这些个性化的、触发的、互动的营销邮件会产生惊人的效果。它们能够增加顾客保留率和销售额，从而战胜其他营销方式。

E-mail 营销可以产生三种类型的效果：在线购物、目录或者电话销售、维持客户关系。

首先，最显著的效果是在线销售。在 E-mail 中，你可以点击链接来购买产品。采用此种方式，供应商不仅能够知道谁购买了什么产品，而且还能够知道是哪条具体信息导致顾客购买了产品。E-mail 能够产生两种重要的转换：零售和目录采购。收到 E-mail 后，消费者会去逛商场并购买产品。这可以通过为收件人提供可以在商店使用的优惠券来进行测量。但是大部分由 E-mail 进行推广的零售和批发都没有提供优惠券。E-mail 与电视或广播广告产生的效果相似，它能够引导行动，但却很难确定订阅者的后续行为。

其次，E-mail 能产生目录和电话销售。根据迈尔斯·金博尔的观点，很多编目者在发送目录时也会发一封写着“看看你的邮箱，里面有我们的春季目录”的邮件。迈尔斯·金博尔发现，和单独使用目录相比，E-mail 加上目录能增加 18%的收益。

最后，E-mail 使公司可以维系顾客的保留度和忠诚度。它们提供真正的交谈而不是单纯的促销。它们接近于面对面的交流，只是缺少一些真正的实物而已。

在线购物已经变成了主流购物形式。根据皮尤因特网和美国生活规划公司的调查，美国成人在线购物的比例由 2000 年的 22%上升到了 2007 年 9 月的 49%。E-mail 促销增加了在线销售量。在更多富裕的美国人中，在线购物更普遍。根据调查，66%的收入在 6 万美元和 10 万美元之间的和 79%的收入高于 10 万美元的成人都在网上购物。

大部分的人已经习惯 E-mail 了。默克勒的一份研究显示：很多人会频繁地检查邮箱，44%的消费者每天至少三次检查他们的主要邮件，比三年前增加了 38%。52%的调查对象表示“没有它就活不下去”，而三年前的比例为 45%。同时，58%的调查对象相信 E-mail 对公司来说是一个很好的保持联系的方法，这个比例三年前是 45%。

1.1.2 这本书将教会你什么

这本书将告诉您：**E-mail 为您和顾客关系的建立提供一个全新的方法**。我们以前经常会讨论到建立密切和长期的关系，但是几乎没有公司能做到。现在我们有了必备的工具，能够单独地抵达每个顾客，而且顾客可以参与到互惠互利的对话或商谈中。因此，我们就可以了解到每个顾客的个人偏好，然后向他们发送他们感兴趣的信息。传统杂货商就是这样做的。

在超市出现之前，美国所有的货物都是在小型杂货店里出售的。人们经常能在商店的门口看到老板和顾客打招呼："嗨，休斯！你儿子今年回来过感恩节吗？"

那些人可以通过叫出顾客的名字、与顾客打招呼、了解顾客并帮助他们来建立顾客忠诚度。"我刚刚从加利福尼亚批发了葡萄，我给你留了一些。"他们知道顾客对什么感兴趣，并且能够和顾客们讨论他们感兴趣的内容。但那些老手已经不复存在了。超市出现了，价格下降了，质量也上升了。杂货商只可以在他的杂货店里库存 800 个单品，而现在的超市可以库存 30 000 个以上。他只有几百个顾客，而公司有千千万万个顾客。

没有了那些老手，创建和维持那样忠诚的客户就变得更加困难了——直到 E-mail 营销的出现。使用本书中的技术，大公司就可以和顾客建立关系——重新创建那种杂货商所建立的顾客认知度和忠诚度。我们可以创造性地利用网站和 E-mail。使用 E-mail，我们便能够重新使用在过去使用时效果极佳的方法，它们可以建立忠诚度，产生反复销售、交叉销售和利润。

很多营销者还没有意识到这一点。他们使用促销邮件，就好像是电视或印刷广告：对所有的人播放相同的东西，并且没有为顾客提供回应或参与对话的方法。他们没有意识到，促销邮件可以从根本上与广告不同，它们可以是互动的对话，可以让顾客表达自己的看法并提供自己搜索到的信息。使用像电视广告一样的促销邮件，浪费了让顾客参与对话的机会。另外，它也不能表达出顾客的期望。

电视、报纸或者直接的邮件广告只有一个路径：从你到顾客。他们可能会注意到它，也可能会忽略它。想要知道他们对你所说的话是作何感想的，就只有一个办法，就是让他们对你的广告作回应：打电话给你、上网或者走进你的店铺。如果你利用促销邮件只是单纯地对顾客播放广告，那么它便只是单路径的。但 E-mail 比广告更有威力，它可以也应该是针对个人的并且是互动的。顾客喜欢参与其中，而不是像听课那样，他们中的大多数都更倾向于对话，而不是单向交流。

这听起来是那么的简单，但为什么营销者不那么做呢？因为它并不像听起来那么容易，因为对话必须和顾客感兴趣的事有关。如果某个顾客对美国职业棒球大联盟感兴趣，若以针织或全球变暖来开始一段对话，可能根本就没用。而杂货商马上就能感觉出来，并且知道接下来应该谈些什么。

如何知晓一个成功的杂货商头脑中的知识并且让你的 E-mail 与他的日常对话一样有效力呢？这就是这本书所要谈论的。在你读完这本书的时候，你就会理解并且能够运用现代的 E-mail 营销的观念和方法。你将会成功地获得顾客的长期友谊、忠诚和光顾。要做到这些，你还需要做很多的事情。

1.2 E-mail 营销前期准备

1.2.1 必备条件

1. 建立一个数据库，保存你用来创建有效邮件的所有信息

虽然我们还不能创造出如人类大脑一样复杂而奇妙的电脑，但我们没有理由不尝试一下。杂货商在大脑里存储了上千个信息，这些信息是关于每个顾客的：顾客对什么感兴趣、他们的孩子是做什么的、不能跟他谈论什么（例如：其他党派的候选人）。为了让你的邮件更有力，你需要建立一个数据库来存储你所获得的信息，它可以为起草邮件提供相关的信息，这样看起来就像是和订阅者一直在进行对话。

2. 获得客户的邮件地址和姓名，它们会使你的对话个性化

好的网站和好的 E-mail 会说"你好，亚瑟"，差的网站和邮件则没有任何个性化元素。为什么个性化如此重要呢？就像杂货商得到并使用顾客的姓名一样，进行个性化处理的邮件和网站已经被测试过几百次了：带有收件人姓名的邮件会产生更高的打开率、点击率和销售额。当然，你必须要得到正确的名字。每个人都收到过含有姓名的垃圾邮件，所以，可能只因为你的数据库中有几个不好的词条，你就会变得畏首畏尾并且放弃利益，不使用个性化。不行！忙起来！清理你的数据库并且继续努力！

3. 创建细分群体

为什么要在 E-mail 中进行讨论呢？因为你永远不可能准确地知道顾客脑子里在想什么，但你可以去尝试。首先根据你的行业和在获取顾客邮件地址时所问的问题，你可以创建营销细分群体：大学生、有小孩的家庭、富裕老人或小企业主。要完成这个，你必须得到订阅者的家庭住址，这样你就可以添加需要的数据来进行群体细分了。或者，你的群体也可以以顾客感兴趣的产品来划分。第 7 章将会介绍如何创建细分群体，以及如何设计能吸引每个群体的 E-mail。

4．追踪客户的生活方式

老顾客和那些从来没有在你那买过东西的人是有很大区别的。当他们来买东西时，你要欢迎并感谢他们。从那个时候开始，就开始使用他们的名字。如果他们买了很多东西，请告诉他们你的感激之情，并提醒他们过去曾买过哪些东西，因为他们很可能已经忘记了，这是展开一段对话的好开端。

1.2.2　E-mail 风云录

1．三大营销运动

在过去的 60 年中，有三大营销运动：大众营销、数据库营销和 E-mail 营销。

（1）大众营销在 1950 年以电视机的出现为开端。在 5 年的时间里，大多数家庭每天晚上都看电视，导致的结果就是一次爆炸性地产品和服务的大量买卖活动。2008 年，美国在电视和广播广告上的投入超过 800 亿美元。现在大众营销仍然活跃。

（2）数据库营销是在 1985 年左右开始的。那时的做法是创建潜在顾客和顾客数据库，并应用它们向个人和家庭发送个性化的邮件或打电话，以追踪所买的产品和广告促销的效果。与电视、广播不同，直接营销可以测量每个推荐品、列表和广告的效果。若不考虑控制组，就可以准确地知道哪些信息有用，哪些信息没用。优惠券是用来吸引顾客进入商店的。数据库营销进行得如此好，所以到了 2008 年，美国的营销者在直接邮寄上的花费超过 640 亿美元，比电视高出 20%。

（3）E-mail 营销于 1998 年随着 e-Dialog 和 Responsys 公司的成立而产生。营销者开始为他们的顾客发送促销和事务处理邮件，让顾客在线或去他们的商店购买产品。现在，美国和英国大约 80%的顾客都有电子邮箱，并且经常使用。另一方面，18%的美国家庭没有上网并且也不打算上网。上百万名顾客将他们的邮件地址提供给提供商，并允许他们给自己发送促销和事务处理邮件。JupiterResearch 报道称，在那些已经注册并愿意接收促销信息的顾客中，有将近一半的人要么在线购买（48%），要么离线购买（50%）。公司计划 2009 年在 E-mail 营销上投入约 15 亿美元。

截止到 2008 年，在线零售销售额已达 1290 亿美元。然而，这些销售额仅仅是总零售额的 3%。

表 1-1　年度电子商务

年　份	年度电子商务（10 亿）	总零售额%
2000	$22.28	0.80%
2001	$31.60	1.10%
2002	$38.72	1.30%
2003	$49.24	1.70%
2004	$63.64	2.00%
2005	$77.64	2.30%
2006	$96.52	2.70%
2007	$114.36	3.10%
2008	$129.64	3.40%

对购物者行为的研究让这些数字变得更重要。在 3/4 的美国家庭中，使用网络的 90% 的人说，他们在离线购买前，都会定期或偶尔查看互联网上的信息。

表 1-2　离线购买之前的互联网研究

美国在线购物者去商店购买前在网上搜索产品的频率			
频　率	男　性	女　性	总　计
经常	50.50%	30.60%	43.30%
偶尔	41.50%	52.50%	47.30%
从不	8.10%	10.70%	9.40%
2007 年商店杂志调查 7675 名消费者（微软赞助）			

这显示出，E-mail 促销对零售采购决策的实际影响力是对在线销售影响力的 4 倍。E-mail 能产生高于 12%的零售销售额，每年将近 5000 亿美元。

由于互联网的存在，以及数百万个消费者可以通过个人电脑和手机接收邮件，E-mail 营销是可行的。电子商务成长的主要驱动力是：宽带将更多的美国家庭连接在了一起。宽带比拨号连接快 5～10 倍，这让在线购物变得更容易。弗里斯特研究所（Forrester Research）的调查显示，美国使用宽带的家庭从 2006 年的 48%上升到了 2008 年的 58%（将近 6800 万户）。

Pew 报道称，宽带用户比拨号用户更可能进行在线购买，其比例为 74%∶59%。美国、加拿大、澳大利亚、英国和很多其他的国家已经变成了“有线国家”了。在这些国家里，消费者可以通过 E-mail、电话和直接邮寄进行联络。

Jupiter Research 在 2007 年一份关于 630 家美国大公司的调查显示，每家公司每月平均为他们的顾客发送 520 万封营销邮件。营销的效果在一份 2006 年的调查中能够反映出来，调查显示顾客收到的邮件中，有 27%是商业营销邮件。

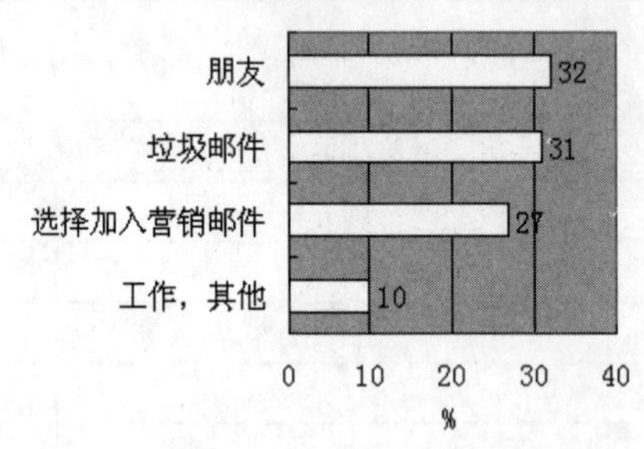

来源：Jupiter Research

图 1-1　订阅者收到的 E-mail 来源

2. 这些营销邮件是用来干什么的

Jupiter Research 的一份 2007 年对 200 家大公司高管的调查报道，展示了他们的公司是如何利用 E-mail 和顾客进行交流的。

商业 E-mail 一般可以分为两大类：促销性 E-mail 和事务处理 E-mail。促销性 E-mail 写道“这里是我们的产品，请看看。您可以点击感兴趣的产品。可以点击这里立即在线购买，或者去我们的商店进行购买。”事务处理 E-mail 一般在购买完成后出现，“Hughes 先生，感谢您订购了 Prix Supremes 品牌的鞋子”，“Hughes 先生，您的 Prix Supremes 品牌的鞋子今天已起运，订单号为……”

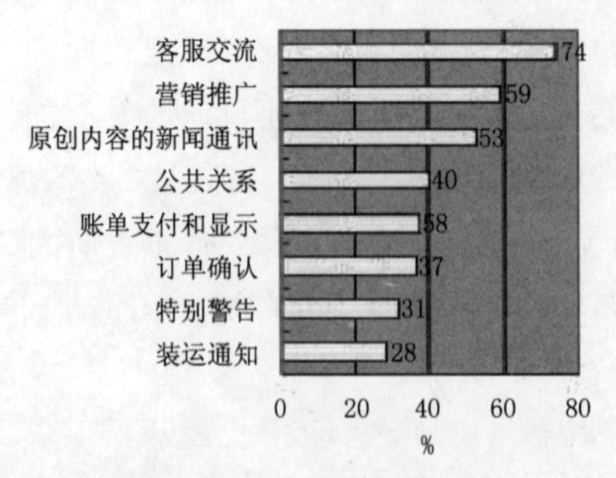

图 1-2　商业 E-mail 的目的

1.3 高效的E-mail营销

1.3.1 E-mail营销技巧

1. 让每封邮件都具有互动性

如今有了众多的软件，促销邮件已经没有借口继续保持平淡无奇了。它应该充满互动链接：优惠中心、投票、调查问卷、数据获取，以及获得更多信息的途径。一封优秀的E-mail 就要像任天堂游戏一样，可以对用户开发通道进行评分。每封营销邮件都应该是一次探险。

2. 一些有趣的统计

根据2007年牛津购物网的在线零售报告，E-mail销售平均每个订单花费低于7美元，横幅广告要花费71.89美元，付费搜索广告花费26.75美元，联盟方案花费17.47美元。

Forrester报道称，在2008年，95%的公司将（或计划）E-mail作为营销工具。使用E-mail营销的公司每年平均发送2300万封E-mail信息。

E-mailStatCenter.com的数据显示，公司平均每年丢失30%的E-mail订阅者。

Quris.com的报道称，40%的E-mail订阅者将会“按照他们自己的方法”来光顾他们所喜爱的邮件方案的公司。

而eMarketer则报道称，在美国超过1.47亿的人几乎每天使用E-mail。

1.3.2 E-mail营销的疑惑

1. 为什么大多数的营销邮件像电视广告

到现在为止，针对营销邮件所提出的令人振奋的信息仅仅是未来的一个小窥视。就当前的形势来说，这并不是一个正确的观点。几乎所有的美国公司现在都发E-mail，但是仅有一小部分利用到了它们的全面性能，这是为什么呢？

现在很多公司都被这样的一个需要驱使着：这个季度的销售额要比上个季度的高。如果销售额不上升，公司的股价就会下跌，他们的压力就是提高销售额。为了达到E-mail营销的全面效果，公司必须获取顾客姓名、住址、人口统计和偏好信息，将它们放进刚构建出的营销数据库中，并且和一个 E-mail 营销厂商签订合同，利用这些信息来创建独立的有针对性的互动邮件，发送给每个订阅者。“好办法，”这些公司说，“等下个季度的销售额上升以后，我们就会考虑使用这个方法了。”所以营销者每天给那些提供邮件地址的顾客发邮件，在他们的邮件中还继续播放相同的电视类型的广告。

其实发送独立的、有针对性的互动邮件并不复杂，也不需要太多的成本，但是和当前的水平相比，顾客保留度和销售额却会翻两倍或三倍。在这本书中，我们会详细地解释如何去做。

2. E-mail 营销有多大价值

直销协会（Direct Marketing Association）报道称，2008 年营销者在 E-mail 营销上所投资的每 1 美元的赢利大约是 57.25 美元。

在接下来的 22 个章节中，我们会提供详细的信息，告诉你如何编排和发送高利润的有个性有针对性的 E-mail。我们会解释狩猎销售（就像狩猎者使用枪一样来使用 E-mail）和耕作订阅者数据（使用数据库营销和 E-mail 来和顾客交流，就像一个牧民研究和关心他的牲畜那样来研究和接触每个订阅者）之间的不同点。这本书中下面的章节就主要阐述一个概念：使用 E-mail 来耕作比使用它们来狩猎更赚钱。

在接下来的章节中，我们会解释怎样：

- 获得含有正当许可的邮件地址，得到关于他们的偏好和生活方式的处理信息并将它们存进一个营销数据库以便将来交流所需。
- 测试邮件的相关性和生命周期价值。
- 测试和测量营销邮件的效果（包括完善的分析方法）。
- 使用市场细分和从数据库得来的偏好信息来创建互动的促销性邮件和交易性邮件。
- 使用病毒式营销和忠诚度计划，并且确定与顾客联系的适当频率。
- 明白企业—企业型的 E-mail 营销和消费者营销有何不同。

虽然降低成本和出售更多产品或服务必须是主要结果，但 E-mail 营销并不是通过这些来增加利润的。营销型 E-mail 是给管理层提供顾客信息和给顾客提供公司、品牌、产品、服务信息的工具。可以通过各种方式运用顾客信息来增加顾客保留度和接受率，这是商业战略的本质。你可以将顾客互动产生的信息存储到顾客数据库中，这可以为评估策略提供必要的测量装备。

从顾客的观点来看，E-mail营销应该是能让顾客愉悦的，可以给他们提供认知、服务、友谊和信息，对于这些，他们会以忠诚度、保留度、增加的销售额等来回报你。真正的顾客满意度是符合要求的E-mail营销的目的和标志。如果你正确地操作，你的顾客就会很高兴地看到你给他们发送的促销性和交易性邮件，他们就会登录你的网站，感激你为他们做的一切。如果你能实施一些策略让这样的情况发生，那你就是一个营销大师了，你就能终生保留你的顾客，并且在工作中能保持愉悦的心态，将世界创造成一个更好的生活空间。

第 2 章 E-mail 营销——狩猎或耕作

毫无疑问，“狂轰滥炸”式的 E-mail 营销方式已经逐渐失去其作用了。研究显示，60% 的订阅者会直接忽略掉那些与自己毫不相关的邮件，让那些营销者建立关系与销售产品的希望落空。更糟糕的是，一半的订阅者会退订甚至投诉他们的服务提供商，这样就完全中断了关系并且损害了持续性。而使用已有的营销数据，根据订阅者的回应做出相关联的针对性营销，则可以有效控制邮件订阅与回应的日益下降趋势。

2.1 E-mail 营销的误区与挽救

2.1.1 E-mail 营销的误区

虽然相关性的重要性在行业中已达成一致，但是现如今发送给订阅者的绝大多数的基于许可的商业邮件中，里面除了订阅者的邮件地址，对订阅者的其他信息一无所知。因为和其他广告渠道（电视、广播、印刷或直接邮寄）相比，E-mail 是如此的廉价，所以营销者往往只是关心如何让它迅速地发出去，而不管是发给谁的或是里面说的什么。

如果你关注一下现在典型的E-mail营销商店，你会看到它里面的邮件是一写好内容就立刻发出去的。在很多E-mail营销情况下，只有极少数的邮件订阅者会在这些邮件里买东西。公司给购买者和非购买者发送相同的E-mail，那些买了一堆东西的人和没有买任何东西的人收到的邮件是一样的。

当E-mail营销只是一个接一个的疯狂广告，并且销售量在下降的时候，解决方法是什么？那就是发送更多的邮件。人们不订阅，解决方法又是什么？疯狂地试着去获得更多的订阅者并给仍是订阅者的人发送更多的邮件。于是，狂轰滥炸式的营销模式愈演愈烈。

我们有两种基本方法来对待E-mail营销：把自己当成狩猎者或者耕作者。所有的营销者都会测量E-mail的广告性能，只有超前的E-mail营销者才会测量订阅者的性能。订阅者性能的测量是很昂贵的，但是它能为增加保留度和利润创造更多的机会。可惜的是大多数E-mail营销者还没有做到这一点。

北美：狩猎和耕作

E-mail营销的两种方法之间的不同点就类似于狩猎水牛与饲养黄牛之间的不同点。几个世纪以来，北美的本地人是通过狩猎游戏来获得蛋白质的，比如水牛、鹿、兔子和野火鸡。有些狩猎者两手空空地回来，有些就满载而归。当欧洲人到来后，狩猎游戏已经不能维持增长的人口所需要的蛋白质了。

新来的人引进了一种不同的均衡饮食方法：饲养母牛、猪、鸡和其他牲畜。从最初级的耕作方法开始，农民们渐渐地能成功地生产牛奶、鸡蛋和肉。他们研究牛群，学着关心它们并满足它们的需求。现在美国的耕作通常都是高科技和高利润的。比如在很多大的商业奶牛场，农场主对每头奶牛保持追踪记录：它的健康、饮食、产奶频率、产奶量、乳脂含量、蛋白质含量以及世代的系谱。

直邮营销已经变得更像耕作而不像狩猎了。高额邮费使得仅向一个人邮寄变得不合算；相反地，建立顾客和潜在顾客的数据库，使用数据营销有效率地给顾客和企业发送邮件则是最划算的选择。他们详细地了解顾客和企业：年龄、收入、是否有孩子、住房类型、邮件回应量、（对企业）标准工业分类代码和年利润。他们从正确的清单中挑选顾客并将追加的数据增加到数据库中。他们使用预测分析这个科学、经济、高效的方法。

然而，大多数的E-mail营销行业和耕作相比，却更像是狩猎。E-mail是如此廉价，所以给百万个不回应者发送E-mail只是区区小事而已。你设置E-mail陷阱，会有足够多的人来回应让你获利，但是这种情况正在变化。

尽管有些邮件是订阅者当初订阅的，但他们对收到如此多的邮件也已产生厌烦了。更糟的是，几乎 3/4 的普通消费者收到的邮件中都包含不需要的垃圾邮件。这些不需要的邮件会由消费者的网络服务提供商（美国在线、MSN、雅虎等）发送到垃圾文件夹中，并且很快被删除。但是即使是合法的（非垃圾）促销性 E-mail 也变成了很多消费者的烦恼。很多 E-mail 营销者给他们的可选清单上的每个人发送上百万封每日邮件，有些消费者忽略这些信息，有些人就删除或者退订，有些人就将它们归类为垃圾邮件。

大多数的 E-mail 营销者通过测试广告来测量他们的成绩。他们发送了 100 万封邮件，在 24 小时之内，他们可以知道有多少被打开，有多少被点击，还有多少的转化率。基于许可的促销邮件的全国平均打开率低于 23%，并且还在下滑。一些 E-mail 营销者已经看到了那些记录，他们正转向数据库营销。

数据库营销和耕作很相似，因为当进行数据库营销的时候，你研究顾客和潜在顾客（你的家畜）而不是研究广告（野生物的陷阱）。你可以创建一个关于企业或顾客（或潜在顾客）的数据库可以囊括超过 100 个关于人口统计和行为数据的领域，包括：性别、年龄、收入、是否有孩子、健康状况、居住时长、有产权或是租赁的、住宅类型、占地面积、教育程度和种族。在这些数据库中，你也记录潜在顾客的在线和离线行为：他们打开、点击、下载并填写个人资料表格了吗？他们从目录中或从零售店中购买产品的吗？他们买了什么、什么时候买的、花了多少钱？他们收到了哪些促销品？他们住在哪儿？

有了这些数据，你可以创建订阅者细分群体，比如富裕的退休老人、大学生、有小孩的家庭、公寓居住者、家庭办公者、参加体育大联盟者、经常旅游者和打高尔夫者。你可以为每个有利可图的细分群体创建特制的营销信息。做了这些工作的邮件营销者会发现，给有利可图的群体发送个性化的专门信息比大众化的邮件促销能产生更高的打开率、点击率和转换率。

为什么只有一小部分的 E-mail 营销者使用数据库营销呢？主要原因就是 E-mail 太廉价了（和直接邮寄的 600 美元/千人相比，它只需 6 美元 / 千人），群发邮件比定制邮件看起来更赚钱。大多数的 E-mail 营销者甚至不知道注册者的住址或邮政编码，有些在注册表格中只询问邮件地址，有些就会询问姓名和地址。他们发现，如果询问到的数据越多，获得的注册就越少。但是如果你的客户列表只包含姓名和邮件地址，那就不可能得到附加的统计数据了。你不知道这些人是谁，就很难向他们发送相关联的邮件。

2.1.2 数据库营销的挽救

一些超前的E-mail营销者已经开始转向数据库营销了，因为所有人都在使用大众E-mail营销，它已经开始失去效果了。打开率、点击率和转换率都在下滑，退订率、无法送达率和垃圾邮件投诉量在上升。狩猎的回报在减少，因为有太多的狩猎者在捕捉相同的订阅者。

E-mail营销以数据库营销（耕作）为基础，从另一方面来说，它变得更有生产力了。E-mail收件人打开他们信赖的来源发来的邮件，那些来源向来给他们发送包含让他们感兴趣的、个性化的、定制内容的邮件。夏尔巴营销协会（Marketing Sherpa）报道称，2008年初，发给特定细分群体的E-mail的打开率比非细分群体的高出20%。那个报道还显示，每年的最后一个季度，细分的邮件广告的点击率比非细分的高出5倍。

既然发送E-mail很便宜，那为什么还要关注打开率和点击率呢？为什么不对所有人发送呢？原因就是，消费者会根据他们之前和发件人的接触，以及发件人之前发送的邮件质量来打开邮件。如果他们信赖你并且通过打开和阅读你之前的邮件获得了有价值的信息，他们就会继续打开你发送的新邮件。如果他们在过去对你的邮件有过糟糕的经历，他们很可能不会再给你机会了。

创建信赖度和最佳体验的最好方法就是细分你的订阅者，并且给每个细分群体的成员发送定制的内容，细分成员会特别关注在E-mail中你了解了哪些信息。你只能通过数据库营销来做到这些。E-mail营销的未来就是：将你的潜在顾客和顾客存进营销数据库，使用数据库来创建营销细分群体，并且给每个细分群体设计营销策略。我们要学着一个个地研究订阅者，就像耕作者分析他的牲畜那样分析订阅者，而不是像狩猎者在野外设陷阱那样给订阅者设圈套。

同时，即使我们想要采用数据库营销来发送相关联的E-mail，我们也仍然要继续现有的E-mail广告活动，我们仍需测量每个广告的性能。接下来的两章里将会阐述如何测量E-mail广告的性能。

2.2 订阅者和营销人员想得到什么

2.2.1 订阅者想从营销邮件中得到什么

所有E-mail营销的基本目标都是将产品卖给消费者而企业因此获得利润。一个长期有效的方法就是和每个对你的产品、服务和公司感兴趣的人（消费者或商业人士）建立关系。建立关系的目的就是出售产品和服务，所以要建立一个对顾客和你们公司双方都有效有利的长期关系。如果你想要读者继续打开并阅读你的邮件，那么你的邮件里就应该包含读者认为既有趣又有价值的内容。你能在邮件里加入什么内容让邮件变得有价值呢？

1．识别

人们喜欢以个人的身份被识别，比如个人需求和偏好。他们喜欢别人用姓名来称呼自己。他们希望他们阅读的 E-mail 能表明你注意到了他们在偏好图表中告诉你的他们都买了些什么。当发送邮件的公司已经知道了他们的姓名和住址时，他们不希望还要反复地输入。

2．服务

订阅者希望邮件里能提供对他们有帮助的周到服务。若顾客完成了购买，那随后发给顾客的邮件应该反映这次行为。比如说，他可以点击任何一封邮件里的按钮来查询购买物的运输状态。

3．方便

现代的人们都很忙碌，他们没有时间开两三公里的路程来买东西。他们希望公司能记住他们的姓名、地址、信用卡号和购买历史，然后通过点击和阅读这些公司发来的邮件来进行交易。

4．帮助

所有你做的能让顾客生活变得更容易的事都是值得感激的。你必须每天都思考“要怎样才能对我的顾客更有帮助呢？”，只有那些想到好答案的人才能幸存。E-mail 应该充满个性化的有帮助的服务。

5．信息

现在使用互联网的顾客比以前更有文化了，对他们中的大多数来说，专业性的信息和产品本身一样重要。E-mail 应该加载链接来允许订阅者找出所有他们想了解的信息。E-mail 应该是通向世界的通道。

6．鉴定

人们喜欢用他们的产品（比如他们的汽车）和他们的供应者（比如他们的运动团队）来鉴定自己的身份。公司能够建立这种鉴定需求，可以通过给顾客发送邮件来实现，但邮件要能反映出顾客认同的、热情的、友好的、有帮助的机构和员工。

2.2.2 邮件营销人员想得到什么

1. E-mail营销包含倾听客户

和直接邮寄不同，E-mail是双向的。每封发送给订阅者的邮件都应该加载相关链接，能够允许收件人回应、表达观点和偏好、订购产品、改变地址或订单。顾客的输入结果能自动地进入数据库记录中，E-mail能很容易地完成这些事。建立到数据库中的商业规则允许公司根据顾客的输入信息而采取行动，这样不仅能帮助到顾客，而且和让客服代表来做这些事相比花费要少，因为电脑可以更高效率地来做到这些。同时，如果顾客需要，也应该提供线上客服。结果就是，由于有了一流的E-mail交流体系，顾客就更忠实了。由于E-mail服务的功效，利润上升了而成本却能保持很低。

2. 狩猎者和耕作者可用的信息

狩猎和耕作之间的一个很大的不同点就是每个订阅者所收集到的数据量不同。狩猎者的数据是最少的——经常被限制在邮件地址和网络活动。耕作者有很丰富的信息，获得数据是要花钱的，维持数据库也是一样。这里有一个比较这两种手法的速记方法，如表2-1所示。

表2-1 狩猎与耕作数据对比

信　息	狩　猎	耕　作
基本信息	邮件地址	邮件、家庭地址
名字	偶尔	都有
历史促销	偶尔	通常
网络活动	打开、点击、转化、RFM	打开、点击、转化、RFM
离线活动	很少	经常
档案	有，如果他们提供	附加数据以及提供的数据
偏爱	有，如果他们提供	有，如果他们提供
生活信息	有限的	全面的
物理地址	很少	城市、街道、区号、电话
个人信息	很少	年龄、孩子
婚姻	从不	婚姻状况、配偶名字
居住情况	从不	房屋大小、租赁情况、居住年限，房产价值
经济信息	从不	收入、财富、信用
种族信息	从不	种族、语言

续表

信 息	狩 猎	耕 作
教育状况	从不	高中，大学，毕业院校
职业	从不	多数情况会涉及
生活圈	从不	广泛、群居
细分信息	不多	完善
生命周期价值	只对购买者	经常
预置模型	不可能	经常
描述模型	不可能	经常
每封电邮转化率	低于 1%	高于 1%
数据花费	越低越好	每人每年 0.5 美元
成功衡量标准	活动	活动以及订阅者表现

我们知道这本书的大多数读者仍然处于狩猎者阶段：仅仅是刚开始，并且对所有的可行方法感到很兴奋，但却不想花太多的钱。当你读完这本书的时候，你就会很激动地变成耕作者，然后你就可以成功地管理订阅者从而获得利润了。

3. 获得订阅者

获得注册的订阅者这个比赛仍在继续进行中，这就要求我们不仅要增加营销方案，而且要撤销掉那些由于退订和无法传送问题而造成损失的方案。我们首先要使用所有能想到的手段让人们访问我们的网站：横幅广告、直接邮寄、电视、广播、印刷、搜索引擎、店内访问、目录订购、抽奖、推荐注册、出租列表等。

每 200 个访问我们网站或通过其他方式注册的人当中，只有一小部分人会将他们的邮件地址给我们。大多数的营销者就在那儿停止了。最优秀的营销者会采取下一个步骤并征求一个双向确认（在第 18 章中将会进行详述）：他们给注册者发送一封邮件，叫他点击邮件来确认是否同意接收我们的邮件。

大多数狩猎型 E-mail 营销者在完成这一点的时候就停止了。他们已经达到了反垃圾邮件的所有要求，他们可以给订阅者发送他们承诺过的那么多的邮件了。他们不会询问得很多，因为他们知道他们询问得越多，离开的订阅者就会越多。他们的目标就是一个庞大的营销观众群。如果你想通过询问太多的信息来碰运气，那就很难建立一个大的观众群。

耕作者在这个过程中还会采取更进一步的步骤。在确认的时候，认真的耕作者会询问订阅者的住址。有了住址，耕作者就能将 100 多个相关数据附加到 90%的顾客和企业信息中。我们就可以了解到消费者的准确年龄、他们的大概收入、健康状况、住房类型、是租赁的还是拥有产权的、居住时长、婚姻状况、是否有孩子、种族、直接邮寄回应度、信用度和其他很多的情况。对于企业客户，我们可以了解到每年的效益和雇佣员工数。每个订阅者的数据只需花费0.04～0.05美元。

有了这个附加的数据，我们可以了解到更多关于订阅者的信息。如今，大约30%的营销者将订阅者的详细信息放进营销细分群体中，并且为每个细分群体研制特定的营销战略。

当然，狩猎者和耕作者都可以要人们来填写个人资料和偏好表格，他们的回应可以让营销者创建细分群体和真正有针对性的个性化邮件。问题是，仅有一小部分（大概低于10%）的订阅者会填写其中的一个表格。如果他们填写了，那我们就可以利用那些信息了。但是对于绝大部分的订阅者，我们必须根据邮政地址来处理附加数据，总的来说，这是很有用的。

2.3 订阅者生命周期价值

2.3.1 订阅者生命周期价值——狩猎

为了阐明为什么耕作订阅者比捕获顾客更有利可图，让我们比较一下狩猎和耕作的生命周期价值表（关于更多生命周期价值，请参考第6章）。第一个表格是一个零售商的狩猎数据库，是针对200万个每周收到一封邮件的订阅者所收集的数据。每个月大约1.01%的收件人退订，大约1.75%的邮件被返回，变得无法传送。这些数字都是个案研究有代表性的数字。这个零售商只知道邮件订阅者的邮件地址，并不知道他们的姓名、住址（除非他们买东西了），甚至不知道他们的邮政编码。尽管知道得很少，但是这个零售商做得还是很好的，如表2-2所示。

表2-2 使用狩猎式的订阅者生命周期价值

总 列 表	1年订阅者	2年订阅者	3年订阅者
年初订阅者	2 000 000	1 316 000	873 824
退订率	1.10%	1.10%	1.10%
退回率	1.75%	1.70%	1.65%
年末订阅者	1 316 000	873 824	585 462
送达的E-mail	86 216 000	56 935 424	37 941 438
打开率	20%	22%	24%
打开	17 243 200	12 525 793	9 105 945

续表

总 列 表	1 年订阅者	2 年订阅者	3 年订阅者
打开转化率	1.5%	2.0%	2.5%
在线订单	258 648	250 516	227 649
总收益	$35 693 424	$34 571 189	$31 415 511
运营成本	$19 631 383	$19 014 154	$17 278 531
获得成本	$28 000 000	$0	$0
事务处理邮件	517 296	501 032	455 297
E-mail 成本	$520 400	$344 619	$230 380
总成本	$48 151 783	$19 358 773	$17 508 911
利润	-$12 458 359	$15 212 417	$13 906 599
折扣率	1.00	1.15	1.36
净现值利润	-$12 458 359	$17 494 279	$18 912 975
累积净现值收益	-$12 458 359	$5 035 920	$23 948 895
生命周期价值	-$6.23	$2.52	$11.97
E-mail 产品销售	0.30%	0.44%	0.60%
买家人数	111 219	107 722	97 889
买家百分比	5.6%	8.2%	11.2%

在第一年（获取年），订阅者收到 8620 万封邮件，其中 1720 万封被打开。1.5%的被打开的邮件能产生购买结果，平均订单大小是 138 美元，我们没有计算 E-mail 产生的零售店或目录中心的离线销售额。总的来说，E-mail 第一年能产生 3560 万美元的效益。

再看看成本，你会看到 55%的收益是运作成本，要花费 280 万来获得这 200 万个订阅者，可以利用各种各样的方法：横幅广告、搜索引擎、直接邮寄、电视、广播和印刷品。E-mail 是非常廉价的——只要 520 400 美元。在第三年，每个订阅者的生命周期价值是 11.97 美元。当初 200 万订阅者中的一半以下仍然在清单上，每封传送出去的邮件的转换率只有 0.6%。

记住，除了邮件地址，零售商没有任何关于这 200 万订阅者的其他信息：它们是怎么获得的，他们什么时候注册的，他们买了什么（如果他们买的话），还有他们当中哪些人打开了邮件。在第一年，111 219 个订阅者共下了 258 658 个订单，他们只占所有订阅者的 5.6%。那些每周收到 E-mail 的订阅者当中，几乎 95%的人在第一年中从来没买过任何东西。有些订阅者买了几次，但是大多数只买过一次。

表 2-2 并不罕见，它是典型的当代 E-mail 营销狩猎行动。在第一年之后，那份清单就

开始赢利了，在第三年里总的利润净现值可以达到2390万美元。为了让它继续上升，零售商就必须不断地增加新的订阅者，每周必须研制出一封新邮件。

表2-3所示是关于如何确定订阅者的获取成本。

表2-3 狩猎式获得订阅者的成本

	访　问　者	成　　本
进入网站	8 000 000	$28 000 000
提供E-mail	2 400 000	
第一次尝试后确定	2 000 000	
总成本		$28 000 000
每次总成本	2 000 000	$14.00

如果使用多个方法，零售商花费2800万的成本就能吸引800万个人来访问他的网站。在这些访问者中，240万个人提供他们的邮件地址。对这些订阅者的第一步尝试（一封欢迎邮件邮件）中，200万个订阅者接收了邮件。一个有效E-mail地址的净成本是多少？14美元。

2.3.2 订阅者生命周期价值——耕作

让我们把这个情况和另一个相似的零售商对比，他以耕作为基础给200万个订阅者发送了邮件。在这样的情况下，那个零售商知道很多关于订阅者的信息。他获得订阅者的姓名和住址，使用双向选择的获取过程，并对那些在获取过程中留下的订阅者附加了人口统计和行为数据。为了得到这些订阅者，他必须花费更多的钱，如表2-4所示。

表2-4 耕作式获得订阅者的成本

	访　问　者	成　　本
进入网站	9 000 000	$31 500.000
提供E-mail	2 400 000	
双向选择	2 000 000	
追加数据	2 000 000	$80 000
总成本		$31 580 000
每次总成本	2 000 000	$15.79

为了获得200万个双向选择的有效订阅者，零售商必须吸引900万个人来访问他的网站。在这些访问者中，240万个人愿意提供他们的姓名、住址和邮件地址。在双向选择过

程中，要给那 240 万个订阅者发送 E-mail 来获得他们的确认，确保他们是真的想要收到你的邮件并给你提供他们的住址，其中 200 万个订阅者会确认。

当零售商得到了这些姓名，他以每个 0.04 美元的成本将人口统计数据附加到他们的记录中。他利用所有的信息创建一个相关的数据库。当数据库创建好后，他使用分析法来创建 5 个细分群体（每个群体大约 40 万个订阅者）并为每个群体研制营销战略和内容。数据库和分析法的成本大约是 600 万美元。除此之外，给每个群体设计不同的具有创造性的内容也是很必要的——给不同的群体提供不同的产品。他将他的 E-mail 进行个性化处理并且发送更多的交易性信息和大量的触发性信息，比如生日提醒、下个最好产品（NBP）的建议（见第 4 章）等。

这些补充的步骤增加了发送邮件的成本。如表 2-5 所示和表 2-2 一样，这个表格中的数字是对营销者测量成绩时使用方法的例证说明。

表 2-5　使用耕作式的订阅者的生命周期价值

总　列　表	1 年订阅者	2 年订阅者	3 年订阅者
订阅者	2 000 000	1 424 000	1 048 064
退定率	0.80%	0.70%	0.65%
退回率	1.60%	1.50%	1.40%
订阅者净额	1 424 000	1 048 064	790 240
发送的 E-mail	89 024 000	64 273 664	47 795 911
打开率	24%	26%	28%
打开	21 365 760	16 711 153	13 382 855
打开转化率	2.5%	3.0%	3.5%
在线订单	534 144	501 335	468 400
总收入	$77 450 880	$72 693 514	$67 917 989
运营成本	$42 597 984	$39 981 433	$37 354 894
获得成本	$31 580 000	$0	$0
事务处理 E-mail	1 602 432	1 504 004	1 405 200
触发性 E-mail	24 000 000	17 088 000	12 576 768
E-mail 成本	$917 011	$662 925	$494 223
数据库&样本	$6 000 000	$6 000 000	$6 000 000
总成本	$81 094 995	$46 644 358	$43 849 117
收益	-$3 644 115	$26 049 156	$24 068 872
折扣率	1.00	1.15	1.36
NPV 利润	-$3 644 115	$29 956 529	$32 733 666

续表

总 列 表	1年订阅者	2年订阅者	3年订阅者
累积 NPV 利润	-$3 644 115	$26 312 414	$59 046 080
生命周期价值	-$1.82	$13.16	$29.52
E-mail 产品销售	0.6%	0.8%	1.0%
买家人数	201 372	189 003	176 587
买家百分比	10.1%	13.3%	16.8%

表 2-5 显示，订阅者的生命周期价值需要耕作。你可以看到，这些订阅者的表现比那些狩猎获得的订阅者表现要好很多。E-mail 被进行了个性化和定制处理，给每位顾客提供了 NBP。结果，退订人数和返回率都低了很多。

他们中的很多人都打开了 E-mail，因为它们变得和他们的生活、兴趣更有关联。更多的人在线上下订单。到了第三年，转换率已超过 3%。大约 16.8%的订阅者在第三年都会买东西，平均订单大小也上升了：从 138 美元升到了 145 美元。

从狩猎转换成耕作（采用例子中所举的数字）的整体效果可以在表 2-6 中看出来。

表 2-6 狩猎式转为耕作式产生的收益

由狩猎式转为耕作式的收益	1年订阅者	2年订阅者	3年订阅者
狩猎式生命周期价值	-$6.23	$2.52	$11.97
耕作式生命周期价值	-$1.82	$13.16	$29.52
收益	$4.41	$10.64	$17.55
200 万订阅者	$8 814 244	$21 276 494	$35 097 185

表 2-6 描述了如何测量 E-mail 的成绩。和我们例子中相似的营销者能在第三年里增加 350 万美元的净利润，这是减去所有成本以后的净收入。这些收益通过以下方法获得：

- 减少退订和返回率。
- 细分群体并给每个群体研制营销战略。
- 给每个顾客确定一个 NBP 并在 E-mail 中用到它。
- 通过传送相关联的个性化的邮件内容来增加打开率。

简言之，表 2-6 就是这整本书所要谈论的内容：摆脱原始的 E-mail 营销方法（狩猎）并转向一个高级的方法（耕作）来提升利润。

经验分享

- 现在的E-mail营销是一个接一个的疯狂广告，目标就是快速地打开市场大门。
- 有两种方法来对待E-mail营销：像个狩猎者在野外设陷阱（E-mail）一样，或像个耕作者关心并温柔呵护他的畜群（双向选择的订阅者）那样。
- 现在大多数的E-mail营销是通过设陷阱和捕获来完成的。
- 订阅者对收到大量的邮件感到很厌烦了，即使是他们订阅的邮件。
- 订阅者需要识别、服务、方便、帮助、信息和鉴定。相关联的E-mail可以提供这些东西。
- E-mail包含倾听顾客并对他们所说的采取行动。
- 这本书的大部分读者处于狩猎者阶段，等读完了这本书，他们就想要成为耕作者了。

第 3 章
邮件营销效果监测与分析

B2C 和 B2B 的营销者都未能很好地使用指标来测量他们的邮件所能达到的效果，即使B2C 的营销者比 B2B 的同行稍微多利用了晴雨表导向指标，他们中的很多人在使用指标时每个月至少也会失败一次。晴雨表导向指标是很有用的，尤其是随着时间的推移，对邮件性能趋向很有用。营销者应该寻求将每个邮件的点击—进入、点击—转换、每封邮件利润和每个订阅者效益这些信息合并成 KPI（关键性能指标）的方法。附加的测量，比如平均订单价值，会由于供应、商品选择甚至时间段的不同而变化。平均订单价值是一个变量，它应该利用销售规划和创造性策略来影响主要的晴雨表导向 KPI。

3.1 邮件传输效果测试

3.1.1 E-mail 能够测试什么

1. E-mail 的类型

这本书中描述了很多种类型的 E-mail，包括时事通讯、促销、调查问卷、病毒式促销、触发性邮件和交易性邮件。我们可以通过列举一些营销型 E-mail 来总结一下：

- 促销性 E-mail
- 时事通讯
- 交易性 E-mail
- 触发性 E-mail
- 欢迎邮件
- 再激活 E-mail
- 感谢邮件
- 调查问卷

你也可能会想出一些对你的业务有用的其他类型的 E-mail。你应该将顾客数据库细分，这样就不会将发给大学生的促销信息也发给老年人了。企业能从发给消费者的邮件中获得不同的促销信息。

在第 13 章中你就会了解到，每次购买之后的邮件中要包含感谢信息和订单装运信息。

最后，你要发送触发性的或者事件驱动性的邮件，比如生日问候、顾客刚刚购买的商品的补充建议、填写调查问卷的感谢信息、订阅者要求的一张白纸或者注册确认。

你也可以随时实施一个能起作用的再激活计划，为避免被别人当成垃圾邮件，这个计划的大部分内容必须通过直接邮寄而不是 E-mail 来进行。理所当然地，你应该给那些姓名和地址在你数据库中但却不能传送的注册者发送一张明信片或其他的直接邮寄件。隔段时间后，你就会发现给那些退订者发送邮寄件是有益的。哲学网站（Philosophy.com）在过去的 90 天里给那些没有买东西的人发送了一封写着“我们想你”的再激活触发性 E-mail，结果：67%的人打开邮件，55%的人点击进入，11.5%的人转变成了购买者。每封传送出去的再激活 E-mail 产生了 3.34 美元的利润。

2．你能测量什么

E-mail 营销的测量潜力几乎是无限的，在营销领域中没有任何一个事物能像它一样。把 E-mail 的测量可能性和那些之前的营销形式做对比，就好像是将现在的商业和 1870 年的商业做对比。在 1870 年，没有电力、电话、广播、电视机、汽车、飞机和能允许大规模营销的快速邮寄服务；到了 1970 年，我们可以测量直接邮件列表的拉动力、供应和副本；到了 1990 年，我们可以通过各种各样的统计或邮政编码来测量反映效果；如今，有了 E-mail，我们可以测量以上的所有东西和你能想象得到的任何东西。我们能在超文本链接标示语言

（HTML——Hypertext Markup Language）的 E-mail 广告中测量到什么呢？

- 发件人和标题的效果
- 供应、副本、文本位置、图片和视频
- 打开量、点击量、下载量、转换量、传送量和退订量
- 利用以上所有结果测量收件人的个人信息和地理位置
- 利用以上所有结果测量广告成绩
- 利用以上所有数据测量整个邮件营销计划的成绩
- 选择性邮件地址的价值
- 传输邮件的成本
- 销售量
- 转换产生的利润
- 邮件对离线销售的影响
- 每个广告的转换量
- 再激活广告的效果
- 每封传送出去的邮件的效益
- 通过店内访问、目录采购和网站注册而产生的 E-mail
- 投资回报

3. 测试打开率

E-mail 到达订阅者的邮箱后，他们可以有好几种选择：打开并阅读它，打开然后退订，删除它或者将它发到垃圾邮件文件夹中（在那儿它最终会被删除）。如果它是一封 HTML 邮件并且订阅者打开了它，网站信标就会将一个信息包发给你的网站服务器（或者是你的 ESP（E-mail 服务提供者），又或者是你的内部邮件发送软件），里面写着：邮件被打开了（当然，如果它是一封文本邮件的话，就不会发送任何信息了。）。网站服务器追踪那个信息包并宣告邮件被打开了，然后更新订阅者的数据库记录。这比直接邮寄的功能要多。现在大多数的消费者甚至都不打开直接邮件促销品就直接将它们丢掉了，除非他们通过邮政、电话或 E-mail 联系你，否则你没有任何办法知道他们对你的信件、明信片或目录做了什么。

每封 E-mail 发出去几小时之后，你的网站服务器就开始对打开率和反弹率做报道了。这些是测量每个邮件营销广告所取得的成绩的关键措施。

有时候打开率仅仅是 5%或 10%，极少的时候能达到 50%。每个公司的情况都有所不

同，所以就没有真正的平均打开率，但有一件事是肯定的：促销性 E-mail 的总体平均打开率在下降，每年都会比前一年低。

如何计算打开率呢？这里有一些常用的方法：

- 仅打开一次的打开量除以传送成功的邮件量（大约一半的邮件营销者采用这个方法）
- 总的打开量除以传送成功的邮件量（大约 8%的邮件营销者采用这个方法）
- 仅打开一次的打开量除以发送出去的邮件量（大约 15%的邮件营销者采用这个方法）
- 总的打开量除以发送出去的邮件量（大约 5%的邮件营销者采用这个方法）

剩下的人采用其他的方法。这些不同点意味着，对于相同的邮件来说，打开率的范围是 12%～35%。在本书中，我们采用第一种方法来计算打开率，这是大多数主要 ESP 使用的方法。

我们应该对如表 3-1 所示的行业打开率持保留态度，在 E-mail 行业中没有什么是绝对的。不管在什么行业中，相关联的重要 E-mail 的打开率可达 40%或更高，但无关的 E-mail 在任何行业都不会被打开。多了解一下其他行业的打开率是很有用的，可以让你知道你是否遗漏了一些事。总的来说，打开率是一年比一年低的。

表 3-1 行业打开率

行 业	百 分 比
批发/分销	9.26%
娱乐	10.38%
咨询	10.80%
内科/牙科/保健	13.72%
计算机/因特网	15.16%
消费者：一般性的	15.55%
制造业	15.59%
营销/广告	15.76%
非营利/贸易团体	15.78%
教育/培训	16.64%
饭店/食品企业	17.10%
媒体/出版业	17.44%
大型商务：一般性的	18.71%
小型商务：一般性的	19.32%
房地产	20.75%
零售店	22.61%
政府	23.75%

续表

行　业	百 分 比
宗教的/精神的	23.78%
电信	26.46%
运输/旅游	26.53%
银行/金融	28.07%

来源：MailerMailer 2007

有两个原因可能会让打开率产生偏差。首先，很多邮件客户阻止接收图像，除非用户开启图像，否则没有任何信息包被发回给发件电脑通知邮件已被打开。其次，大约40%的客户端含有预览窗格，能够允许用户在打开邮件之前让他们看到一小部分的邮件内容。但是当打开预览窗格时，不管用户有没有读邮件，信息包都会被发回并且邮件被登记为已打开。如表3-2所示为年平均打开率。

表3-2　年平均打开率

年　份	百 分 比
2005	19.10%
2006	17.20%
2007	16.11%

多个E-mail公司报道了“行业平均水平”的E-mail指标，比如打开率、点击—进入和反弹率。我们喜欢这些统计，但是我们要清醒——它们不是行业平均水平。这些统计通常只是某个公司客户数据平均值的影像。除非你们有相似的档案，否则那个“平均统计”对你们公司的方案来说很可能不是一个很好的基准。影响这些“平均统计”的因素包括：E-mail类型（时事通讯、通知和电子商务等）、行业种类、发件人的品质、清单大小、地址来源、个性化内容的数量、与收件人关系的性质，以及他们是如何制定指标的。

所以你该如何利用这些行业统计呢？我建议把它们当成目标而不是当成基准。举个例子，如果你的第一个时事通讯产生了25%的打开率，但是你了解到行业平均水平是40%，那你就要确立目标和步骤使打开率达到30%或35%。

4. 测试点击率

如果你的HTMLE-mail是一封优秀的邮件，那它里面就为收件人准备了很多有趣的内容，每个有趣的内容都伴随着一个链接。里面有可以阅读的产品描述，可以参与的调查问卷，可以观看的视频，可以填写的表格以及装产品的购物车。

每项内容都有一个链接（通常是可点击的加下画线的文字或一张图片）。藏在链接之后的就是图片、表格、文件或视频的网址。点击图片时，一个数据包会发送到你的站点，写着“将这个产品发给我们”，然后站点就会将图片发送出去。你的 MTA（邮件传送代理）会保持对它的追踪：“某某刚刚点击并观看了超级碗广告的视频”。你的数据库将会被那些信息更新。

点击—进入是 E-mail 营销成功的重要手段，在购买的路上或去零售店的途中有中转站，通常点击—进入量越多，就代表订阅者对你的 E-mail 越感兴趣，你卖出东西的可能性就越大。点击—进入率可以通过打开量比例或传送的邮件量比例来测量，很多情况下是根据打开量测量的。

5. 他们测试什么

2007 年，Marketing Sherpa 调查了 1210 个 E-mail 营销者，询问了他们在邮件中都追踪哪些指标，如表 3-3 所示。

表 3-3 营销者使用 E-mail 追踪市场活动的优势

打开率	86%
传送 VS 退回率	85%
每封邮件的点击次数	75%
每个链接的点击数	66%
点击者间的转化率	52%
列表细分后的响应变化	33%
E-mail 的点击流数据	23%
主要 ISP 的响应变化	17%
没有：我们没有跟踪	4%
未知	2%

3.1.2 E-mail 测试的具体内容

1. 测试 E-mail 促销产生的在线和离线销售额

在这项分析里，我们以一个可证实的事实开始：一组特定的 E-mail 广告可以导致若干个离线购买。然后我们根据目录、零售店来访者、电话数和直接销售量来估测一下离线销售量。比如，当一位顾客从梅西网（Macy's Web）或零售商店（不是耐克自己的店和网站）买了一双耐克鞋时，间接销售就产生了。这些零售商很少向厂商报告他们卖哪些产品、卖了多少、卖给谁、什么时候卖的，以及通过什么渠道卖的。对很多产品来说，间接销售比直接销售卖的多得多。

想要知道 E-mail 促销的真正效果的话，我们必须估算这些促销所产生的总销售额。这并不像它看起来的那么难——这比了解电视广告的效果要简单得多。

如果 E-mail 营销者拥有一个目录销售部门，那他就能知道，包含一个简单的编码系统的 E-mail 促销能协助目录销售。这些数字可以用可验证的统计数据来支持。

很多拥有零售店的 E-mail 营销者已经在他们的 E-mail 中加入促销编码了。这些编码可以在商店里进入 POS 系统，所以零售商就能知道哪个 E-mail 产生了哪个销售。其他的零售商使用 10 天规则：如果某人收到了一封关于某个产品的 E-mail，并且他在 10 天之内在公司的零售店买了那个产品，那么那封 E-mail 就由于这次销售而获得了信誉。

间接销售额也能被较精确地估测出——比电视广告的销售额更精确。比如，许多的零售商在邮件中加入电子优惠券，这样的优惠券也许对在店内销售产品有效，并且零售商能从包含优惠券的邮件中了解到很多信息，但产品生产商就很可能什么都不知道。只要做一点小调查，每个发送促销性 E-mail 的公司都能够对离线销售额作出精确的猜测。例如运动鞋生产商知道这些鞋子的年度总出货量，如表 3-4 所示。

表 3-4 计算间接产品销售的方法

运送到达地点	数 量	百 分 比
运到公司自己的店铺	8 557 300	25.84%
运到公司网站仓库	7 668 200	23.16%
运到美国零售商（间接）	12 556 900	37.92%
运到海外	4 334 006	13.09%
每年运输	33 116 406	100.00%
间接销售占在线的百分比		163.75%

表 3-4 显示出在线产品订单：相同产品的间接销售为 1:1.64。这个比例一旦被确定，就可以用来估算间接销售额。已经知道了在线销售额，间接销售额就必须被确定。你可以将间接销售额和 E-mail 促销产生的在线销售额做比较，从而更进一步提炼这个数字。

了解一下有多少人被你的 E-mail 促销影响到了也是很有用的。比如，当顾客由于收到你的 E-mail 促销而进入百货公司时，他们就可能购买促销产品，但是也有一些人会买其他的产品。这种情况总是会发生的，如果你能增加商店的流量的话，那你就可以依靠店内销售了。只要做一点点研究，你就能估算出被 E-mail 驱使而来的顾客的总订单额，这个数字可以用来估算 E-mail 产生的间接订单额。一旦估算出了 E-mail 促销产生的买方人数，你就可以估算出数据库中成为买方的订阅者比例。

这些数字能够并且应该用来估测 E-mail 促销的真正效果，它们应该被用来确定 E-mail 促销预算。到目前为止，极少数的公司使用这种分析方法。读了这本书，你就会意识到 E-mail 营销的威力并且因此而调整你的预算。

2. 测试订单价值和利润

如果我们想要在 E-mail 营销中取得成功，就必须知道它能产生多少毛利润和净利润。我们必须知道这样的信息，如表 3-5 所示。

表 3-5　平均订单价值和利润

平均订单价值	$117.92
一个在线订单的净利润	65.00%
一个目录订单的净利润	60.00%
一个零售订单的净利润	50.00%
一个间接订单的净利润	30.00%

在很多情况下，平均订单价值很难被确定，但它对测量 E-mail 营销的效果很重要。如某位顾客可能会买一台 4 000 美元的高清电视机，而另一位可能会买一双 2 美元的袜子。将这些加在一起似乎也没有多大意义，但还是尝试一下：将一个月或一年的在线销售额加起来，比如是 1.183 亿，然后将在线交易加起来，比如是 1 003 368 笔，用总销售额除以交易数，就是 117.92 美元。也许你没有任何产品的售价是 117.92 美元，但这个平均数真的是测量 E-mail 营销效果的好方法。

对很多的营销者来说，销售净利润也是很难确定的。在零售店里，经常会出现 100% 的标记，那表示你花了 10.68 美元买了一盒四季豆罐头，并且将它标记上 100%，你以 21.36 美元或 0.89 美元的价格卖出去。100%这个标记表示你的净利润是 50%，但是你还要考虑到其他的成本：薪水、房租、设施和广告等。你出售那盒罐头的价钱可能会很高。现在的超市仅赚取每个商品售价的 1%的利润。在表 3-5 中，一个零售订单的净利润（60%）代表售出商品的成本加上所有其他的成本，这个利润唯独不考虑 E-mail 营销的成本。要想确定每件商品的平均成本（保险费、汽车租金或航空运费）可能会很麻烦，但不需要策划一个大规模的研究项目，看看你的年度报告就可以了。将公司的税前总利润当成销售总额的百分点，再去掉 100%，然后你就可以得到每件商品的平均成本了：1 亿美元的销售额减去 800 万美元的利润就是 9200 万美元，那么你的每件商品的平均成本就是 92%。像这样的表格真的很好。

3．测试邮件传送成本

你只需根据两个数字来确定你要为 E-mail 营销支付多少费用：国内 E-mail 服务和外包的 E-mail 服务，如表 3-6 所示。

表 3-6　E-mail 发送费用

模　　式	费　　用
外包的 E-mail 费用	$22 090
国内 E-mail 费用	$20 000
每月 E-mail 的总费用	$42 909
获得新订阅者的费用	$104 556

在很多情况下，你要为每月的 E-mail 广告创意支付一笔费用。如果那个创意是在内部完成的，那么营销者就能把薪水总成本和其他开销输入为内部 E-mail 费用的一部分。大多数的 ESP 鼓励他们的顾客支持他们自己公司的方案，顾客可以使用高级的自助服务软件来选择每个广告的名称、内容、个性化信息和链接等。在其他的情况下，ESP 会根据客户的营销人员的指示来处理所有的事。

E-mail 的传输通常是以千封为单位来计算的，根据 E-mail 的数量而定，在任何地方都是 2～6 美元。有些 ESP 根据 E-mail 发送量来要价，有些则是根据 E-mail 的传输量要价。这些价格乘以传输率得到的结果就是成本了。

任何一个 E-mail 营销方案都是 E-mail 顾客的营销数据，比如之前的例子里那 100 万个姓名（包含活跃的和不活跃的）。这个数据允许进行市场细分、使用个性化和追踪网站访问者、购买物和偏好。这些数据是很重要的，所以下个章节的大部分内容会用来讨论它是如何建立和维持的。

4．测试当月的成效

在这一章里，我们已经输入了如表 3-7 所示的所有数据，现在我们可以看到那个月的成果。

表 3-7　E-mail 的月统计结果

已发送的 E-mail	10 115 783
每次活动发送的 E-mail	595 046
打开的 HTMLE-mail	1 358 446
在线订单	143 995
在线订单产生的收益	$16 941 012
在线货物出售成本&开销	$10 164 607
在线订单的净利润	$6 776 405
E-mail 产生的线下订单	60 565
每次发送产生的线下订单的百分比	0.60%
E-mail 产生的线下收益	$7 125 490
产品出售加开销的成本	$3 919 020
线下订单的净收益	$3 206 471
本月的 E-mail 费用	$147 465
E-mail 运营的净利润	$9 835 410

我们在那个月里发送了 1010 万封 E-mail——时事通讯、促销性邮件、交易性邮件、触发性邮件等。我们以平均 117.92 美元的价格完成了 143 995 笔交易，获得了 1690 万美元的在线总收益。我们也学到了一些其他的东西：传送出去的邮件中，有 0.60%会导致离线购买，这是一个很合理的结果，有些营销者可以让这个比例变得相当高，但将来我们会发现，0.60%是一个很有利的数字。

有了这些数字，我们就能够用首席财务官（CFO）能看得懂的方法测量出 E-mail 促销的效果了。如表 3-8 所示为买家的年度状况。

表 3-8　买家的年度状况

组	买　家	美　元	每个买家	订　单	平均订单价值
一次	45 236	$4 563 323	$100.88	45 236	$100.88
两次	12 470	$2 657 539	$213.11	24 940	$106.56
三次	4 979	$1 582 429	$317.82	14 937	$105.94
四次	2 348	$980 293	$417.50	9 392	$104.38
五次	1 225	$653 713	$533.64	6 125	$106.73
六次	697	$451 484	$647.75	4 182	$107.96
七次	506	$370 171	$731.56	3 542	$104.51
八次	347	$284 338	$819.42	2 776	$102.43
九次	246	$224 195	$911.36	2 214	$101.26

续表

组	买　　家	美　　元	每个买家	订　　单	平均订单价值
十次及以上	689	$1 038 207	$1 506.83	8 957	$115.91
总计	68 743	$12 805 692	$186.28	122 301	$104.71

5．年度的买方状态水平

在我们完成每月的统计之前，让我们把这个月和之前的 12 个月做一下对比，我们就能够得到一些平均值了。表 3-9 能显示出这些关系。

表 3-9 包括之前表格的一些数据：那一年的平均订单价格是 117.92 美元，每位买主的平均订单是 1.8 个。它也提供了通过购买状态来细分顾客的依据（见第 4 章）。

6．投资回报（ROI）统计

我们现在可以将如表 3-9 所示的所有数据都放进一个项目表中，这个表能给我们提供关于邮件方案成绩的重要信息。只有 E-mail 才能产生出这样的数字。

表 3-9　E-mail 营销投资回报率

本月的 E-mail 费用	$147 465
每 1 美元的投资回报率	$66.70
每封发送到的 E-mail 的成本	$0.015
每封打开的 E-mail 的成本	$2.435
每次点击的成本	$0.221
每份线下订单的成本	$0.021
获得单向选择订阅者的成本	$2.36
每次活动的订单	3 563
每次活动的平均利润	$419 146
每次活动的成本	$8 674
每次活动的平均利润	$578 554
每次发送的线下收益	$0.704
每位活跃订阅者的月收益	$6.32
每位活跃订阅者的年收益	$75.87
12 月订阅者中买家的百分比	1.55%
每个活跃订阅者的月利润	$15.87
一个选择加入 E-mail 地址的价值	$190.40

这些数字都很令人惊叹，然而不幸的是，大多数的 E-mail 营销者没有为他们的广告计算出这些数字。它们是一张描述图片，描述的是最成功的 E-mail 狩猎者能从先进的 ESP 那

里利用到什么，但是 E-mail 耕作者从他们的广告中得到的统计更有用。关于这些内容我们将在下一章中讲解。

3.2 邮件营销的基础

3.2.1 ESP 基础

1．ESP 给他们的客户提供如下服务：

- 策略和战术（在所有地方都适用并且能应用于顾客的邮件营销方案）的指导
- IP（网际协定）
- 产能监测（显示每天的实时结果）
- 能提供行业趋势信息和最佳实践（从 ESP 的经验中获得）
- 能传输触发性邮件（比普通邮件有更高的投资回报率，但需要运用复杂的软件）
- 完善的分析方法支持
- 专业的软件（通常是一些对活动有建设性或观察性的软件）

2．ESP 通常包括什么

一个地道的大 ESP 会给 100 个或更多的不同顾客发送邮件，所以雇佣一个有经验的员工团队是很重要的，这些有经验的员工在过去已经犯过错了（每个人都是这样的）并且已从错误中学到了教训，他们知道自己在干什么。但公司里单个的邮件营销员工就不一定是这样了，内部员工必须学习使用高度专业化的邮件营销软件，这个训练是要花时间和资源的。

能办好自己的邮件传输公司仅有一个小小的训练有素的团队就够了，他们知道如何发送大量的邮件，但如果某些员工生病了、在度假、在开会或获得了晋升，那么公司可能就没有足够的员工来执行当天的促销任务了。所以从另一方面来说，一个为 100 个或更多的顾客服务的有经验的公司也会拥有一支庞大的有效率的员工队伍，这样它就能随时调动员工来完成当天的工作了。

ESP 也应该能够不断地创新。在邮件领域，人们总是在不断尝试新的想法，有些能达到好的效果，有些就不能。但是总的来说，E-mail 营销者学到了更多关于病毒式营销、链接、互动性、标题、传输、微型网站、网络编程、HTML 技术等方面的知识。一个地道的 ESP 为 100 个或更多个顾客管理 E-mail，其中有些顾客掌握前沿的 E-mail 技术，所以在创建这些邮件的过程中，ESP 的员工向他们学习，然后就能够将其中一些先进的想法传达给其他的顾客。训练他们学习这些新技术，他们就会知道如何去应用了。但对于一个小规模公司的内部员工来说就很不幸了，因为他们接触不到这些新想法。结果就是：他们的邮件技术将落后于同行。

3.2.2 邮件列表基础

1. 每月的新客户来源

人们在不断地转移和改变他们的 E-mail 地址，每年每份邮件文件夹中 30%的地址都变成了废弃的地址。除此之外，很多注册了 E-mail 时事通讯和促销产品的顾客对此已产生了厌倦并退订。作为一个 E-mail 营销者，你会发现你的订阅者列表在不断地消失，为了维持列表，你必须不停地增加基于许可的 E-mail 地址。有很多来源可以获得新的邮件用户，这可以归结为六类：

- 在站点登记邮件地址的网站访问者
- 通过朋友推荐的病毒式营销订阅者
- 在线购买顾客（E-mail 通常都有在线购买的请求）
- 在店里登记邮件地址的店内访问者
- 在买东西时提供邮件地址的采购者
- 在消失和退订后被重新诱惑回来的再激活顾客（注意：对这些人通常发送直接邮件以避免他们将邮件当做垃圾邮件）

每个来源都有不同的注册率。很多人访问你的网站，但却没有注册他们的邮件地址。然而，很多在线购买者提供他们的邮件地址，他们把这当做购买过程的一部分。在线购买者提供邮件地址，那些使用邮政或电话的人经常不提供。店内访问者很少提供他们的邮件地址，除非你给他们打一些折扣，或者给促销人员一些奖励让他们去获得邮件地址。每月的新邮件来源记录如表 3-10 所示。

表 3-10 新订阅者的来源

目录注册	244 336
零售商店注册	123 556
网站注册	99 766
重新激活的订阅者	1 266
新增加的订阅者总量	468 924

续表

获得新的订阅者的花费额	$156 244
获得单向选择订阅者的成本	$0.33

网站有测量访问者的计数器。当访问者登记了邮件地址后，这个情况就被储存在数据库记录中了，然后你的软件就会在计数器里增加一个人并显示出这个月网站的登记人数。病毒式营销是很重要的，我们将会用一整个章节（第 18 章）来讨论它。并不是所有人都采用病毒式营销，但是若将它添加到你的数据库中，它会是一个伟大的营销方法。

当人们到你的商店中来买东西时，你应该给他们提供一个机会（使用一些回报）让他们登记邮件地址。想要更成功的话，就给为顾客登记的职员一些奖励。相同的原则也适用于目录销售。所有的产品目录都至少提供两个购买方法：在线或电话。在线购买，你的买主会将他们的邮件地址给你；通过电话购买，你可以给获得了邮件地址的客户代表一些奖励。这个过程将在第 8 章中详细讲解。

最后，给那些曾经买过东西但如今邮件地址对你无用的顾客发送直接邮件，如果你给他们一些回报的话，有些人就会回来登记和继续购买产品。表 3-10 中，大概估算了一下为获得新客户名所要花费的钱（包括在订阅者身上花费的和为获得姓名而在雇员身上花费的）。

2. 测试列表增长

如果你能在一个月内增加很多基于许可的 E-mail，你也不能假设你的注册数据库将以那样的速率增加。在你增加人数的同时，也有很多数据库中的订阅者会退订或者改变邮件地址，然而你却并不知道这些。

假设你一开始就有一个 100 万人的数据库，如果你和大多数的 E-mail 营销者一样，你就会发现只有将近一半的邮件地址是活跃的。为什么呢？当顾客退订的时候，你必须停止给他们发送邮件，但是要将他们标记为退订者并且继续保存在列表中，而不是将他们从列表中删掉。你可以将他们的记录作为接下来几个星期的抑制文件，来保证你是尊重他们的要求的。当 E-mail 变得不可传送时，你也不要将它们从数据库中删掉。有时候，你可能会有他们的姓名和地址，也可能会想要给他们发送直接邮寄、明信片或目录，在某种程度上试着将他们挽回。有种很可能的情况就是，虽然他们改变了邮件地址，但他们仍想从你那得到时事通讯。在快节奏的生活中，他们并未注意到你的时事通讯并没有进入到他们的新邮件地址中，他们甚至可能仍是一个活跃的买主，所以你要将他们保存到你的数据库中。你可能要花钱去创建一个外部服务来附加他们的新地址，这样你就可以重新和他们联系上了。

这样的话，随着时间的推移，你的数据库里就会填满非活跃的邮件地址，如表 3-11 所示。

表 3-11　非活跃的邮件地址的增长

包括非活跃邮件地址的邮件列表	1 879 880
月首可用的 E-mail 地址	619 878
可用 E-mail 地址的百分比	33%
因为不能发送而被丢弃的邮件地址	5 882
每月退订	10 234
每月流失量	16 116
增加的新订阅者	44 337
月尾可用 E-mail 地址	648 099

在一个月之中，由于退订，你失去了一些顾客；由于改变邮件地址，你失去了更多的顾客。如果你能够积累足够多的新顾客来补偿这些损失，那你就做得很好了。你只能给活跃的订阅者发送时事通讯和促销产品。

3.3　邮件营销效果分析

3.3.1　邮件测试的实现

1．邮件是如何工作的

E-mail 在互联网上的初次使用是在 1971 年，比网站的出现早很多。互联网将很多电脑和有线网络连接起来，这样每台电脑都能收到从其他电脑上传来的数字信息了。网络依赖于路由器帮助数据包保存邮件、网站、视频和通话里的信息。数据包可以离开电脑，可以在中途通过不同的网络环游世界并且在一秒或两秒钟之内到达另一台电脑。

为了创建一个数据包，E-mail 软件（或者客户端）将 E-mail 分成含大约 200 个字节的多个信息包，一个字节包含 8 个比特（一个比特是 0 或 1），将每个信息包放进一个包含附加比特的框架中（框架包含将信息包从一台电脑发送到另一台电脑上的必要信息）。封包交换的最大优点就是，它允许数百万台电脑使用相同通信线路的全球网络，允许共享全球网络上有用的信息。

有了互联网，电脑之间不用直接的连接了，每个数据包可以独立地通过普通线路传输到目的地。当数据包到达目的地后，主电脑通过电话线或电缆将它发送给路由器，路由器在框架中测试目的地的地址，并且经过路线寻找系统筛选后，将数据包传递给另一个路由器。一个数据包在它从一台电脑传送到另一台电脑的旅途中，可能经过几个或几千个路由器。当数据包到达它的最终目的地后，在目标电脑中按照正确的数据顺序被重组。

如表 3-12 所示对其中一个在互联网上分分秒秒周游世界的电子数据包进行了描述。数据包是以电子标志来开始和结束的，这样路由器就能知道每个数据包都是在哪里开始和结束的。它有目标电脑的电子地址和一个包编号，包编号里包含控制比特来确保数据包里的数据不会被毁坏。有效载荷是一个比特群，里面包含数据包从来源电脑传输到目标电脑的信息。这个信息也许是一个网页、一个电视图片或声音、语音通话或一封邮件的一小部分。

表 3-12 包含地址和控制位的数据包

旗标：数据包在这里结束	数据包 # & 控制器	负载：网页，电视，IP 语音或 E-mail	地址：到哪里	旗标：数据包在这里开始

所有的数据包都是以接近光速的速率传输的：186 000 英里/秒。由于包含各种各样的线路和路由器，数据包可能要花几秒钟才能达到它要去的地方。

2. HTML（超文本链接标记语言）是如何工作的

HTML 是用来创建丰富多彩的 E-mail 和所有我们熟悉的网站的。在一封标准的 HTML E-mail 中所显示的图片也许并不存在于邮件之中，它们可能存在于公司发邮件的服务器上。每个图像都有它自己特定的网址，当你看邮件时这个网址就被 HTML 代码引发出来。HTML 代码利用你的个人电脑将数据包发回给服务器，实际上等于在说“将这个网址发给我们”，然后服务器就创建一个包含图像的数据包群并将它们发到你的个人电脑里，这样图像就会以照片的形式展现在你的屏幕上了。

还会发生一些其他的事情。例如，当服务器收到发送网址的请求时，它就会知道你已经打开了 E-mail，因为两个数据包里面都包含你的地址。每次当用户打开 HTMLE-mail 时，发件人就会知道邮件被打开了、谁打开它的还有什么时候打开它的。当你点击 HTML 或文本邮件里的链接时（比如想看看邮件里不同的页面或部分），你能看到新的信息，因为数据包已经被发送给服务器要求获得新页面了，然后服务器发送新页面并将你点击链接的行为记录下来。被发回的数据包可能也包含你的输入信息，比如姓名、产品订单或者你对一个调查问题的回答。

很多时候，收件人的邮件客户端是用来保护收件人的隐私的。如果是这样的话，用户会在邮件顶部看到一条黄色的线，这条线告诉收件人图像已经被阻止了（就像 Outlook 中的一样）。当你点击那个提示开启图像时，也就给发件人发送了一封邮件告诉他你已经对邮件进行了一些操作（打开、点击或下载等）。

邮件客户端显示了一个收件箱：你收到的所有信息的列表。收件箱陈列出了信息要点：谁发的邮件、邮件标题和信息的发送时间、数据、大小。你可以根据信息要点来选择某个邮件阅读、跳过、删除，甚至把它标记为“已读”或垃圾邮件。

Outlook 也能显示出一个预览窗格。那个预览窗格显示了信息文本中的前几行内容，要么显示在信息要点右边，要么在信息要点下面。很多的 E-mail 收件者在他们真正阅读或删除一封 E-mail 之前，都要经历一系列的步骤。如果他们有兴趣知道更多的信息，就会看一下预览窗格来大体了解一下里面的内容。只有当那个视图能激起他们的兴趣时，他们才会打开邮件。

很多 E-mail 仅仅被当做文本发送和接收，里面没有任何的 HTML。如果是文本邮件的话，发件人不知道你是否打开了邮件，因为文本邮件不会将数据包发回给发件人，发件人就没有任何办法追踪文本邮件的打开量。但是你可以检查文本邮件里的点击量和转换量，若用户点击文本里网址的超链接就能做到这个了。然而在这种情况下，网站所有者不知道是文本邮件让人们去访问他的网站的，他所知道的，只是由于一些未知的原因让一些未知的人来访问他的网站。

文本邮件是传播文字信息的好方法，但对追踪文字传播过程中的效果却没有多大的用处。然而，在文本信息中，使用代码将链接进行编码处理用来识别订阅者是可行的。所以，虽然你不能追踪打开量，但你可以知道谁点击了文本信息里的链接。

3．测试到达

广告中，我们给那些向我们提供了邮件地址的人（允许我们向他们的地址发送商业促销信息）发送了 100 万封 E-mail。我们之前已经验证过许可信息了：给每个人的地址发送一封 E-mail，叫他们点击一个链接，就能将数据包发回给我们。以此表明他们已经收到了我们的邮件（验证了地址的正确性）并且想从我们这里了解更多的信息，从而验证这确实是经过选择的。这叫做双向选择体系，我们强烈推荐它。只有大约 20%的 E-mail 营销者使用双向选择的方法，其他的营销者就会给那些没有经过验证步骤的人发送促销性 E-mail。

就算不考虑到这个验证，你发送出去的每批促销性 E-mail 中的一部分（2%～10%）也许才刚刚被确认，但仍然会返回，这是为什么呢？

大多数的 E-mail 会返回，因为那些邮件地址已经无效了。每年大约 30%的 E-mail 地址会改变，这是因为消费者转向了新的 E-mail 提供商、创建了新的账户或者搬到了新的公司去了。当用户改变邮件地址时，他们很少通知那些商业邮件营销者。事实上，一些人改变邮件地址也是为了摆脱这些营销信息。即使邮件地址是有效的，但由于用户将所分配的磁盘空间使用完了，也会导致邮件箱暂时无法使用，或者由于邮件服务器在处理大量的邮件，也会导致服务器暂时不可用。当然，如果邮件地址不复存在，那失败就是永久的。

当你发送一封邮件时，它会到达公司的邮件传输代理（MTA—Message Transfer Agent）处，为你发送出你的邮件，并在电脑之间传输信息。每个 MTA 都有一个队列，里面有一定数量的可用存储槽来发送信息。直到邮件被成功地传输出去或 MTA 确定邮件不能传送，否则每个存储槽会一直保存邮件。如果你的列表里有很多错误地址，那你的邮件传输率就会下降，因为 MTA 反复地尝试传送含有错误地址的邮件，很多存储槽会被那些邮件塞满。

当一个 E-mail 反弹时，它就会返回到你的 MTA 自动反弹处理器中。反弹处理器会给那个地址区域发送一系列的反弹信息，用来测试那个反弹是暂时的还是永久的。反弹处理器会相应地追踪那些信息的进展情况和回应情况。e-Dialog 公司采用“三罢工”规则（three-strike），如果三个或三个以上连续的软（暂时性）反弹存在超过 14 天，那它们就会自动地转换成硬（永久性）反弹。

由于导致邮件反弹的原因有很多，反弹处理器不会立刻将订阅者从列表中删除，而是大约在第一次反弹的 10 天后，给订阅者发送一封警告邮件。在每个营销促销结束时，你的 E-mail 服务商将给你一份报告，告诉你哪些邮件被发送了和哪些邮件会永久反弹，然后你就能算出传输率，比如 95.30%。

这比美国邮政服务商（USPS—US Postal Service）为三等邮件（散装信）所能做的事要好很多。如果一封散装信不能被传送的话，那当地的邮局只会将它查出来，而不会通知你。你查不出有多少封信件被传送出去了，或哪些顾客没有得到邮件。当然，如果你愿意花钱，可以用一等邮件发送你的信件，一等信件总是能被传送出去，若不能传送也会返还给你的。大多数的营销者负担不起使用一等邮件，这对促销性邮件来说太昂贵了。即使是包含所有传输问题的 USPS 的三等邮件的成本，也比 E-mail 多 100 倍。

3.3.2 邮件处理

1. 为什么很多邮件发送者外包他们的邮件

大多数的营销者将整个邮件创意和发送过程外包给 ESP，并将指示发给他们（通常是以数字的形式）：E-mail 应该发给谁、每封 E-mail 的内容是什么、将会使用哪些触发器等。有些企业制定内容，但是会使用某个 ESP 的软件外包 E-mail 的发送过程。

为什么要外包这些功能呢？E-mail 传输是一个高度专业化的功能，它要求专业的软件和员工培训。即使在 10 年以后，ESP 功能仍会是很新颖的，并且每年在不同的方面做改变，这些改变是很难预测的。现在，美国有超过 50 个 ESP 将邮件传输进行专业化处理，它们当中至少有 8 个是大公司，这几个公司年销售额超过 10 亿美元，这吸引了好几家公司成为它们的顾客。有经验的 ESP（有 100 个或更多的顾客）已经积累了相当多的经验来建议或支持每个顾客。不过这些经验对那些在国内传送邮件的公司来说是没用的。

2．发邮件给新客户

发邮件是一项很复杂的工作，除非让有经验的专业人员来操作，否则很容易出错。ISP 可能会把合法邮件当成垃圾邮件，除非将错误改正，否则发件人有可能会损失几千美元。

比如，e-Dialog 公司为一个有 1600 万个 E-mail 地址的新客户处理第一批 E-mail 时，它需要迎合 ISP，所以它就不会在一个来源里得到很多的邮件。首先，它为每个主要的 ISP 创建一个单元，在每个单元内根据观众在列表里的时间长度（6 个月，7～12 个月等）进行群体细分。它给每个 ISP 逐一发送邮件，每天给最大的 10 个 ISP 的发送量保持或低于 480 000 封，给其他 ISP 发送 240 000 封。第一封邮件是发给那些最近加到邮件列表中的订阅者的。第一次给那 1600 万人发邮件大概需要 11 天。

3．电视邮件悖论

E-mail 营销和电视广告有一个共同点：建立品牌。E-mail 能产生上百万的产品和服务订单，其中有些能够直接追踪到产生销售的特定信息，电视广告就不能被轻易地追踪到了。这个情况就会导致悖论：我们不能确定每条电视广告的具体效果，所以我们在广告上花很多钱；我们完全可以确保 E-mail 促销品的一些效果，但我们只需花很少的钱。

电视广告可以具有强大的威力，但它不可能用 E-mail 广告的精确度来衡量。电视广告通常都是建立品牌。由于有了电视广告，上百万的人知道了宝洁公司的海飞丝和潘婷。我们知道，这样的广告能促使上百万人打电话、登录网站或去商场买东西；但我们不会知道，由于哪天播出了哪个广告，“小王”通过哪个节目的电视广告买了哪个产品。我们营销者接受了“泛滥的电视广告也能产生作用”这个观点，但我们也接受了“永远也无法证实它们在特定情况下如何产生效果”这个观点。结果就是，数十亿美元被花在电视广告的筹备和播放上，却没有任何证据来了解当它们究竟会产生什么样的效果。

当 E-mail 营销和搜索引擎营销出现的时候，一些不同寻常的事发生了。第一次地，我们可以证明，由于某个 E-mail 或搜索引擎，“小王”于某一天在亚马逊网站买了某一本书。因为我们可以知道这些事情，所以很多公司仅仅根据在线销售结果来预算 E-mail 营销。这是一个很大的错误！

事实就是 E-mail 促销从很多方面来说都如同电视广告，都是建立品牌。它们引导收件人去访问网站、打电话、从目录中购买产品或在商场里购买产品——这就像电视广告产生的效果一样。70%的在线用户在进行离线购买之前都使用 E-mail、网站和 Google 来获得产品信息。但是正常情况下，这种离线销售追踪不到产生销售的 E-mail。更进一步来说，有相当数量的 E-mail 促销不能在线卖出任何产品。这样说来，难道这些营销者都疯了吗？

大公司在确定 E-mail 促销预算的时候，不会考虑到 E-mail 促销是否能产生离线销售。他们知道 E-mail 促销能建立品牌，但他们在预算时不会想到。结果，大多数公司的 E-mail 预算少了很多，如果 E-mail 促销发挥了其产生的真实效果。

3.3.3 数据处理

1. 数据是从哪来的

任何一个 E-mail 营销运作领域中，都有某些人知道本章中描述到的所有数据，问题是并不是每个人都知道这些数据，它们在 E-mail 营销者、ESP、网站管理者、零售店副总裁（VP）、首席财务官（CFO）、IT 专业人员和其他人之间传播。如何将信息集中起来，才能够达到像表 3-9 显示的那种效果呢？

E-mail 营销管理者要做的第一件事就是立即填入所有掌握到的信息来让他们支配，这样就能显示出他们还有哪些信息是不知道的。他们应该将所有涉及 E-mail 营销的人员组织起来成立一个委员会，可以讨论如定期地自动地使丢失的数据变得可用，这样就能每个月都制造出表 3-9 那样的报告了。

另一个候补的办法就是，让你的 ESP 来收集数据并按月将它发给所有有关联的人。大多数的数据都可以从现有的来源中获得，有些数据就必须根据研究来估算了。那些必须被估算的数据包括：

- 网站和病毒订阅率
- 店内访问者和他们的订阅率
- 目录式采购订阅率

- 给丢失的订阅者发送的直接邮寄和再激活率
- 商品平均成本
- 在线产生的离线销售额比例

在第一轮的报告中，给每个数字做合理的估算，这样报告就能被制定了。很快就能看出来这些最初的估算是不是切合实际的，也能看出还可以采用什么方法来获得数据，让它们能反映出真实情况。

2．把所有数据填入一个图表中

我们将本章中所有讨论到的广告数据放在一起，就可以得到一份关于 E-mail 营销投资回报的月视图，如图 3-1 所示。

A. Costs of Service		
Outsourced Email Expenses	$22,909	A1
Internal e-mail Expenses	$20,000	A2
Total e-mail Expenses in Month	$42,909	A3
New Subscriber Acquisition Spending	$104,556	A4
B. e-mails Sent		
Campaigns in Month	17	B1
Total e-mails Sent	10,213,031	B2
Total e-mails Delivered	10,115,783	B3
Deliverability Rate	99.05%	B4
C. Monthly List Growth Measures		
Total Addresses in T-Master	1,879,880	C1
Mailable e-mails (T-M less suppressions)	619,878	C2
Percent Mailable	33%	C3
Undeliverable Dropped in Month	5,882	C4
Percent Undeliverable of Mailable	0.95%	C5
Unsubscribed in Month	10,234	C6
Percent Unsubscribed of Mailable	1.65%	C7
Lost in the month	16,116	C8
New Registrations in Month	44,334	C9
Mailable e-mail addresses end of month.	648,096	C10
Percent change in mailable addresses	4.55%	C11
D. This Month's Results		
e-mails Delivered	10,115,783	D1
e-mails delivered per campaign	595,046	D2
HTML e-mails Opened	1,358,446	D3
Online Orders	143,995	D4
Revenue from Online Orders	$16,941,012	D5
Cost of online goods sold & Overhead	$10,164,607	D6
Net profit from online orders	$6,776,405	D7
Offline Orders from e-mails	60,565	D8
% Offline Orders Per Delivered	0.60%	D9
Offline revenue from e-mails	$7,125,490	D10
Cost of goods sold plus overhead	$3,919,020	D11
Net Revenue from Off Line Orders	$3,206,471	D12
e-mail spending this month	$147,465	D13
Net Profit from e-mail Operations	$9,835,410	D14

E. Opens, clicks & on and off line sales		
HTML e-mails Opened	1,358,446	E1
Percent Opens of Delivered	13%	E2
Clicks	445,332	E3
Percent Clicks of Opens	32.78%	E4
Unique Clicks	667,889	E5
Unique Clicks as % of Avg Subs Mailed	108%	E6
Percent offline orders per click	13.6%	E7
Estimated Offline Orders from e-mails	60,565	E8
Estimated off line orders per buyer	1.2	E9
Est Off Line Buyers from e-mails	50,471	E10
Percent offline buyers of mailable e-mails	8.14%	E11
Online Orders	143,995	E12
This month unique online buyers	121,445	E13
Orders per online buyer	1.19	E14
F. Value Costs and Margins		
Average Order Value	$117.65	F1
Cost of Offline Goods plus Overhead	55.00%	F2
Cost of Online Goods plus Overhead	60.00%	F3
G. Return on Investment and Costs		
e-mail Spending This Month	$147,465	G1
ROI per $1 spent on e-mails	$66.70	G2
Cost per Delivered e-mail	$0.015	G3
Cost per Opened e-mail	$2.435	G4
Cost per Unique Click	$0.221	G5
Cost per Off Line Order	$0.021	G6
Cost to acquire one opt-in subscriber	$2.36	G7
Orders per campaign	3,553	G8
Average revenue per campaign	$419,146	G9
Cost Per Campaign	$8,674	G10
Average Profit per campaign	$578,554	G11
Offline Revenue per Delivered	$0.704	G12
Monthly Revenue Per Active Sub	$6.35	G13
Annual Revenue per Active Sub.	$76.07	G14
% Buyers of 12 Month Subscribers	1.58%	G15
Monthly Profit per Active Sub	$15.87	G16
Value of an Opt-in e-mail Address	$190.40	G17

图 3-1　月 E-mail 营销报告

这就是一张 E-mail 营销广告表现的完整视图。每个 E-mail 营销者都应该有一张像这样每个月能自动生成的表格，并将它发给 CFO（首席财务官）、CEO（首席执行官）和 CMO（首席市场官）。将这张表格所产生的数据制作成曲线图，就可以每个月将每个价格表现做对比了。曲线图可以显示出进展程度或不足之处，如图 3-2 所示。

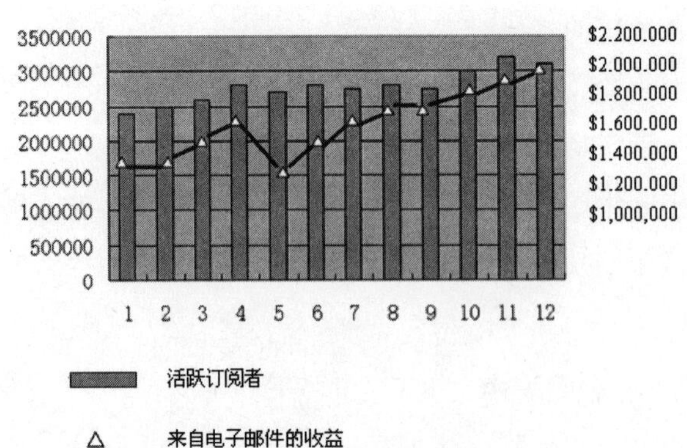

图 3-2　月利润和活跃订阅者

本章涵盖了利用 E-mail 进行狩猎销售的信息，下一章中包含耕作：顾客表现的测量方法。

经验分享

- 营销性 E-mail 的测量潜力是无限的。
- 你只能测量 HTML 邮件的表现；不能测量出文本邮件的表现。
- E-mail 是通过数据包（在互联网上移动）来发送和接收的。
- HTML 邮件含有有趣的字体、色彩和图像；文本邮件是没有的。
- HTML 图像通常存储在邮件发件人的服务器上，每个图像有它自己的网址。
- 当订阅者打开 HTML 邮件时，数据包就被发回给发件人。
- 数据包能告诉发件人 E-mail 已经被打开了、被谁打开的以及什么时候打开的。
- 每年有 30%的 E-mail 地址变得不能传送邮件。
- E-mail 的整体打开率大约是 16%，并且呈下降态势。
- 当订阅者点击了邮件中的链接时，点击率就被测量了。
- 为了维持 E-mail 的有效营销列表，就必须不断地增加新的订阅者，因为每个月都会有很多订阅者消失。
- E-mail 能产生在线和离线销售。
- 确定 E-mail 营销的 ROI 和选择性加入的邮件地址的价值是可行的。

第 4 章
订阅者的耕作

若想要吸引你的顾客，你就要明白哪个顾客可能被吸引，并且根据你对他的了解向他推销产品。若你能越多地围绕你对他的了解（包括他是什么时候在什么地方和你交流或做交易的）来建立市场营销，你营销成功的可能性就越大。此外，通过多种渠道和你建立关系的顾客比那些单一渠道的顾客有更高的价值并且逗留的时间更长。商店、联络中心、E-mail、网站、直接邮寄，这些都是已经被确认的渠道，还有一些更多的渠道（比如社区信息和手机）一直在不断地出现。

4.1 耕作时代的到来

4.1.1 “耕作”与“狩猎”

在 E-mail 营销的前 10 年中，狩猎几乎是吸引顾客的唯一途径，陷阱被设置在野外来捕获订阅者。有些订阅者在陷阱中被抓到，然后就成了顾客。营销者都变成了设计陷阱和添加诱饵的专家了，比如用引人注目的标题来得到更多的交易。这个方法现在仍有效果，仍能从中获利数亿美元。

然而，在过去的几年中，一些 E-mail 营销者已经开始用耕作来做试验了，他们对农家庭院的动物（即订阅者）进行个体研究并且给每位订阅者设计邮件。这个过程比狩猎复杂得多，它要求营销者了解每位订阅者的很多信息并将这些信息放进一个营销数据库中。这个数据库是用来创建订阅者细分群体的，也被用来精心设计能吸引每位订阅者的个性化邮件。如果操作正确的话，耕作进程会比狩猎更有利可图，关键原因是狩猎者太多了，所以太多的狩猎就降低了成功率（比如邮件的打开率）。

你可以利用订阅者数据库的数据来测量每位订阅者的生命周期价值，然后将每个人放进一个特定的细分群体。你发给每个订阅者的邮件信息都可以进行个性化处理，因为你已经收集到了每个订阅者的相关信息并将这些信息存储到了营销数据库中（这样你就可以很容易地和每个订阅者建立对话了）。营销数据库能够让你和几十万个或数百万个顾客进行有意义的单独对话，就像角落杂货商和他的顾客那样的对话。

就如同你现在所知道的，有两种办法可以测量 E-mail 营销方案的效果：广告表现测量法和订阅者表现测量法，相对而言，广告测量起来较容易一些。追踪系统已经被建立了，这样 E-mail 营销者就可以计算打开量、点击量、转换量和订阅者人数了。

订阅者表现测量法比较困难也比较贵，但是到了最后能赚到更多的钱。你要了解每个订阅者的邮件地址，要追踪他们在你网站上做的所有事（读你的 E-mail、在你的零售店买东西或给你的柜台打电话的时候）。你要将这些都增加到你的顾客数据库中，目的就是更了解这些订阅者、维持和他们的联系、建立他们对你的公司的忠诚度并通过个性化的交流来促进销售。

耕作过程主要是围绕顾客营销数据库的，因为它包含了你所有的订阅者、现有的顾客和之前的顾客的所有信息。它不仅仅包含订阅者的邮件地址，还包含其他方面的信息，比如：

- 姓名和住址
- 生日、收入、健康状况、教育程度、婚姻状况、是否有小孩
- 住房类型、房屋价值、自己拥有的或是租赁的
- 发送出去的促销性和交易性邮件
- 点击量、下载量和网站访问量记录
- 生命周期价值、RFM 模型、NBP（下一个最好产品）
- 忠诚度方案要点、订阅者偏好和特殊爱好

- 订阅者的细分状况和地位水平
- 订阅者的来源和来源日期
- 订阅者是拥护者还是真正感兴趣的人

针对你销售的产品，你可能会不想要或不需要这些数据组了，那就没必要收集和保存你用不到的数据。

最基本的做法就是将所有你了解的个人（登记了邮件地址或购买了产品）信息放进一个关系数据库中，当你要发送促销邮件时，你就可以从这个数据库中挑选姓名了。相关联的 E-mail 是由几种不同的要素构成的，包括：

- 订阅者被放进的细分群体
- 订阅者的生命周期（是一位新顾客、多渠道的顾客还是失效的顾客等）
- 可利用的触发器（可以被用来当做发邮件理由的事件，比如生日）
- 订阅者姓名（可以被用在邮件主体部分）
- 订阅者的偏好和个人信息（可用来在每个邮件中创建相关联的内容）
- 互动性，比如每个邮件中的很多链接（让读者感觉读邮件就像是在探险）
- 测试和测量（每个邮件广告都要进行测试和测量，用来将新的营销想法的成绩和对照组 E-mail 的表现做对比）

每个要素都要求将数据储存起来，通常是储存在顾客营销数据库中。在很多广告中，构建这样的数据库是很困难的。主要是由于历史的原因：来源于不同促销和购买渠道的数据被不同的业务单位收集，并被分开存储。很多现代的公司都已经创建了一个数据库，里面含有每个特定顾客的所有信息。其他的公司还没有达到那样的层次，在这些公司里面，数据存储如图 4-1 所示。

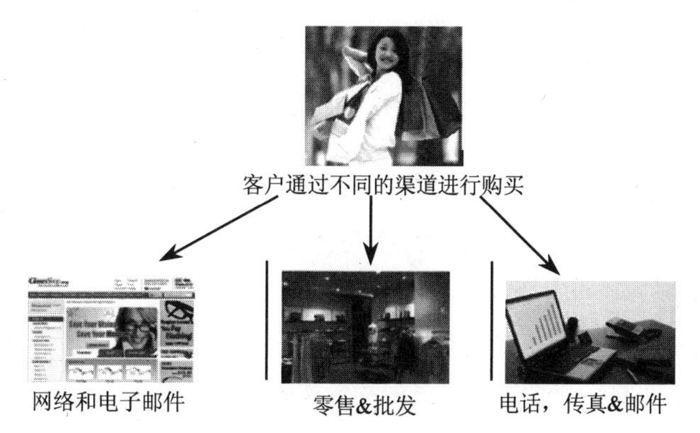

图 4-1　客户数据存储的多个地点

公司通常都为顾客提供多样的渠道购买产品和服务，并且通过不同渠道获得的订单都由不同的业务单位来完成。一组管理网站，一组处理呼叫中心，一组经营零售店。出于必要，每组都有它自己的数据库，这些数据库相互之间经常都是不相容的。也有可能还存在另一组来给订阅者发送促销性和交易性邮件，这个组可能将它的邮件传输功能外包给一个ESP，只是提供一份邮件地址列表并写着"将今日特餐发给这个列表上的地址"。

让这些分开的组使用它们自己的数据库的结果就是，没有一个组能得到顾客的综合信息。根据 Jupiter Research 的报道，2007 年，24%的大公司有 6 个或更多的独立业务单位来给订阅者发送邮件。很多单位在为相同的订阅者群设计和发送邮件时，都没有互相审查一下，顾客很快就会意识到，他周旋于同一个公司的不同组之中，而这些组并不知道或并不感激他通过不同的渠道来买东西，显然，他是唯一一个知道从公司买了哪些产品的人。当某个最好的在线顾客访问了你的零售店或打电话到服务台来寻求帮助时，那他很可能被某个销售代表（不知道他和公司之间的历史）当成是一个讨厌的人。

顾客为什么会离开呢？大多数人（68%）离开提供商是由于他们被对待的方式而不是由于价格或质量问题。当你最好的买方用另一个渠道来买东西时，你可能就把他们看成陌生人。渠道会影响顾客的行为，使用多种渠道的人比使用较少渠道的人消费得更多。比如杰西潘尼（J.C. Penney Corp）公司发现 80%的访问 JCP.com 的人也会在它的实体商店购买产品，30%的在线访问者也会在连锁店里购买产品。美国一家大的零售商通过数字描述出了多种渠道购买的效果，如表 4-1 所示。

表 4-1　多渠道客户的花费

一个客户每年的平均花费

因特网	$157
零售	$195
目录	$201
因特网+目录	$445
因特网+零售	$485
目录+零售	$608
目录+零售+因特网	$887

知道每个顾客消费了多少和其对你的价值是多少能帮助你开发方案，用来确保继续保留好你的顾客。你不能冒这样的风险：仅仅因为某个渠道没有识别出他们对你公司的重要性，而导致他们离开了你。

缓解多样渠道数据库现状的一个办法就是创建单个的顾客营销数据库，用来接收组织里所有部分的输入，并且要经常更新。

这个过程如图 4-2 所示。

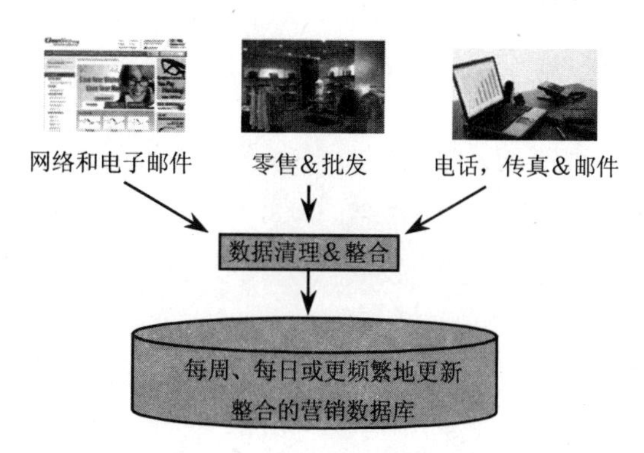

图 4-2 客户数据库整合

通过所有渠道利用这个数据库与顾客或潜在顾客进行互动联系，网站、呼叫中心、零售店 POS 系统和客户服务人员就都能够识别出黄金客户，比如当他们露面的时候——即使那个顾客是通过另一个渠道或结合多种购买渠道而获得了那个位置。有些顾客可能是第一次访问网站，但是当他注册或登录网站时，他所看到的内容就会反映出他从零售店所购买的东西，他就像一位老朋友一样被对待，这样就建立了顾客忠诚度。

4.1.2 如何进行耕作式邮件营销

1. 如何收集订阅者数据

为了耕作你的订阅者，就必须了解很多关于他们的信息。该如何获得信息呢？至少有四种可行的方法。

首先，捕获事件。追踪他们所有做过的事：打开、点击和通过任何方式购买。这些数据来自运行数据库。

其次，搜集偏好。询问顾客偏爱什么。获得顾客偏好和个人资料的优势和方法将在第 11 章中讲解。

再次，推测他们的偏好。通过研究他们在你的网站上、邮件里和零售店里所做的事，你可以推测出他对什么感兴趣。点击量和转换量会告诉你这会有多大的威力。

最后，附加数据。这些数据可以从美国的四大消费数据编译公司之一那里获得。每个订阅者要花费大约 0.04 美元，你可以将人口统计数据附加到消费者的数据输入处，那里包含正确的住址。这个数据也不可能是 100%准确，但总比没有好。

2．使用数据来创建细分群体

人口统计和行为数据可以用来创建有意义的细分群体，不管是 E-mail 还是非 E-mail 活动，如图 4-3 所示。

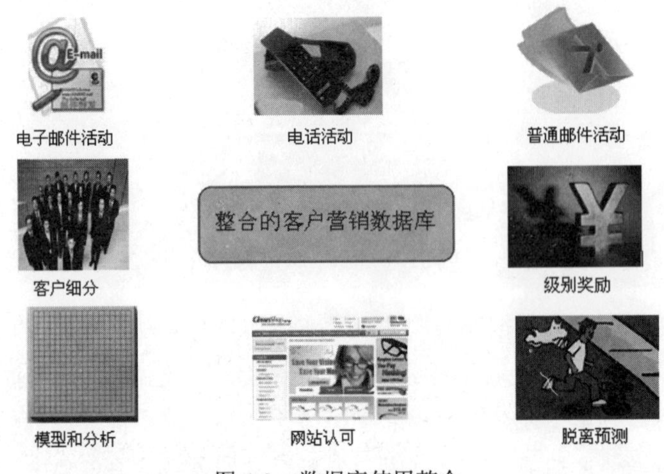

图 4-3 数据库使用整合

4.1.3 怎样区分不同的群体

1．订阅者的关心和供给

现在你已经将你的订阅者数据存储到了一个数据库中，接着要做的就是让订阅者对你的公司和服务满意。你希望他们阅读你的信息、对你忠实并且购买很多的产品。将他们分成不同的群体，比如大学生、老人、结过婚并有小孩的人和家庭办公人员，然后给每个群体研制营销战略。他们的数据库记录就是将来联系和交流的焦点。

当订阅者进入零售地点时，POS 系统就应该让工作人员知道他们的状态。比如 Circuit City 公司，就会询问顾客的家庭电话号码，在 POS 系统上输入这些号码时能从数据库记录中提出基本事实。在银行里，出纳员可能会发现某个顾客的银行的赢利指数是五级，并且他的 NBP 是一张存单。呼叫中心人员、E-mail 营销者和网站就会对这个信息进行猜测，当他登录的时候，他们就将推测出的他感兴趣的产品推荐给他。

每个订阅者都应该感觉自己是被公司注意并欣赏的。你在 E-mail 中称呼他的姓名，他在他的在线账户中能看出你记得他买过什么，在他收到的每封促销性和交易性邮件中都有专门为他设计的新的采购建议，如图 4-4 所示。

图 4-4　Netflix.com 建议

你的订阅者很快就会意识到他看的邮件和其他人的都不一样，他是在和一家知道他的偏好并帮助他做采购决定的公司打交道。

一旦你在订阅者文件夹中有了相关联的信息，就会很惊讶于你所拥有的，你不仅仅有 E-mail 地址和姓名，还有关于年龄、收入、是否有小孩、房屋占地面积和家庭住址的信息。你可能会想在每封 E-mail 中用到所有的数据，但是不要这么做。订阅者不希望你看起来知道太多关于他们的信息，尤其是从其他某些地方获得的信息。想出可以利用这些数据的好办法来增加转换率，但不要让你自己看起来像个“老大哥”。

一开始的时候，你可以停止给那些住在高层房屋或公寓的人发送关于割草机的 E-mail，停止给居住者超过 60 岁的住宅发送关于婴儿食品的邮件，根据收入情况给订阅者发送关于人寿保险的邮件。例如，某家银行给它所有的储户发送 2000 美元人寿保险的邮件，有些储户的收入低于 20 000 美元，而有些储户的收入却高于 150 000 美元，2000 美元的保险对那些低收入的人有意义，但是对那些高收入人群没有任何有意义，他们中的大多数已经有了 300 000 美元或更高价值的保险单。

给收入 150 000 美元的顾客发送提供 2000 美元人寿保险的 E-mail 有什么问题呢？没有关联性。那些顾客打开 E-mail，然后发现他的银行根本一点都不了解他，他就有可能以后再也不会打开那家银行发来的邮件了，那家银行由于一封愚蠢的人寿保险邮件而失去了推销 1 000 000 美元的房屋贷款的机会。

在你拥有顾客数据库之前，你没有任何办法知道你所提供的服务是否和你的储户相关联，你给列表上的每个人都发送邮件，然后期待最好的结果。

2．真正感兴趣的人和其他订阅者

本书第 8 章描述了获得订阅者的过程，在第 8 章中你会发现，有很多方法可以让你的顾客和商人提供他们的邮件地址，这样你就可以和他们交流了。但并不是所有的订阅者都是相似的，有些人是将地址给了他的伙伴，然后他的伙伴又将地址给了你，这样你才能获得地址；有些订阅者可能都不记得他们是什么时候或者如何将地址给你的。其他的人就是真正感兴趣的人了——那些真正对你的公司（或组织）和你所提供的内容感兴趣的人，这些人更有可能打开并阅读你的 E-mail，他们也更可能买你销售的东西。如果你能在人群中区分出他们，那你就应该用自己的方式让他们感觉就像是在家里一样，真正地对他们好。

这本书从头到尾都在强调，你应该确保你的订阅者是真正地希望收到你的 E-mail。我们推荐采用双向选择的方法，它能让你很清楚地确定顾客是否是真正感兴趣的人。如果你的订阅者数据库包含那些还不确定是否真正想要你的信息的人，你就可以像这本书中描述的那样，对他们进行订阅者耕作以获得切实的利益。

如何从其他的顾客中辨别出真正感兴趣的人呢？最好的办法就是找出那些将你的公司推荐给其他人的人，一个满意的、愉快的顾客是最有可能将你的公司推荐给其他人的。转介不仅比其他获得顾客的途径更便宜，而且能让你得到和现有顾客相似的个人资料。读者文摘使用转介途径获得了数百万个新客户。将自己感兴趣的推荐给别人的人就是真正感兴趣的人。

4.2 “耕作”技术

4.2.1 狩猎 VS 耕作

有了数据库，你就可以开始耕作订阅者，而放弃狩猎了。想要确定出哪类人会购买你的每一个产品和每一项服务，其中一个方法就是咨询现有顾客的数据库，找出买产品和不买产品的人的特性（见第 9 章的详细分析），然后创建一个典型买方的档案，利用它从数据库中选择符合条件的订阅者。为了确保操作的正确性，还要创建一个对照组：从数据库中随机选择一些订阅者（不考虑他们的行为）。

如表 4-2 所示阐述了你该如何利用这些数据。

表 4-2 基于档案 VS 随机的 E-mail

基于档案与随机的 E-mail 数量		所　开	打开率	点　击	点击率	销　售	转化率	退订率	退　订
匹配买家的档案	273 334	48 653	17.8%	3 990	8.20%	842	21.10%	0.10%	273
随机选择	20 000	840	4.2%	27	3.20%	3	11.20%	1.30%	260
随机选择的结果	273 334	11 480	4.2%	367	3.20%	41	11.20%	1.30%	3 553

在一个含有200万个订阅者的数据库中，有273 334个被挑选出来的订阅者符合某个特定产品的买方条件，那就给他们发送一封促销性邮件。在这些人之中，有842个人购买产品。同时，也给随机选择的20 000个订阅者发送相同的邮件，只有3个人买了产品。如果我们当时随机地选择那273 334个人，结果会怎样呢？表4-2的最后一行告诉我们：41个人会购买产品，3553个人会由于这封和他们无关的E-mail而退订。

随机选择有什么问题？

给你的顾客发送相关联的邮件的机会是有限的，每次给他们发送其不感兴趣的内容时，退订率会上升。通过瞄准对的顾客，不仅能多售出800个产品，而且还能继续保留超过3000个由于无关联邮件而导致的退订顾客。

总结：发送相关联邮件，不要发送无关的内容。

4.2.2 如何对待那些非挑选出来的订阅者

比如，你有200万个注册的订阅者，但你只选择给他们中的273 334个人发送了E-mail。这200万个订阅者一定都对你的公司和产品感兴趣，若他们不感兴趣，他们就不会订阅了。那你该为他们提供怎样的产品和服务呢？

当然，你可以询问他们。在偏好表格中（在第11章中有偏好调查的详细阐述），你可以询问能为你指明方向的一些特定问题。这可能是最好的办法了。但是，大多数情况下，只有一小部分的订阅者会花时间来填偏好表格。很多顾客并不知道你的全部产品。促销性E-mail的一个目的就是让你的顾客了解他们之前不知道的，也没有在偏好调查表中列出来的产品。

接着你该给余下的1 726 666个订阅者提供些什么呢？在这里，耕作订阅者就变得很有用了。接下来我们就会讨论一些技术：链接分类、协同过滤和NBP（Next Best Product，下一个最好产品）。

1. 链接归类是很有效的

在第15章中，你就会学到在E-mail中包含多个链接是多么重要。每次当链接被点击时，订阅者的邮件客户端就会将一个数据包发回给服务器，实际上是说“为这位订阅者显示链接的登录页面”。你的邮件追踪软件就会追踪到谁点击了链接和点击了哪一个链接，并且将这些信息存储到订阅者数据库记录中。你的工作就是将链接分类，这样以后你就能使用这些信息了。

通过链接，你可以知道（或推测）每个订阅者所感兴趣的内容。在为订阅者设计下一个邮件时，你应该首先搜索出他点击的所有链接。如果你有一个优良的分类系统，就可以知道是否对书籍、报道、室内设计、欧美家具和九月会议感兴趣，除了你计划和他交流的内容之外，也应该将这几个主题通过某种方法包含其中。

这是很有威力的信息。这么先进的耕作技术能让订阅者觉得你是真正地关注他和他的兴趣，这和角落杂货商所做的一样。

2. 协同过滤是另一个答案

协同过滤就是通过从很多相似的用户（协同）那里收集信息来对某个用户的口味做自动预报（过滤）。Amazon.com 和 Netflix 都采用这个技术。协同过滤的基本假设是，在过去同意的人在将来也倾向于同意。比如说，音乐品味的协同过滤能够预测出某个用户会喜欢什么样的音乐，提供这位用户口味（喜欢的或不喜欢的）的部分列表。这些预测是针对那些特定的人的，但却要使用从很多订阅者那搜集到的信息。

Netflix 询问每位成员他们喜欢和不喜欢的电影，利用这份数百万人的报告，他们就能创建出“灵魂伴侣”——有相同的喜好或厌恶的东西。比如，如果企业知道某位用户喜欢简·奥斯汀、希区柯克和《抑制热情》（Curb Your Enthusiasm），讨厌《迷失》和《绝望的主妇》，那它就能将用户和那些也有同样好恶的“灵魂伴侣”配对了。通过这些了解可以预测出，由于某用户的“灵魂伴侣”对某部电影的看法，他有可能想要看那一部电影。

协同过滤是很有威力的，它能产生出色的成果。GUS——英国最大的编程公司，根据顾客“灵魂伴侣”的偏好，利用这个软件准确地识别出顾客想要了解的下一个产品，从而将它的交叉销售率从 20%增加到了 40%（交叉销售率是顾客购买了第一个产品后又提出买第二个产品的销售额测量方法。）。在采用协同过滤之前，GUS 呼叫中心代理采用直觉和经验法则为打电话的人推荐第二个产品。协同过滤软件为每位来电者计算出适当的交叉销售产品，并且当他处理第一个订单的时候将产品呈映在代理人的屏幕上。很多建议看起都像是凭直觉产生的，比如建议订购了礼服的妇人购买浴巾。然而这些建议却很有效果，它们能使交叉销售率加倍。

协同过滤软件是很昂贵的。它需要含有数百万成员的文件夹，这些成员在上面表达他们的观点或购买东西。大多数的营销者都还没有使用协同过滤，但是协同过滤是所有大公司的营销者应该牢记在心的目标。我们才刚刚开始进行复杂的 E-mail 营销，要一直用你的眼睛和耳朵关注新的有利可图的想法。然而，如果你并不打算使用协同过滤，那你可以立即使用NBP分析法。

3. NBP产品确定

假设你有一打产品想要推销给你的订阅者，在过去，可能有一个"当月产品"，是每个月为你的订阅者准备的特别销售品。然而，有了订阅者数据库，你就可以做一些分析了。假设你在过去的某个时间将一个特定产品推销给了一组订阅者，获得促销信息的订阅者中，只有3%的人购买了产品。想要做这种类型的分析，那你的数据库的大部分记录中必须有人口统计和行为数据。E-mail能导致6000个人买产品，而30 000个收到相同邮件的人却没有购买。

采用市场细分和分析法，你就能根据顾客所在的细分群体和那个群体的成员对所列产品的兴趣比例，计算出他对产品感兴趣并购买的可能性。你可以将每个订阅者的NBP统计放在一起，如表4-3所示。

表4-3 珍妮威斯特曼的NBP

珍妮威斯特曼	购买可能性	潜在利润	促销百分率	促销指数
产品A	4.5%	9	40.5%	147
产品B	3.7%	8	29.6%	107
产品C	9.0%	2	18.0%	65
产品D	0.6%	6	3.6%	13
产品E	10.3%	5	51.5%	187
产品F	8.8%	1	8.8%	32
产品G	2.7%	11	29.7%	108
产品H	8.0%	3	24.0%	87
产品I	4.5%	12	54.0%	196
产品J	2.3%	4	9.2%	33
产品K	6.0%	10	60.0%	217
产品L	0.4%	7	2.8%	10
总计	60.8%	78	331.7%	1 202
平均值	5.1%	6.50	27.6%	100

促销百分率=潜在利润×购买可能性

促销指数=平均促销百分率×100÷促销百分率

分析显示出珍妮威斯特曼购买这12个产品的可能性。我们已经确定了每个产品能对公司产生的利益，并且指定了从最赚钱的产品（产品I）到最不赚钱的产品（产品F）的顺序。将赢利乘以购买可能性，我们就能确定珍妮威斯特曼的NBP指数：产品K和产品I是最有可能被购买的。我们可以将这个以坐标图的形式展现出来，如图 4-5 所示。

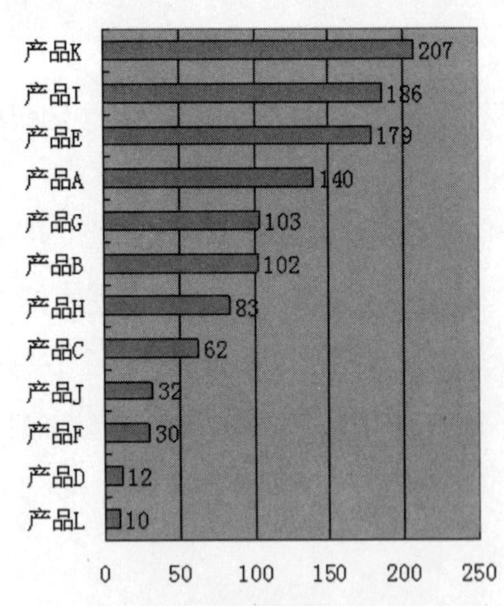

图 4-5 珍妮威斯特曼的 NBP 指数

根据产品和行业的不同，这个坐标图可以用很多方法表示出来。在银行业，我们就会根据珍妮威斯特曼的收入、年龄、健康状况和房屋类型来计算她的 NBP。比如，根据她的年龄和收入，房屋贷款可能就是她的理想，但她却租了一间公寓而没有房屋产权。

这个坐标图阐述出了：利用人口统计和行为数据给数据库中的每个订阅者创建一个 NBP 是可行的。通过向每个订阅者推销他们个人的 NBP（而不是泛滥地向每个人都推销你的当月产品），可以很大程度地提高打开率、点击率和转化率并且降低退订率。为什么能产生这样的效果呢？因为标题提议了一个你很确定他会购买的产品。这个技术就告诉了你的订阅者，你的 E-mail 和他的需求是相关联的，这样他就很愿意看看你每次发送来的内容。

让我们比较一下对待顾客的两种方法。如表 4-4 所示是顾客的生命周期价值表格（如何计算生命周期价值的细节将在第 6 章中详细讲解），根据“每周特别产品”，每年给这些顾客发送 52 次促销性邮件。

表 4-4 “每周特价产品”活动的订阅者生命周期价值

“每周特价产品”的 E-mail 风暴	1 年订阅者	2 年订阅者	3 年订阅者
订阅者	2 000 000	1 620 000	1 328 400
每年退订&不可传达	19%	18%	17%
E-mail 发送	94 120 000	76 658 400	63 205 272
打开率	14%	14%	14%
打开	13 176 800	10 732 176	8 848 738
转化率	2%	3%	4%

续表

“每周特价产品”的 E-mail 风暴	1 年订阅者	2 年订阅者	3 年订阅者
销售	263 536	321 965	353 950
收益	$31 460 928	$38 436 215	$42 254 494
成本	$18 876 557	$23 061 729	$25 352 696
获得成本	$24 000 000	$0	$0
事务处理 E-mail	790 608	965 896	1 061 848.57
E-mail 总量	94 910 608	77 624 296	64 267 121
E-mail 成本	$569 464	$465 746	$385 603
总成本	$43 446 020	$23 527 475	$25 738 299
利润	-$11 985 093	$14 908 740	$16 516 195
折扣率	1	1.15	1.36
NPV 利润	-$11 985 092.58	$12 964 122	$12 144 261
累积 NPV 利润	-$11 985 093	$979 029	$13 123 290
生命周期价值	-$5.99	$0.49	$6.65
E-mail 产生销售	0.28%	0.42%	0.56%

这个表格详述了在三年之中给 200 万个订阅者发送的每周广告。假设我们已经为每位顾客的 NBP 做了必要的分析，我们已经给每个顾客的记录附加了数据（60 美元/千份记录），并已经做了解析式的分析来将所有的顾客放进各个细分群体且已确定他们的 NBP。这项工作是要花费成本的，如表 4-5 所示是一份成本估算表。

表 4-5　NBP 的额外成本

客户	2 000 000
附加数据	$120 000
分析	$150 000
创造性	$300 000
数据库成本	$1 000 000
总的额外成本	$1 570 000
每个订阅者	$0.79

每个订阅者的额外费用是 0.79 美元 / 年。NBP E-mail 广告的结果如表 4-6 所示。

表 4-6　NBP E-mail 订阅者生命周期价值

NBP E-mail	1 年订阅者	2 年订阅者	3 年订阅者
订阅者	2 000 000	1 680 000	1 428 000
每年退订&不可传达	16%	15%	14%

续表

NBP E-mail	1 年订阅者	2 年订阅者	3 年订阅者
剩余的订阅者	1 680 000	1 428 000	1 228 080
E-mail 发送	95 680 000	80 808 000	69 058 080
打开率	19%	20%	21%
打开	18 179 200	16 161 600	14 502 197
转化率	4%	5%	6%
销售	727 168	808 080	870 132
利润	$90 401 526	$100 460 506	$108 174 786
成本	$54 240 915	$60 276 303	$64 904 872
获得成本	$24 000 000	$0	$0
事务处理 E-mail	2 181 504	2 424 240	2 610 395.42
E-mail 总量	97 861 504	83 232 240	71 668 475
E-mail 成本	$587 169	$499 393	$430 011
NBP 附加成本	$1 580 000	$1 327 200	$1 128 120
总成本	$80 408 084	$62 102 897	$66 463 003
利润	$9 993 441	$38 357 609	$41 711 784
折扣率	1	1.15	1.36
NPV 利润	$9 993 441.28	$33 354 442	$30 670 429
累积 NPV 利润	$9 993 441	$43 347 884	$74 018 313
生命周期价值	$5.00	$21.67	$37.01
E-mail 产生销售	0.76%	1.00%	1.26%

根据计算出的每个订阅者的 NBP 来给他们发送 E-mail，可以降低退订率，增加打开率、转换率和平均订单大小，计算 NBP 和数据库的额外费用也包含在内，结果就是订阅者的生命周期价值从 6.56 美元上升到了 37.01 美元。邮件方案中这个转变的意义如表 4-7 所示。

表 4-7　NBP E-mail 产生的利润

两种 E-mail 的生命周期比较	1 年订阅者	2 年订阅者	3 年订阅者
本周特价产品	-$5.99	$0.49	$6.56
NBP	$5.00	$21.67	$37.01
差距	$10.99	$21.18	$30.45
2 个计划的订阅者	$21 978 534	$42 368 854	$60 895 023

从这里可以看出，到了第三年，增加的利润会超过 6000 万美元，这是纯利润，所有的成本都已经减去了。

 4.3 在消费者身上做文章

1. 针对不同的群体提供不同的服务

在耕作顾客时，我们能做的并不仅仅是进行 NBP 分析。我们可以根据每个顾客细分群体的忠诚度对同一个产品做出不同的提议，可以测试和测量发给每个群体有针对性的提议，也可以用不同的回报来做试验。比如，对细分群体最有效的方法是给下一个购买物折扣 15%或减免 15 美元（最低消费 50 美元），这些提议在接下来的 6 个月中会如何影响购买行为呢？

马科斯和斯宾塞——世界上最伟大的零售商之一，在圣诞节之前邀请它的顾客参加在零售店中举办的特殊的夜晚购物活动，也并没有什么特殊的价格，但却获得了强烈的回应。相反地，独占和特权的意识吸引了大量顾客到来。

使用数据库能让你知道哪些顾客定期地访问你的零售店和哪些顾客已不再访问。写着“我们想你”的 E-mail 能增加个人接触和产生有意义的作用。

顾客喜欢被看待成独立的个体。他们并不介意比邻居收到更多不同的提议，在创建邮件时，这已经是我们的主要关注点了。顾客能够接受这样一个现实，就是我们是根据他们的购买物来给他们提建议的。

2. 保留订阅者

到现在为止，我们已经讨论了发送 E-mail 来促进在线产品销售，E-mail 在耕作订阅者过程中还有其他的同等重要的作用：给他们提供信息、再激活他们和建立他们的忠诚度。若你给所有的订阅者发送相同的 E-mail，就很难建立忠诚度了。忠诚度可以在交易邮件中建立。当某个顾客购买了产品，你要感谢他订购你的产品，要让他知道产品什么时候装运，并且让他对产品评价。做这些的好处将在第 13 章中列出。

你可以在促销性 E-mail 和时事通讯中建立忠诚度，要写满有趣的信息而不是单单的为促销产品。顾客忠诚度的建立会在第 17 章中描述。

总结：耕作每次都打败狩猎

不管你的万能 E-mail 有多么完美，根据耕作订阅者数据库而创建的个性化的、进行群体细分的并有针对性的邮件会更有关联性、更有利可图。你可以通过一个小规模的测试来证明它。知道了耕作更有效果，那就忙碌起来开始工作吧。

经验分享

- 顾客表现测量方法需要一个营销数据库，里面包含通过所有渠道（在线、目录或零售）获得的数据。
- 大多数的顾客离开是因为不满他们被对待的方式，而不是产品或质量问题。
- 多渠道顾客比单渠道顾客消费得更多。
- 人口统计数据可以附加到任何一个顾客文件夹中（因为你有顾客住址）。
- 根据个人资料或单个的顾客行为所创建的 E-mail 比根据随机选择而创建的邮件能产生更高的转换率。
- 链接归类能帮助你确定顾客对哪些内容感兴趣。
- Amazon.com 和 Netflix 使用协同过滤方法来选择顾客并给他们发送有针对性的 E-mail。
- 任何一家公司都能使用 NBP 确定法。
- 根据 NBP 创建的邮件比群发 E-mail 能多产生上百万的销售额和利润。
- 耕作顾客每次都打败狩猎顾客。

第2篇

E-mail 营销技术

你绝不能忘记 E-mail 的基本属性——作为信件往来、沟通交流的一种方式。因此，如果你单纯地将 E-mail 作为一种企业硬性广告的载体，粗鲁地投递给那些可能对你完全陌生的人，而不考虑他们的感受，不听取他们的声音，那么这封 E-mail 被抛弃的命运将是不可避免的。

一个优秀的E-mail营销专家应该具有心理学家一般细致而缜密的思维方式，应该能设身处地去体察订阅者对于不同邮件的感受。不同的邮件标题、不同的相关性、不同的邮件内容，就像你在路上偶遇一个陌生人的时候，你应该怎样热情主动，但又不失稳重与礼貌地进行沟通呢？你采取不同的肢体语言、口头语言、甚至只是腔调，对方都会反馈给你不同的信息，这同样是 E-mail 营销的技术。

第 5 章 相关联 E-mail 的重要性

一封好的邮件就是收件人和订阅者之间的一段私密的交谈，其中的内容只为两个人所关心，而与其他人无关。窥探客户的潜在需求，研究他们的兴趣点所在，于是精准发送出他们正在寻求或渴望的一些内容，他们还会理也不理就删掉吗？

5.1 关于相关联 E-mail

5.1.1 相关联 E-mail 的定义

Forrester Research（福里斯特研究公司）的报道称，大约 72%的北美在线消费者“不读内容就直接将大部分的 E-mail 广告信息删除了”。为什么会这样呢？E-mail 之所以会被删除，要么是因为顾客由于其他的事件而超载，要么是因为顾客认为邮件里没有和他近期兴趣有关的内容，他根据自己所看到的（E-mail 的出处、标题和预览窗格）和之前这家公司所发送的营销邮件的处理经验来决定是否删除。根据 Merkle 的研究报告，将近 3/4 的回应者将无关性归为他们从公司的邮件方案中退订的首要原因。

关联性有很大的影响力。即使你的收件人真的很忙，但如果他认为标题和自己极其相关，就会打开。现在大多数的发件人都明白了关联性的重要性，但他们不知道如何创建或定义它，只是感觉就像大法官波特·斯图尔特所说的那样"我不应该现在试着更进一步地来定义……黄色书刊……但当我看到它的时候我就会知道了。"

实际上，关联性也"能够"被定义。相关联的 E-mail 含有和收件人的位置、兴趣、贡献、行为或其他情况有关系的内容，这些内容能够吸引他的注意。关联性通过提升打开量、点击量、转换量、收入和利润来增加 E-mail 的生产力。相关联的 E-mail 能让订阅者涉及其中。相关联的 E-mail 是：

- 根据收件人的偏好和地址为其制定合适的内容。
- 同步地使用触发信息使之与订阅者的行为或事件保持一致。
- 利用互动性来刺激订阅者。
- 要灵活地识别并调整订阅者在 E-mail 里所表达出的兴趣和回应。

1. 相关联的六大要素

E-mail 的关联性可以通过六个要素来测量，每个要素都有助于为读者制定相关联的 E-mail 内容。

（1）细分群体

根据订阅者的人口统计、生活方式、偏好、位置或行为将他们细分为不同的群体，为每个群体制定不同的营销战略。

（2）生命周期管理

顾客的生命周期可以定义为：潜在买方、第一次购买者、多次购买者、拥护者或失效客户，发给每组的 E-mail 可能有所不同。生命周期管理也可以用于产品或服务的周期：他们这辆车买了多长时间，租约什么时候到期，什么时候给这个产品升级等。

（3）触发器

触发性 E-mail 是根据订阅者的生活事件而创建的，比如进行第一次购买、过生日、取得黄金地位或者通过病毒营销而成为一个拥护者。比如，顾客买了东西，我们就要感谢并建议他再买一个补充的产品；顾客在去年的这个时候买了东西，我们就给他发送一封邮件让他回忆起去年的购买行为。如果触发器同步的时间正确，那它会取得很大的成功。可以运用自动化在恰恰对的时间给某个订阅者发送 E-mail。被商业规则激活的触发器转变成了软件。

（4）个性化

我们在 E-mail 的问候中使用订阅者的姓名，然后根据我们对她的了解（偏好、之前的购买物、点击量和下载量等）变换 E-mail 的内容。

（5）互动性

每封 E-mail 都应该是一次探险：塞满产品的链接、投票、问卷、数据采集和下载。当顾客收到这封 E-mail 时，我们希望他做什么呢？邮件里的链接如何帮助他和我们达到各自的目的？

（6）测试和测量

每个邮件广告至少应该包含一个测试。测试观众、标题、提议、内容和频率，然后研究这些测试结果，做总结，并做一些更改来完善这些邮件。使用对照组来测量每个项目的成绩，并将结果和那些没有收到邮件的人的表现做对比。测试应该能够告诉你：它有效果吗？它比你一般的信息达到的效果更好吗？

2. 这些因素有效吗

关联性听起来是一个不错的想法，但是我们如何能知道相关联的邮件营销方案（就像被六个要素定义的那样）比其他的邮件营销方案更成功呢？

Jupiter Research 回答了这个问题。使用实际的邮件性能数据来创建相关联的 E-mail 比万能的 E-mail 能产生更多的转换量、效益和利润。它的结果显示在如图 5-1 所示的坐标图中。在研究中，Jupiter Research 使用了定位策略，比如结合动态的内容细分群体比播放广告多产生 5 倍的效益和 16 倍的利润。

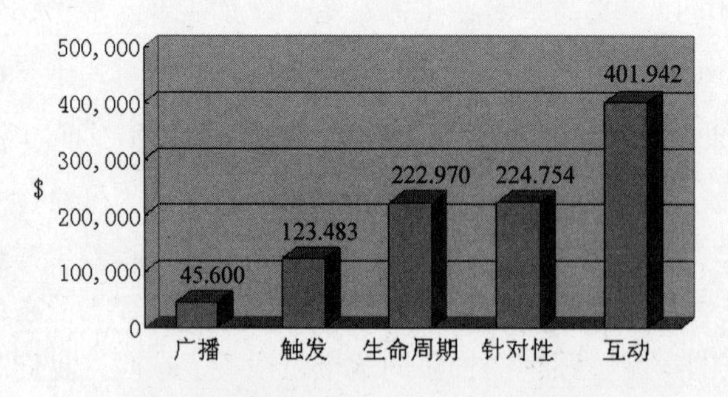

图 5-1　策略下的 E-mail 活动月利润

Jupiter Research 还发现，关联性的具体应用能增加 E-mail 的转换率，比如：

- 定期测试的营销者很可能比那些不测试的高出3%的转换率。
- 使用个性化能增加8个百分点，转换率很可能超过3%。
- 利用订阅者活动而产生的触发信息的营销者中，有一半的人的转换率会超过3%，只有38%按周发送和32%的按月发送的营销者能达到3%或者更高的转换率。

3．怎样测量E-mail营销方案的关联性

E-mail营销方案的关联性可以用一个小规模（0～3分）测量。每个关联性要素的成绩都可以用如表5-1所示的标准来评分。

表5-1　相关联分级要素

得　　分	描　　述
3	超过一半的E-mail成熟地使用此要素
2	有四分之一到一半的E-mail使用此要素
1	不到四分之一的E-mail不成熟地使用此要素
0	根本不使用此要素

2007年，超过70个营销者使用这个记分卡给他们自己的邮件营销方案打分，方案的平均分数是1.4（总分是3）。由于这次打分，这些营销者认识到了他们方案中的缺点，他们中的很多人都采取了行动，改正并完善他们的方案。

关联性非常重要，所以在这本书中有好几个章节会深入探讨关联性要素，比如细分群体（第7章）、触发性（第14章）、互动性（第15章）、测试（第16章）和生命周期管理（第17章）。如图5-2所示为72家公司的相关联性排名。

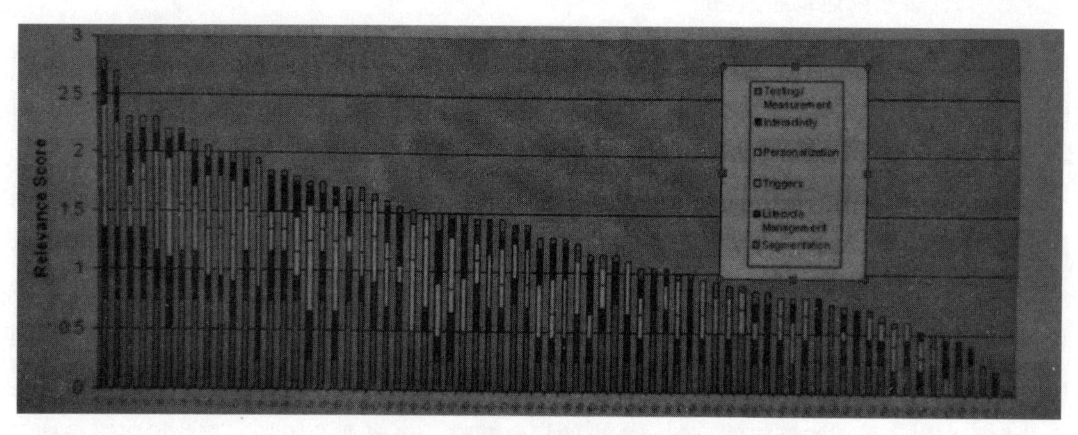

图5-2　72家公司的相关联性排名

5.2 关于关联性

5.2.1 关联性的现状

1. 为什么邮件关联性对利润如此重要

和其他的互联网购物者相比，E-mail 回应者是更好的顾客。根据 Forrester 的报道，那些由于 E-mail 而购买产品的人：

- **在线时消费更多的钱**。那些购买 E-mail 中产品的消费者比那些不购买的同辈人在线时多消费 138%。
- **说买就买**。超过一半的消费者（通过邮件促销而购买产品）更喜欢立即用信用卡购买，而不是慢慢等待直到完成一次购买行为。
- **愿意为方便而付钱**。在认为 E-mail 是发现新产品和促销品的好方法的消费者中，47%的人愿意为产品支付保费，这样就可以节省时间和避免麻烦。
- **接受社会性计算**。在购买邮件中产品的消费者中，2/3 的人提交了产品的等级评定和评论，除此之外，3/4 的邮件读者将一条在线广告推荐给一个朋友。
- **离线时消费更多的钱**。阅读了 E-mail 的消费者利用他们获得的信息在商店里进行离线购买。总的来说，他们的消费比那些没有收到和没有阅读邮件的人要高。

2. 为什么难以达到相关性

只有极少数的 E-mail 营销者给他们的订阅者发送高度相关联的 E-mail。实际上，我们已经解释过了，但几乎所有的 E-mail 营销者仍然是猎捕顾客，而不是耕作顾客，他们中的大多数给订阅者和顾客泛滥地发送含有相同内容的 E-mail，这是为什么呢？

当 E-mail 营销在 20 世纪 90 年代初期首次出现的时候，没有人能准确地知道如何才能让它产生效果。营销者很快意识到，和其他任何营销方法相比，E-mail 的传送难以置信得便宜。数百个公司的管理层都建立了小型的 E-mail 营销运作体系，看看能达到什么样的效果。在几个月之内，这些早期的商店只用了一点点的成本就产生了在线和离线销售。管理层看到了成就，并将这些早期的成就放进了他们的季度营销计划中。在下一个季度中，每个计划都产生了预期的销售额，每个季度的目标都有一个可观的增长。那些投资者受到了鼓舞，E-mail 营销者就知道要“忙起来，实现下个季度的销售额目标”。

为了完成这些目标，E-mail 营销者发现自己正处在永不停止的跑步机上。他们必须获得越来越多的订阅者，然后给他们发送越来越多的 E-mail，刚开始是每月发一次，然后变成每星期发一次，最后变成了每天发一次。销售额上升了，但是订阅者却变得不愉快了，这些新颖而廉价的东西很快就变成了令人讨厌的东西，退订率和反弹率开始上升，垃圾邮件过滤器被创建并很快截住了很多营销邮件，订阅者删除了数百万封还未读过的营销邮件并将它们标记为垃圾邮件。

行业领导人认清了这个问题：大多数的 E-mail 和订阅者的兴趣及生活无关。这些邮件需要被重新设计，E-mail 营销者就必须收集订阅者的信息，将信息放进数据库中，并利用数据库来创建和订阅者更有关联的 E-mail。不幸的是，这些建议来得太晚了。批量发送 E-mail 的方法已经被数千家公司列入季度销售规划中了，他们不能够再修正他们的方法了，他们没有员工也没有时间来做这些必需的改变。关联性就像是一个不可达到的目标，但是总会有办法的。

5.2.2 达到关联性的方法

1. 如何达到关联性

想要成功的话，营销者就必须一点一点地达到关联性。E-mail 营销者可以采取七个步骤来逐渐地将他们的邮件转变为订阅者会欣然接受的信息。本章所描述的是一个普遍的方法，所有当前的 E-mail 营销单位都能够也都应该采用这个方法（如果他们想要保留他们的订阅者并保住他们的方案的话）。

2. 确定邮件方案相关联

做大部分 E-mail 营销者已经做过的事：计算出你自己的邮件方案的关联性。诚实地看待你要运送的产品，你应该能制作一份如表 5-2 所示的表格。

表 5-2 E-mail 方案相关联性分数

相关联性要素	分 数	权 重	分数比重
市场细分	1	25%	0.25
生命周期管理	1	20%	0.20
触发	1	20%	0.20
个性化	1	15%	0.15
互动	0	15%	0.00
测试	1	5%	0.05
总计			0.85

表格显示出：你没有任何互动性内容，邮件中仅仅是促销而没有任何有意义的链接。然而，你确实是将你的一部分观众进行了细分，并且了解了顾客的生命周期。生命周期是细分群体的特殊形式，凭此你可以将那些从来没有买过东西的订阅者和一次购买者、多次购买者、失效的购买者（所有的购买者都描述出了顾客生命周期的不同状态）用不同的方式来对待。你要做一些测试，将你的 E-mail 进行个性化处理，并发送一些触发性邮件。这些都只是刚开始时需要做的事。

关联性的某些方面比其他方面更重要，因此，要将这些要素进行比重划分。比方说群体细分，它有最高的比重（25%）。经验显示，给特定的细分群体订阅者设计和发送 E-mail 是创建相关联的 E-mail 的重要方法。如果你知道你的订阅者 68 岁了，那你就需要将他放进一个和 18 岁群体不同的群体中，并给他设计 E-mail。经验还显示出，细分群体比个性化（15%）更重要，尤其是在创建和收件人真正相关联的邮件的时候。比重能帮助你重点改进最重要的要素。

在触发器方面，你可以给买方发送感谢信息并在邮件中使用他们的姓名。最后，要进行标题测试。这些都是很好的第一步，总的来说，你的关联性总分是 0.85，这并不是一个很高的分数，还要做一些改进。

3. 设计一套能够增加关联性的方案

你能做些什么来让你的 E-mail 营销信息有关联性呢？你已经在做第一步了：阅读本书。每个章节中都包含特别的建议和其他人已经做过的个案研究，你可以利用它们来增加你的信息关联性。在后面的章节中，你将了解到如何细分群体、如何加入触发性信息、如何才能有互动性、如何做测试、如何进行生命周期管理和如何进行个性化处理。为了能够达到各个目标，你需要从你的订阅者那里收集大量的信息（见第 11 章），还要建立一个营销数据库。

所有的这些事情都是要耗费资源的。如果你还没有 ESP，那现在就是时候获得一个了。经验丰富的 ESP 可以给你提供方法和策略来帮助你达到关联性的要求。向 E-mail 营销专家咨询一下该如何选择一个 ESP，这些研究公司有许多的白皮书和报告，你可以将它们当成指导方针来了解如何设计一项真正完美的 E-mail 营销方案。

有了 ESP 的帮助，你应该确定你需要达到的目的和里程标，这样你就能够给你的订阅者发送相关联的 E-mail 了。创建一份如表 5-3 所示的表格。

表 5-3 E-mail 营销分数和目标

要　　素	当前分数	权　重	目　标	分数比重	达到目标所必须要做的
市场细分	1	25%	2	0.50	建立 DB，附加数据，收集客户喜好做市场细分，为每一个细分市场制定营销战略，任命细分经理
生命周期管理	1	20%	2	0.40	设立等级：订阅者、买家、二次买家、拥护者、流失者，向不同的生命周期客户发送不同的 E-mail
触发	1	20%	2	0.40	建立触发：生日、去年的买家、提醒、病毒 E-mail
个性化	1	15%	1	0.15	在文本中使用名字，根据买家喜好和之前的购买对网站和 E-mail 进行修改
互动	0	15%	1	0.15	让每一封 E-mail 成为一种探险，E-mail 中应该满是链接、竞赛、测试、谜、寻宝、下载、白皮书、购物车和令人兴奋的事等
测试	1	5%	1	0.05	在每一次 E-mail 活动中进行一次测试：每周回顾每次测试的结果，根据这些回顾对 E-mail 进行修改
总分数比重	0.85	100%		1.65	

4．确定改进所需的成本

当完成这份表格时，就要确定出你达到目标所要花费的成本，有员工薪水、外部承包商成本和订阅者的保费，比如免费运输或优惠券（为了让他们来订阅）。要奖励你的客户联络员（比如商店员工和电话销售人员），因为他们获得了订阅者的邮件地址和家庭住址；要为每个订阅者计算出他们的生命周期价值和 NBP；由于你将进行很多测试，所以还要用分析法建立细分群体和确定你该采取的行动；你很可能需要更多的员工（包括部门经理）。

创建一份如表 5-4 所示的表格。

表 5-4　达到相关性目标的成本

发送相关性 E-mail 的成本	数　量	每 个 成 本	全 年 成 本	3 年 投 资
订阅者数据库	2 000 000	$0.50	$1 000 000	$3 000 000
订阅者奖励*	1 000 000	$2.00	$2 000 000	$6 000 000
员工奖励**	200 000	$5.00	$1 000 000	$3 000 000
增加的员工	3	$65 000	$195 000	$585 000
分析成本	1	$50 000	$50 000	$150 000
软件***	1	$25 000	$25 000	$75 000
附加数据	1 000 000	$0.06	$60 000	$180 000
总计			$4 330 000	$12 990 000

*找到订阅者并让他们为你提供 E-mail 地址和家庭地址。

**对获得订阅者 E-mail 地址和家庭地址的人给予奖励。

***目的是第二个最好产品，生命周期价值和触发等。

5．计算相关联邮件的投资回报

首先计算现有订阅者的生命周期价值（在第 6 章中会有解释），然后确定出当你给他们发送相关联的 E-mail 时他们的生命周期价值，在统计中建立成本预算（获得更多的订阅者和收集重要的个人资料和偏好信息的成本），你将会总结出一份如表 5-5 所示的表格。

表 5-5　提高相关性后得到的投资回报率

相关性实现前后的不同	订阅者数量	平均生命周期价值	年度利润或投资
当前形势	1 000 000	$26.44	$26 440 000
目标达到后的生命周期价值&利润	2 000 000	$136.35	$272 700 000
年度投资			$4 330 000
每一美元的回报			$62.98

6．获得管理层认可

有了这些统计之后，你的下一个目标就是为接下来能达到关联性和得到效益的步骤获得管理层的认可。向管理层解释你正在由狩猎转向耕作，这个转变需要花点时间。让他们知道 E-mail 的关联性是如何定义的，以及 E-mail 方案中的关联性是如何增加投资回报的。要确保他们能明白这些，在测量过程中，你很可能对你的 E-mail 方案做一些改变，这些改变可能包含获得新的订阅者信息、建立一个全面的数据库、将订阅者数据存储到数据库中、使用数据库来对订阅者进行细分和进行个性化处理等。要给每个细分群体设计新的内容和触发器，并给他们创建个性化的 E-mail。你将需要额外的资源来完成这些事。

7．识别所需数据

毫无疑问，你将比现在存储更多的数据，包括：

- 订阅者人口统计。
- 订阅者行为。
- 订阅者的地理位置和电话号码。
- 每个订阅者放进的各类群体。
- 订阅者生命周期价值。
- 顾客 RFM 模型（见第 7 章）。
- 各个时段发给订阅者的 E-mail 总数。

- 订阅者的网站活动，比如说他访问过的页面和点击或下载的内容。
- 订阅者的礼品登记状态（他记录了生日或其他的想要被通知的事件吗？）。
- 订阅者的生命周期，包括他是否是一位拥护者和他在病毒营销方案中识别出的某个人。
- 每个 E-mail 地址的准确来源。

8. 研制并建成方案

有了管理层的认可，你现在就可以研制并写下符合商业规则的方案并实施它，方案应包括触发器（比如欢迎词、贺词、感谢语和生日快乐信息）、病毒式营销和再激活。你将需要 ESP 的帮助，很多大公司将他们的 E-mail 营销方案外包给有经验的 ESP，而不是在组织内试着采取行动。建立一个数据库、创建细分群体、遵守商业规则并发送数百万封 E-mail，这些都是综合的专业化的运作方式，他们被专业人员实施得很好并已经实施了很多次。ESP 有足够的经验来为很多不同的公司做这些事。关于 E-mail 营销，还有很多的知识可以学习，它对在职培训是非常重要的。

一旦数据库被创建好了并装满数据，而且商业规则也被写好了，在给成百上千个订阅者发送数百万封 E-mail 之前就应该彻底地对运作进行测试。

营销部门应该对邮件内容负责。你必须根据测试结果并随着每天的测试和变更而快速地前进。聘用一个经验丰富且称职的人来负责，依靠他来做好这项工作，让他灵活地尝试新事物。

如果你的合作网站是由 IT 或广告代理商经营的（而不是营销部门），那么它可能很生硬和刻板，它可能会缺乏网络 Cookies 和个性化，发送给合作网站的 E-mail 里的链接可能会破坏你试图建立的关联性。不要和这类网站链接，创建能和你的 E-mail 链接的微型网站。让微型网站储存你的注册页面、偏好和个人资料、购物卡、产品搜索等，必须要建立这些页面的链接来让你的 E-mail 有互动性。

在互联网的世界里，没有什么是能长存的。一个让所有人都惊骇的杀手级邮件很快就会过时。订阅者就会这样认为："我见过它，它很厉害。但我想要一些新的东西，而这个公司却没打算给我，当我还在考虑的时候我就会退订了。"你需要将结果和方案的目标及期望值进行分析，然后和你的 ESP 及公司里的其他人（也可能是你的订阅者）分享你的分析结果。对那些效果不好的方案，要么重新调整方案，要么丢掉它，然后在某些其他的地方利用这些预算。

9. 改善每个相关联要素

制订一个计划来改善每个相关联要素。我们拿个性化来举个例子，计分规则如表 5-6 所示。

表 5-6 个性化评分标准

评 分	个性化描述：15%权重
3	动态内容：高度个性化的项目
2	超过一种要素的个性化
1	只用客户的名字
0	没有个性化

10. 个性化步骤

把应该要做的事列成一张清单：

- 使用姓名来欢迎网站访问者："苏姗（Susan），欢迎下次再来"。用 Cookie 对网站进行个性化处理。
- 在每封 E-mail 中根据订阅者的姓名使用一些相似的称呼。
- 围绕你对顾客的了解来组织邮件内容：他之前的购买物、之前访问你的网站时或在 E-mail 中点击的内容，以及他表达出的偏好。
- 为顾客提供大量的机会让他能够分享他的看法和偏好。
- 不管顾客什么时候填完一张表格，都要给他发送一封感谢邮件。

5.3 效果分析

5.3.1 个性化成效

你期望个性化能产生哪种效果呢？威廉斯·索诺玛（Williams Sonoma）测试了经过个性化处理的图像后发现，+转换量提高了 50%；高尔夫史密斯（Golfsmith）发现如果使用个性化内容，收益会跳到 167%；网络方案（Network Solution）公司将个性化应用到它的个人账户更新计划中，结果打开率上升了 50%。除此之外，个性化的更新计划比之前公司主办的经广播传播的 E-mail 方案多出 60%的转换率。

哈佛商学院出版社（Harvard Business School Publishing）利用行为产生的数据研制了一

个答复—购买的方案，使用了预置产品（符合订阅者兴趣的产品）登录页面的链接，E-mail 内容被进行了个性化处理。当订阅者点击邮件里的链接时，对随后的 E-mail 进行更进一步的个性化处理的数据就被获得了。结果就是，哈佛商学院出版社比它之前的标准广告获得了更高的转换率和投资回报率。

5.3.2 关联性是如何影响打开率的

2006 年，Jupiter Research 报道称，无针对性的 E-mail 广告的平均打开率大约是 20%，点击率大约是 9.5%，转换率仅约 1%。另一方面，有针对性的（相关联的）E-mail 广告的平均打开率是 33%，点击率是 14%，转换率是 3.9%。比率肯定会有所不同，但原理是一样的：相关联的 E-mail 效果更好。让我们看看真实的 E-mail 促销活动中的数字，给 200 万个订阅者发送邮件的活动应用了 E-mail 促销设置，如表 5-7 所示。

表 5-7 Jupiter Research 转化率的推演

	发送的 E-mail 数	打开率	打开的 E-mail	点击率	点击数	转化率	转 化	净 率	净 AOV	净利益
无针对性的	200 万	20%	40 万	9.50%	3.8 万	1.00%	380	0.02%	$42.10	$15 998
针对性的	200 万	33%	66 万	14.0%	9.24 万	3.90%	3 604	0.18%	$42.10	$151 712

来源：Jupiter Research

克里斯蒂娜骑士：2006 年 10 月 30 日 Jupiter：使 E-mail 相关。Bizreport.com

实际 Jupiter 率——给出了发送和产生的数字。

注意，为了获得有针对性的结果，那 200 万个订阅者必须根据他们之前的行为被分成几个不同的群体，因此，订阅者不会像无针对性的订阅者那样收到 200 万封相同的 E-mail，必须给他们发送单独的有针对性的营销信息，里面要特别写出每个订阅者或每个订阅者群体极其感兴趣的产品。

3.9%的转换率是一个令人惊叹的数字，你可以将它和直接邮寄（在直接邮寄中，通常 2%的转换率就被认为是一个相当成功的数字了）对比。当你意识到可以用一封直接邮寄的明信片的成本来发送约350封E-mail时，你就能够看到3.9%的转换率的意义所在了。

Jupiter Research报道称，在2007年，每个消费者每周平均收到约304封经过选择的促销性E-mail，它们占每个消费者收件箱中的26%。那些基于许可的E-mail的20%被打开并阅读但不表示你的E-mail中的20%将会被打开并阅读，你可能只得到1%的小零头，而其他的营销者能达到30%甚至更多。是什么让有些营销者成功而有些营销者失败呢？关联性。下面是几个关于关联性的个案研究。

案例一：但我已经是一位顾客了！

“我是这个星期收到这封E-mail的，是鼓动我购买他们公司08版优惠券书。你可能会说：‘有什么大不了的？你只是收到了一封E-mail而已。”但有趣的是，我上个月已经回复了一封更新的邮件并且购买了那本08版的书。

“作为这封E-mail的收件人，我很想知道为什么公司没有花点时间来排除那些已经更新了会员资格的人。如果这本书能说出：‘嘿，我们知道你已经买了一本新的08版的书，若您再次购买的话，就可以优惠5美元’，那我就能理解为什么又给我发送邮件了。那跟我是有关联的，因为它是针对已经至少购买了一本08版的书的人。如果公司并不知道你已经是一位顾客的话，那真是没有什么能比这更让人失望了。”

案例二：德尔塔（Delta）公司为我付出的时间埋单

一位消费者爆料说：“Delta正在和它所有的SkyMiles会员接触，让会员们更新他们的个人资料并阅读和回应将来Delta发给他们的信件。作为对我花费的时间的交换，它将会对我的里程计划实行优惠。这儿有一封我收到的原始的E-mail，它叫我入会，这样我就可以收到和我有关联的信息了：

作为Delta Air Line SkyMiles的一员，你被邀请参加几分钟之内航行几千英里的活动，这个活动是免费的，你要做的就是阅读和回应和你有关联的邮件。另外，作为你入会和填写个人资料的回报，今天将会航行超过250英里，也是免费的。

偏好表格包含这个有趣的部分：

“由于我们重视并珍惜你的时间，你可以限制每天从e-Miles获得的分钟数。请选择你每天可想要被提供的分钟数。”

案例三：难道他们不知道我住哪吗？

另一位消费者爆料说："我收到一封来自贝贝（bebe）公司的邮件，叫我'在沙滩上时换上比基尼'。当我打开这封邮件时我震惊了，因为西雅图刚刚经历了今年冬天最冷的一天。由于道路都被雪和冰覆盖，有些人必须回到家里工作。在我铲掉车道上的几英尺雪以后，买一套新的比基尼就是我最不想做的事了！也许贝贝公司是在试着让我乐观一点，但这看起来好像它根本就不知道我住哪。这封缺少关联性的邮件差点就让我点击了退订按钮，在邮件里没有提到我的姓名，整封邮件让我感觉我不是一个有价值的顾客。"

在下一章中，你会了解到如何确定收到 E-mail 的订阅者的生命周期价值。

经验分享

- 相关联的 E-mail 被打开，无关联的 E-mail 则不会。
- 关联性可以被定义和定量。
- 关联性的六大要素是：细分群体、生命周期管理、触发器、个性化、互动性和测试。
- Jupiter Research 已经证明了相关联的 E-mail 比广播宣传的 E-mail 多产生 10 倍的收益。
- 定期测试 E-mail 的营销者更可能使转换率达到 3%。
- 给自己邮件评分的营销者给他们的邮件打了 1.4 分（总分 3 分）。
- 想要增加 E-mail 的关联性的话，就给当前的方案计分、找出缺点、识别出需要的数据、获得管理层的认可并测量结果。

第 6 章 E-mail 订阅者的生命周期价值

根据我们的经验，一旦公司了解了顾客保留的潜在价值，他们就倾向于落入陷阱了。想要产生快速的改进，他们停止了顾客现金流的分析。这是可以被理解的，但却是很愚蠢的。他们已经接受了这样的事实——提高顾客保留度也能提高利润，所以他们断定在这个观点的某个细节中停滞不前就是在浪费时间和金钱。这种想法经常会在他们的脑海中出现。将忠诚度放进每天决策核心的唯一方法就是认真对待忠诚度的经济影响，严格地测量它们，将它们牢牢地连接到收益报告中。减少机构中不同部门之间的误解，以及当误解出现时让它们分解的最佳方法，就是让忠诚度数字值得信赖，这样每个人就会将它们当成投资和战略决策的依据了。

6.1 顾客生命周期

6.1.1 顾客生命周期分析

顾客生命周期价值（LTV）已经成为了测量顾客营销方案成绩的标准方法。LTV 根据顾客或订阅者之前的和当前的消费行为，能够预测出他们将来的表现，也能让你确定 E-mail 名称的价值，对那些广泛地给顾客发邮件的人特别有用。

LTV 是在一段时间或几年时间中，从特定的订阅者那里获得的净利润。如何才能增加 LTV 呢？有很多方法，但是一个很重要的方法就是灵巧地和顾客交流。如果你有一些相关联的或有趣的内容要说，而不是用无关的信息来浪费他们的时间，那他们不只会听，更有可能继续留下和你保持联系并购买更多的产品和服务，而不会飘然远走的。

这确实是真的，甚至在 E-mail 出现之前也会这样。E-mail 出现之前存在的问题就是传统的个人交流渠道——直接邮寄、打电话和个人联系——太贵了。一旦你有了 100 万个顾客，使用这些联系方法中的任何一个都会花掉你很多的钱，你承担不了每年进行好几次的交流。

有了 E-mail 就不一样了，E-mail 能够让你定期地，并且花费较少地和成千上万个顾客进行单独交流。

为了更多地了解 LTV，让我们看一个 LTV 表格，如表 6-1 所示，这个表格是某个典型的零售商，在公司（利用一个专业的 ESP）研制出相关联的 E-mail 交流方案之前和之后的对比。这个零售商通过网站和零售店销售产品，我们将要追溯在相同时间里被吸纳的这 100 万个顾客的生命周期价值，并追溯三年内他们在零售连锁店的购买经历。

刚开始的时候，这个零售商每个星期都给这 100 万个顾客发送相同的邮件。此时，零售商已经使用第 5 章中列出的方法将自己的 E-mail 营销方案进行计分了，关联性分数拿到了总分 3 分中的 1.6 分，这就代表着现在很多营销者所做的事。如表 6-1 所示为 LTV 结果表格。

表 6-1　LTV 表格

相关性为 1.6 的 E-mail 活动	52 比率	1 年订阅者	2 年订阅者	3 年订阅者
年初订阅者		1 000 000	640 000	409 600
退定月比率	0.90%	108 000	69 120	44 237
不可发送月比率	2.10%	252 000	161 280	103 219
年末订阅者		640 000	409 600	262 144
发送的促销 E-mail		42 640 000	27 289 600	17 465 344
打开的 E-mail 百分比		16%	17%	18%
每次打开邮件产生的订单百分率		2.0%	2.5%	3.0%
在线订单		136 448	115 981	94 313
估测零售订单：在线部分所占百分比	120%	163 738	139 177	113 175
总订单		300 186	255 158	207 488

续表

相关性为 1.6 的 E-mail 活动	52 比率	1 年订阅者	2 年订阅者	3 年订阅者
收益：平均订单	$152.00	$45 628 211.20	$38 783 979.52	$31 538 219.58
已出售商品的成本	50%	$22 814 106	$19 391 990	$15 769 110
销售成本	$6.00	$1 801 114	$1 530 947	$1 244 930
获得客户成本	$12.00	$12 000 000	$0	$0
发送的事务处理 E-mail（每个订单）	2.00	600 371	510 316	414 977
E-mail 发送成本（每一千封）	$1.80	$77 833	$50 040	$32 185
DB，市场细分&营销	$2.00	$2 000 000	$1 280 000	$819 200
总成本		$39 293 423	$22 763 292	$18 280 401
毛利润		$6 334 788	$16 020 688	$13 257 819
折扣率		1.00	1.16	1.35
净现值利润		$6 334 788	$13 810 938	$9 820 607
累积净现值利润		$6 334 788	$20 145 726	$29 966 333
订阅者生命周期价值		$6.33	$20.15	$29.97
每次发送所需的美元		$1.07	$1.42	$1.81
每封邮件在线转化百分比		0.32%	0.43%	0.54%

这个表格显示了零售商的 100 万个订阅者的三年历史。我们不看那些在这个时间段之前或之后加入的订阅者，只看第一年加入的人。这个公司有可能在成长，也有可能在衰退，这个表格没有涉及这方面的内容。

发送给订阅者的邮件鼓励他们在线购买或在连锁的零售店里购买。零售商每个星期给每个订阅者发送一封 E-mail 通信，在第一年中产生如下结果：

- 大量的订阅者退订，还有一些变得不可传送。这在任何一个 E-mail 促销方案中都很正常，这种 E-mail 营销状况的数字是很有代表性的。
- 4260 万封 E-mail 被传送出去。
- 打开率是 16%，其中 2%会导致购买行为，总的转换率是 0.32%。
- 有 136 448 个在线订单。

除了这些在线销售，E-mail 也鼓动很多订阅者去访问零售店。这个零售商发现，E-mail 产生的在线销售：店内销售为 1:1.20。结果如下：

- 每年 E-mail 产生 300 186 个订单（在线的和离线的）。
- 三年中每个订单平均是 152 美元。
- 第一年的总收益是 4560 万美元。

- 每个订阅者的获取花费了 12 美元，或者说总共花费了 1200 万美元。
- 每个订阅者的数据库、群体细分和营销的成本是 2 美元。
- 第三年的订阅者 LTV 是 29.79 美元。
- 在第三年初，由于退订和传输问题，那 100 万个订阅者中只有 409 600 个还在列表上。

我们使用各种各样的途径（广播、电视、印刷、横幅广告、搜索引擎、直接邮寄和人力资源等）获得订阅者，我们的收购成本就是通过加上这些花费，然后将这些总花费除以某一年中获得订阅者的实际花费。花上一些时间来确保这个数字的正确性是值得的，因为它会影响所有接下来的统计。

数据库成本包括更新并维持数据库和执行分析：RFM 模型、LTV、NBP 以及细分计分。这个数据库还要将很多退订的和无法传送的订阅者保存一段时间。退订者必须被保存在一份抑制文件夹中，以确保发送给这些人的 E-mail 确实停止了。无法传送的订阅者应该被保存，因为有可能是那些订阅者变换了邮件地址，但他们仍然希望收到你的邮件。如果你保留了邮政地址，你就有可能利用一张明信片再激活它们，若它们值 1200 美元或者更多，那明信片当然就物超所值了。

6.1.2 相关联邮件产生的收益

该如何改善你的 E-mail 通信呢？通信只会在它们和收件人的生活或兴趣有关联的时候产生作用。一般的顾客每个星期都会收到数百封无关联的 E-mail。他们的生活很忙碌，如果他们每天阅读所有发来的商业邮件，那他们就没多少时间来做其他的事了，所以他们将一部分邮件归类为垃圾邮件，而且在适当的时候退订，并且会将剩下的全部删除掉。一般人打开 E-mail 的时候，标题就一定预示着里面会有有趣的或对其重要的内容，在三秒钟之内，内容必须要符合标题，否则 E-mail 就将永远消失了。

就如在第 5 章中解释的，E-mail 营销方案的关联性可以在 0～3 分的小规模上被定量，0 分就是完全的无关，3 分就是和收件人极其相关。还是在这个最初的例子中，假设零售商发送相关的非定向的 E-mail，关联性分数是 1.6。

再假设读完这本书后，零售商就变得非常认真，他的营销人员已经采纳了所推荐的策略和方法，那么他就能够将他的关联性分数从 1.6 升到 2.4，如表 6-2 所示。

表 6-2　生命周期价值相关性

相关性要素	评　分	比　重	分 数 比 重
市场细分	3	25%	0.75
生命周期管理	2	20%	0.40
触发	2	20%	0.40
个性化	3	15%	0.45
互动	2	15%	0.30
测试	2	5%	0.10
总计			2.40

这个零售商为他的 E-mail 通信研制了一个成熟的群体细分和个性化的方案，并且也达到了其他的四个要素的要求，他取得了进步。增加的关联性会如何提升他的 LTV 呢？表 6-3 阐述了新结果。

表 6-3　相关性值为 2.4 的生命周期价值

相关性为 2.4 的 E-mail 活动	52 比率	1 年订阅者	2 年订阅者	3 年订阅者
年初订阅者		1 000 000	712 000	506 944
退定月比率	0.60%	72 000	51 264	36 500
不可发送月比率	1.80%	216 000	153 792	109 500
年末订阅者		712 000	506 944	360 944
发送的促销 E-mail		44 512 000	31 692 544	22 565 091
打开的 E-mail 百分比		20%	22%	24%
每次打开邮件产生的订单百分率		3%	4%	5%
在线订单		267 072	278 894	270 781
估测零售订单：在线部分所占百分比	120%	320 486	334 673	324 937
总订单		587 558	613 568	595 718
收益：平均订单	$161.00	$94 596 902	$98 784 392	$95 910 664
已出售商品的成本	50%	$47 298 451	$49 392 196	$47 955 332
销售成本	$6.00	$3 525 350	$3 681 406	$3 574 310
获得客户成本	$17.00	$17 000 000	$0	$0
发送的事务处理 E-mail（每个订单）	4.00	2 350 234	2 454 271	2 382 874
E-mail 发送成本	$1.80	$84 352	$61 464	$44 906
市场细分和模型	$4.00	$4 000 000	$2 848 000	$2 027 776
数据库成本	$2.00	$2 000 000	$2 000 000	$2 000 000
总成本		$73 908 154	$57 983 066	$55 602 325
毛利润		$20 688 749	$40 801 326	$40 308 339
折扣率		1.00	1.16	1.35

续表

相关性为 2.4 的 E-mail 活动	52 比率	1 年订阅者	2 年订阅者	3 年订阅者
净现值利润		$20 688 749	$35 173 557	$29 858 029
累积净现值利润		$20 688 749	$55 862 306	$85 720 335
订阅者生命周期价值		$20.69	$55.86	$85.72
每次发送所需的美元		$2.13	$3.12	$4.25
每封邮件在线转化百分比		0.60%	0.88%	1.20%

由于发送了更多的相关联的 E-mail，很多事情都改变了。看表格的下方，我们能看出越来越少的顾客退订了，并且传送率也上升了。由于订单率的上升，打开率也上升了，在第一年中，总体的转换率是 0.06%，并且在第三年中上升到了 1.2%。平均订单大小从 152 美元增加到了 162 美元。这些变化相当大地提升了零售商的销售额和效益。它们是典型的增加关联性所产生的改进。

当然，这些改进是要花钱的。零售商发送了两倍的交易性信息，他现在每年由于数据库、群体细分和触发的邮件营销方案在每位顾客身上花费 6 美元，而不是之前的 2 美元了——总体增加了 400 万美元。如果没有一张像这样的 LTV 表格，营销经理能否在许可的邮件预算中增加 400 万美元是让人怀疑的。

所以关联性对这个零售连锁做了什么？如表 6-4 所示。

表 6-4 增加相关性的结果

生命周期价值活动的差异	52 比率	1 年订阅者	2 年订阅者	3 年订阅者
相关性为 1.6 的生命周期价值		$6.33	$20.15	$29.97
相关性为 2.4 的生命周期价值		$20.69	$55.86	$85.72
增加		$14.35	$35.72	$55.75
100 万客户	100 万	$14 353 961	$35 716 580	$55 754 002

到了第三年，整体利润增加了 5500 万美元，这些都是净利润，而不是收益，所有的成本都被减去了。这种成果来自于周密的以相关联邮件为重点的顾客交流方案。

 6.2 获得数据的方法

6.2.1 如何获得数据

LTV 表格假设了你有获得必要数据的方法，目前很多 E-mail 营销者还不能做到。一些

典型的网站注册只询问邮件地址，有些会问性别，有些会问订阅者感兴趣的产品类型，几乎没有一家会问重要的信息：姓名、住址和电话号码。没有住址和电话号码，你就不能确定买东西的人和你发送邮件的对象是不是同一个人；没有姓名，你就不能确定访问你网站的人是不是当初注册的人。为什么这很重要呢？因为如果不知道是谁访问了你网站的话，你就无法为他们创建相关联的邮件信息。

很多营销者给那些从来没有买过东西的人或将来也不可能买东西的人发送数百万封邮件。某个公司每个星期给注册的用户发送三次 E-mail，在一年中，它给 570 679 个单个的顾客发送了 93 591 274 封 E-mail，但仅仅有 153 602 个收件人（27%）进行了购买。剩下的 73%没有购买任何东西，而零售商也没有任何记录。到了第二年，它又继续给那些非购买者发送 E-mail。为什么呢？

首先，大部分的 E-mail 都很廉价，所以零售商能够继续给那 417 077 个非买方每周发送三次邮件。每千封的成本是 7.80 美元（1.80 美元加上 4.00 美元加上 2.00 美元），零售商每年发给这些非买方的成本是 507 499 美元，那 153 602 个买方的销售额超过 2100 万美元，所以 507 499 美元是花得值得的。有些非买方也可能会在来年购买，就能抵消掉一部分或全部的发送成本了。

其次，零售商还没有做过我们已经做了的分析，所以他还没有识别出哪些是非买方，这种情况比你想象的还要正常。很多大规模的 E-mail 发送者都不使用这样的分析法，因为他们不知道哪些 E-mail 订阅者在购买，而哪些没有购买。

最后，最强有力的原因就是，这个零售商不仅在线销售，还离线销售。他有好几百个大的零售店，但由于 E-mail 文件夹里面只包含顾客的邮件地址，所以没有办法知道收件人是否在他的商店里购买东西。还有可能就是，数千个收件人由于 E-mail 的刺激而去访问商店并购买产品，但是若没有数据的话他又如何能证明这些呢？

6.2.2 怎样获得采购数据

在我们的 LTV 例子中，已经估算出了在线购买：连锁零售店购买是 1∶1.20，这个数字可以通过调查买方估算出来，它并不是测量 E-mail 营销影响力的准确方法，因为它漏掉了使用 E-mail 营销数据中最重要的部分——用测试优化广告效果。

成功的 E-mail 营销者会让他们的订阅者注册所有重要的信息：姓名、住址、E-mail 和电话号码。Amazon 就是这样做的——即使它没有零售店。

有了注册者的姓名，你就可以在他登录网站时这样说“苏珊，欢迎回来！如果你不是苏珊，请点击这里”。你也可以发送进行个性化处理的邮件，E-mail 和网站都会有根据他的偏好和之前的购买物而专门为他设计的内容，你也可以为他提供一个一点即成的购买方法，让他买起东西来更容易。

在网站上说“欢迎回来”用个性化处理 E-mail 能够增加销售额吗？想要找出这个答案很容易。做一个 A/B 分割测试，对一半的注册者说“欢迎回来”并给他们推荐产品；对另一半的人就不这样做，在 E-mail 中和网站上把他们当做完全的陌生人。测量两组人之间销售额的不同之处，你很快就会发现个性化的价值了。

对于离线购买来说，当你有了适当的数据时，就能理解 E-mail 对零售额的影响了。有好几种途径：常规性地让所有的零售顾客在购买产品时提供家庭号码，建立零售 POS 系统来保存每次购买的电话号码，一个真正好的 POS 系统能够在电话号码一被输入的时候就将顾客记录显示在屏幕上。员工看到这个就会说“苏姗柯林斯（Susan Collins），海滨路 431 号”，如果他说“不是”，员工就可以立即更正记录，输入正确的电话号码找出他是谁；如果他是一个新顾客，员工就可以在 POS 系统中输入他的数据了。

接下来就到了不易处理的部分了：E-mail 地址。“能把您的 E-mail 地址给我吗？我们想用它来通知您关于特价商品的消息，并且让您知道产品检索。由于您是一位新顾客，若您输入 E-mail 地址并确认有效，我们就可以给您一张 5 美元的抵价券。”很少有顾客会拒绝这个提议，如果他们真的拒绝了，那就跳过它。由于你使用的是双向选择的 E-mail 注册系统（见第 8 章），在将地址输入数据库之前你可以给他发送一封邮件来验证地址的有效性，还要奖励那些提供了正确地址的员工。

E-mail 地址的有效性可以通过一封欢迎邮件来验证。若顾客收到邮件并点击它，那么地址就是有效的。那封欢迎邮件是邀请他打印一张 5 美元的优惠券，可以在商店中买东西时使用。那张优惠券有一个条形码和独有的号码，如果他在商店里使用了优惠券，员工的扫描器就能扫描出那个条形码，然后给他一张 5 美元的抵价券，但是要确定那张优惠券不是第二次使用；如果顾客想要在线进行购买，可以输入优惠券号码，就能在下次购买时减免 5 美元了，那独有的号码也能确保优惠券仅被使用一次。

6.2.3 优化 E-mail 广告活动

现在你已经建立了一个系统来确保所有在线购买和大部分的离线购买都已注册到你的

营销数据库中了，以你现在的状态能够做到只有极少数营销者能做到的事：测量出每个E-mail广告的效果和每个订阅者的贡献。

就如我们在第7章中所解释的，发给每位顾客的E-mail都应该进行个性化处理，内容就根据顾客所在的细分群体和之前的购买物来确定。这个星期发给Susan的E-mail重点写价值179.99美元的“著名的美国制造的轻质羊毛西装外套”，再附加上其他的商品。如果Susan在线或离线购买了这个西装外套，你就知道你的E-mail是成功的；但如果苏姗买了其他的东西呢？是因为E-mail本身或其他的某些原因吗？

很多的营销者有一个10天规则来处理这种情况。如果顾客在收到促销邮件10天以内进行在线或离线购买，E-mail就获得了信誉。这种方法也并不是完全准确的，但是总比没有方法要好。

有了这些数据，你就能测量出每个E-mail广告的成绩了。你很快就会发现，有些广告的效果比其他的好很多。通过了解为什么有些广告成功而有些广告失败，你就会变得更擅长于E-mail营销了。有些E-mail营销者只能取得低于1%的转换率，而有些就能超过5%，这种不同点可能归因于对广告数据的收集和分析以及分析后所采取的步骤。

6.3 为什么会犬吠

到目前为止，本章在论述中有一个推理流程，这个论述假设了购买是由E-mail导致的，这对有些购买来说确实是这样的，但并不是所有的。

所有养狗的人都知道，当狗在午夜的时候听到陌生的声响，它就会开始犬吠，会吵醒房子里的所有人。但是狗也会由于很多其他的原因而犬吠：把它赶出去、把它拖进来、由于高兴或者由于生气，夜晚的声响只是犬吠的一个原因。

同样的道理，顾客之所以会在线或在实体店里买东西，除了收到了相关的E-mail外，还有很多其他的原因。他们会因为看到网络信息、电视或印刷广告而购买。他们之所以购买商品，是因为他们需要此商品；或是因为他们正在逛街或是在网上冲浪，想去看看有没有什么好东西可以买。毕竟，在E-mail出现几千年前，顾客就已经在零售商那里买东西了。

还有一个更准确的方法来描绘顾客LTV，就是根据顾客购买的原因而不是仅仅根据E-mail关联性来测量购买行为。根据影响顾客购买行为的因素建立一个新的LTV表格。如表6-5所示就是在E-mail出现之前零售商的写照。

表 6-5　E-mail 出现前的客户生命周期价值

无 E-mail 发送的线下线上客户生命周期价值	1 年订阅者	2 年订阅者	3 年订阅者
客户	1 000 000	520 000	270 400
客户年流失	480 000	249 600	129 792
年平均客户	760 000	395 200	205 504
每年线上/线下访问	1.2	1.3	1.4
每次访问收益	$100	$110	$120
收益	$91 200 000	$56 513 600	$34 524 672
已售商品的成本	$45 600 000	$28 256 800	$17 262 336
获得客户成本	$15 000 000		
营销成本	$12 000 000	$6 240 000	$3 244 800
总成本	$72 600 000	$34 496 800	$20 507 136
毛利润	$18 600 000	$22 016 800	$14 017 536
折扣率	1	1.16	1.35
净现值利润	$18 600 000	$18 980 000	$10 383 360
累积净现值利润	$18 600 000	$37 580 000	$47 963 360
生命周期价值	$18.60	$37.58	$47.96

我们可以看到，100 万个访问网站或零售店的顾客进行了购买，他们购买是因为搜索引擎营销、横幅广告、印刷、电视、直接邮件广告或仅仅是由于商店邀请顾客进去购买。要铭记，这些是顾客而不是订阅者，他们的不同点就是，那 100 万个顾客在第一年里确确实实地买了东西，而一般对订阅者来说就不是这样的。数百万个顾客和企业订阅了 E-mail，但却从来不买东西。

这些顾客看电视和印刷广告，会收到一些直接邮寄，也会使用搜索引擎来寻找网站，却不会收到促销性的 E-mail。

在那 100 万个购买产品的顾客中，200 000 个人在第一年里会购买两次，平均消费是 100 美元，由于 205 504 个忠实的顾客在第三年里仍然进行购买，平均消费上升到了 120 美元。

要牢记这个表格只是追踪了被我们放进数据库中的这 100 万个用户。

我们怎样才能知道他们做了什么呢？如果我们想要对顾客保持追踪，就必须建立一套系统，如果他们是我们忠诚方案的会员，我们就可以用忠诚度方案追踪他们了（关于忠诚度方案相关方法请参考第 7 章）；如果不是，我们可能就要利用他们的家庭电话号码了。很多公司通常会询问客户的家庭号码，把它作为追踪离线购买的方法。必须建立 POS 系统，通过家庭号码将顾客的记录显示在屏幕上。这样员工就可以问“是王××吗？”，并且可以核对王××的住址，如果王××不在记录中，那么员工就可以询问其住址或邮件地址：“这样我们就可以在产品被退回时或发现我们出售给你的产品有问题时找到您"。很少有顾客会在购买时拒绝提供这些信息，对那些拒绝的人，就跳过这一步吧。

有了电话号码，你就可以追踪到大部分的离线销售了。如果销售人员获得了邮件地址，在双向选择过程中验证了地址的有效性后，可以给他一些奖励。即使你只获得了一个电话号码，也可以从很多服务商那里获取更多的信息：为你取得使用那个电话号码的人的姓名和住址（一般来说，命中率大约 60%，这也比什么都没有要强多了）。

现在让我们看看给那 100 万个买方发送 E-mail 的结果。我们假设那 100 万个人将他们的邮件地址给了我们，并且许可我们使用。由于这个原因，如表 6-6 所示的 100 万个人和表 6-5 中的那 100 万个人是不尽相同的。让别人给你邮件地址是不容易的。这 100 万个买方是更有利可图的顾客，他们很可能更富裕，并且会购买更大数额的产品，他们中的很多人也可能是多渠道顾客。

正如你所看到的，这些消费者由于 E-mail 的刺激而比之前的那组人下了更多的订单，为什么呢？因为他们不仅是顾客，还是 E-mail 订阅者，他们中的大多数是多渠道顾客，多渠道顾客通常都更富有，所以会消费更多的钱。

表 6-6　每周收到 E-mail 的客户的生命周期价值

每周收到 E-mail 的线下和线上客户生命周期价值	1 年订阅者	2 年订阅者	3 年订阅者
选择加入 E-mail 的客户	1 000 000	760 000	577 600
客户的全年流失（每月流失）	240 000	182 400	138 624
年平均客户	880 000	668 800	508 288
E-mail 发送	44 000 000	33 440 000	25 414 400
每年线下/线上拜访	1.5	1.6	1.7
每次拜访利益	$120	$130	$140
利益	$158 400 000	$139 110 400	$120 972 544
已售商品的成本	$79 200 000	$69 555 200	$60 486 272
营销成本	$12 000 000	$9 120 000	$6 931 200
获得客户成本	$15 000 000		
E-mail 地址获得	$10 000 000		
E-mail 成本加数据库成本	$4 000 000	$4 000 000	$4 000 000
总成本	$120 200 000	$82 675 200	$71 417 472
毛利润	$38 200 000	$56 435 200	$49 555 072
折扣率	1	1.16	1.35
净现值利润	$38 200 000	$48 651 034	$36 707 461
累积净现值利润	$38 200 000	$86 851 034	$123 558 495
生命周期价值	$38.20	$86.85	$123.56

E-mail 的一个作用就是减少了流失率。相关联的经过个性化处理的 E-mail 可以提醒顾客之前是在哪里买东西的，会促使顾客再次回来购买，它们为顾客展示在第一次访问时没有的新产品。在很多方面，E-mail 都比印刷和电视广告要好得多，为什么呢？因为印刷和电视广告被限制了它们能展示的东西，电视广告通常只显示一个或两个产品，印刷广告被限制了每页纸上所能显示的产品。

含有链接的 E-mail 能够显示出数百个甚至数千个产品——这取决于观众对什么感兴趣和他想花费的时间长短。E-mail 的净效应还是非常积极的。

第三年的 LTV 从 47.96 美元上升到了 123.56 美元。为了获得这样的增长，获得每个订阅者的地址花费了我们 10 美元。我们在第三年中发送了 2500 万封邮件，数据库、群体细分、分析法和 E-mail 的成本是每年 400 万美元，通常即使订阅者退订了，数据库的成本还是在增加，原因是：你将它们保存为抑制文件夹，将来可能还会想要再激活他们。

建立的 E-mail 营销方案如何能增加利润的呢？如表 6-7 所示。

表 6-7　E-mail 发送前后的客户生命周期价值

E-mail 发送前后客户生命周期价值	1 年订阅者	2 年订阅者	3 年订阅者
之前	$18.60	$37.58	$47.96
之后	$38.20	$86.85	$123.56
改变	$19.60	$49.27	$75.60
有 100 万客户	$19 600 000	$49 271 034	$75 595 135

在第三年中净利润增加了 7 500 万美元。如果我们采取了必要的步骤将 E-mail 的关联性提升到一个更高的水平，我们就能够将利润增加到一个相对应的数量了。

在下一章中，我们会通过确定顾客细分群体的 LTV 和每个顾客单个的 LTV 更深入地探讨 LTV。这能够让我们了解顾客的状态水平——银的、金的和铂金的——这能帮助我们更进一步地提高利润。

6.4　E-mail 名称的价值

6.4.1　E-mail 名称价值的测量

直接邮寄广告通常是通过租用其他已经销售产品的公司的数据或者专业从事数据销售

的公司数据进行广告投递。无论是姓名还是邮政地址都是有价值的，但是成本往往很高。

这样的情况不会在E-mail中出现。为了避免发送垃圾邮件，你必须得到顾客的许可再使用他们的E-mail地址（见第8章），一定要在互联网上列出要对其进行促销的E-mail地址清单。由于垃圾邮件的危害（除了特殊情况），大多数受好评的营销者不会用和租用直接邮寄名称相同的方法来租用E-mail名称。但是这也不意味着，E-mail地址对那些已经获得发送许可的公司没有价值，它们的真实价值可以通过LTV表格测量出来。

第三年中没有收到E-mail的LTV是47.96美元，而收到E-mail的LTV是123.56美元，相差了75.60美元，所以在那三年中每个邮件地址的价值是71.2美元。要注意的是，这个LTV包含当初获得每个姓名所花费的10美元。有很多方法可以确定订阅者姓名的价值，但这个方法和其他任何一个方法效果一样好。

6.4.2 了解E-mail名称价值的重要性

不管我们采用什么方法，明白E-mail名称价值是很重要的，它能够为获得更多的E-mail地址提供动力，这样我们就能发送更多的邮件了。发送E-mail是如此廉价，若能获得更多的E-mail地址，就能够提升正在利用它们的公司的效益和利润。

我们将会继续在这本书中使用LTV表格来阐述我们所推荐的行动的重要性。

经验分享

- 顾客和E-mail订阅者的LTV是可以计算的。
- 你必须建立一个订阅者数据库，并且能够每年追踪到特定订阅者的表现。
- LTV取决于所发送的信息的关联性。
- 关联性更高的E-mail产生较低的退订量和反弹量。
- 提高关联性能提高打开量和平均订单大小。
- E-mail能产生在线和离线销售。
- 除了E-mail，消费者还会因为很多刺激因素而购买。
- 将收到E-mail的LTV和没有收到E-mail的LTV做对比。
- 一旦你知道了E-mail名称的价值，你就有理由去获得更多的邮件名称了。

第 7 章 群体细分的 E-mail 营销

群体细分需要通过测试进行验证，和其他营销形式相比，E-mail 在测试中有更高的精确度和灵活性。E-mail 测试比它对应的离线测试法更经济有效，并且能更快地获得结果。直接邮寄广告需要花上几个星期来细分群体和测试周期，但是在线操作的话几个小时之内就能完成。

群体细分是最基础的营销，其过程的核心就是要努力增加你对顾客的了解，群体细分要求你明白是什么让每个客户和其他的收件人不一样的，还有客户群之间是如何不同的。你必须要明白这些：

- 什么信息最有可能顺利地让他们对你的产品或服务作出回应？
- 在你的数据库中，是否存在青睐折扣的群体？或者容易被运费所吸引的群体？
- 在你最初的采用者中有没有一部分人想要在第一时间收到关于你的新产品的信息？
- 他们希望隔多久能收到一次你的信息？
- 他们是如何与你的产品或服务接触的？

成功的 E-mail 营销的目标就是：通过努力获得并保留更多的消费者（愉快的、忠实的并且买很多东西）来赚取更多的钱。就目前我们所知道的，为了让营销邮件达到更好的效果，它们就必须和顾客相关联。有没有关联性是由收件人来判断的，而不是发件人。所以你要如何知道你的订阅者认为什么样的信息才是和他们有关联的呢？有一个办法就是根据他们的偏好、行为和人口统计将他们细分到不同的群体中，并且给每个群体制定相关联的 E-mail 内容。

Jupiter Research 报道称，将列表细分（根据顾客购买的东西或在网站上点击的内容）的营销者可以将转换率提升到 355%，并且将收益提高 781%。若撇开这些奇妙的数字不管，只有 58%的邮件零售商根据顾客的偏好或购买数据给细分的群体发送邮件。细分能够为使用它的公司起作用吗？67%的商人认为这个技术是非常有效果的。

7.1 群体细分

7.1.1 群体细分的途径

在本章最后，大部分先进的细分战术对大多数的营销者来说是行不通的，因为他们是狩猎销售，而不是耕作销售，他们对大部分的订阅者的所有了解就是邮件地址了，仅有这些了解是不能细分群体的。然而，即使你还处于这种最原始的状态，也还有一些事情是能够做而且必须做的。

简单的群体细分可以分解为 6 个途径。

- **购买行为**。初级的：买方 VS 非买方；中级的：一个买方 VS 多个买方 VS 非买方。当我们计算关联性时这就会被当做生命周期管理。
- **E-mail 活动**。初级的：活跃的点击者 VS 非点击者；中级的：活跃的点击者/打开者 VS 打开者 VS 非活跃者。
- **网站活动**。初级的：将商品添加到购物车上 VS 从不被访问的站点；中级的：从不被访问 VS 将商品添加到购物车上 VS 浏览多种类别。
- **数据库保有期**。初级的：新的邮件地址（30 天以内）VS 旧的邮件地址；中级的：新的邮件地址 VS30～90 天的邮件地址 VS 超过 90 天的邮件地址。
- **购物渠道**。初级的：在网站购买 VS 商店购买；中级的：通过 E-mail 在网站购买 VS 不是通过 E-mail 在网站购买 VS 由于 E-mail 而在商店购买 VS 商店购买。

- **点击分类**。初级的：被打开的 E-mail 的点击量；中级的：被打开的 E-mail 的反复点击量；高级的：根据被点击的商品类别而进行群体细分。

首先，将订阅者分为买方和非买方。很多的 E-mail 营销者有上百万个甚至更多的订阅者，但是只有低于 10%的人会在线购买产品，但至少你的细分群体安排应该分为买方和非买方。你没有借口使用相同的方式来对待他们，应该对买方更好一些。

你可以建立一个对照组，让对照组里的买方收到和那些非买方相同的邮件，这样就可以很容易地确定这个想法的有效性了。剩余的买方就会收到关于欢迎、感谢和首选买家的信息（根据他们所购买的产品和你从他们网上的履行过程了解到的信息）。如果你发送了一个产品，那就很可能知道买方的完整姓名和住址。有了这些信息，就可以得到附加的数据（在本章的后面将会进行描述），并且能对他们的 E-mail 进行个性化处理。

7.1.2 不活跃群体

每个 E-mail 订阅者数据库都有一个庞大的群体：不活跃的订阅者。这些人不打开 E-mail，或者打开了但不点击。为不活动性设定时间限制，然后将这些订阅者和列表上的其他人分离开来。给他们发送一些东西唤醒他们，如果不这么做的话，他们就永远消失了。另外，持续地给他们发送他们绝不会打开的 E-mail 会让你看起来更像是垃圾邮件发件者。所以忙起来吧，让他们活跃起来，不然就踢掉他们。

2007 年，Marketing Sherpa 调查了 1210 位 E-mail 营销者，让他们展示了他们是如何利用市场细分的，如表 7-1 所示。

表 7-1　E-mail 营销者怎样进行市场细分

根据销售流程细分 E-mail 活动（如客户 VS 期望）	61%
根据用户细节细分 E-mail 活动（过去的购买和浏览的网页等）	55%
允许 E-mail 接收者为邮件内容指明倾向性	35%
根据观察到的行动，动态地向个人发送个性化内容	23%

就如你所看到的，只有 23%的应答者根据他们观察到的行为细分订阅者。这通常是一个很有效的细分类型，但是很难做到。

7.1.3 并购群体

保留每个 E-mail 订阅者的来源。将通过特殊来源（抽奖、合作伙伴计划或是直接邮寄促销）而获得的订阅者放进他们自己的群体中，尤其是来源对订阅者很有意义的时候。你可以以这些群体为开头，写着“你可能在疑惑我们是从哪得到你的邮件地址的，你还记得当你注册……”，这比让收件人将你当做垃圾邮件发送者要好多了。它并不是一个能产生长期作用的细分方案，但它能帮你确定特殊来源对你来说是好还是坏。

7.1.4 群购群体

和单个买方相比，试图对群购买方更好一点。如表 7-2 所示显示了一个大的邮件零售商经过一年研究发现的结果。

表 7-2 单独买家 VS 多买家

	花　费	人　数
单独买家	$5 237 765	33 957
多买家	$9 139 26	15 368

这个零售商给每个人发送相同的 E-mail：个体、群体和非买方。就如你所看到的，15 368 个群购买方比 33 957 个个体买方多消费 50%。群购买方是如此的重要，你可以根据每群人的年购买量将他们分成不同的状态水平。如表 7-3 所示显示了这个分解。

表 7-3 分等级的多买家

	铜级顾客	银级顾客	金级顾客	铂金级顾客
人数	33 957	8 497	6 361	510
$/人数	$154	$343	$753	$2 814

就如你看到的，那 510 个铂金级顾客每年平均在零售商身上消费 2814 美元，而铜级顾客组里只购买一次的群体平均每年消费 154 美元。向铂金级顾客抛出一封个性化的感谢或其他形式的邮件肯定能帮你保留住这些顾客。在同一年里，105 103 个订阅者从零售商的列表中退订了，他们中的大多数在消失之前都进行过一次或多次购买，不管你怎样努力，都不能知道他们为什么离开了。

另一个简单的群体细分技巧就是和非打开者相比对待打开者、点击者更好一些。对待打开者比非打开者好一些能增加转换量。

7.2 订阅者群体细分法：RFM模型分析和聚类分析

7.2.1 细分前准备：设计一个非常好的偏好表格

一个初级的细分营销者必须要做的另一件事就是：在E-mail的每页中都设置一个偏好按钮。你的目标就是最大化地从现有订阅者数据中获得收益，增加打开量、点击量和转换量的一条路线就是尽可能地和高级的细分群体同步前进。你对每个订阅者掌握的信息越多，就能越快地将订阅者提升到高级状态。偏好中心应该询问你需要的信息来让你完成这个跳跃，比如地址、订阅者最感兴趣的产品种类和人口统计（收入、是否有小孩、住房类型、所有的还是租赁的和居住时长等）。展开一个头脑风暴会话，然后挑出5个或10个你想要的最有用的信息——可以用在E-mail里。

一旦设计好了这个档案，你该如何让订阅者填满这些空格呢？记住，订阅者只会做他们自己最感兴趣的事，在你设计偏好表格时，要把自己当成订阅者并问自己“要我填写的这张表格里面为我准备了什么呢？”，如果你做了这个家庭作业，就能证明填写偏好表格的订阅者（如果收到了相关联的E-mail，更有可能打开、点击并购买。）。

提供了这些信息的订阅者比只提供邮件地址的订阅者能够多产生1美元的价值。想想每人1美元意味着什么。

倘若你已经算出了仅有邮件地址的每个订阅者1美元的价值是4.91美元/年，而每个填写偏好表格的订阅者价值是18.22美元。你可以用自己的方法开设一些奖励，如果仅有邮件地址的订阅者填写了偏好表格，在他们第一次下订单时给他们×美元的优惠或×%的折扣（把两种方法都尝试一下，看看哪个效果较好），你很快就可以将数百个、数千个甚至数万个订阅者移动到一个更高的位置了，就能采取一些本章中其他部分描述的高级的细分战术了。

如果确定需要很多的数据，你就会将你的偏好调查分为两部分，每部分都有它自己的好处，这样你就不会用一张费时的偏好表格吓到订阅者了。

> **提醒**：建立商业规则，这样订阅者就不会认为你是滑稽可笑的了。对那些已经给了你资料的人，就不要给他们提供奖励了。这看起来是很明显的，但是很多的E-mail运营商忘记了这么一个简单的原理。如果你那样做了，那你就是让你的订阅者清楚地知道他们是在和一个相当愚蠢的机器通信，而不是和一个聪明的人类通信。

7.2.2 细分方法

在你进入高级细分战术之前，有两个中级的途径能够起作用，并且会加强你对订阅者的了解和有助于创建相关联的 E-mail。它们是 RFM 模型分析（最近一次消费、消费频率和消费金额）聚类分析。

1．使用 RFM 模型细分群体

有些 E-mail 营销者使用 RFM 分类他们的群体，当他们没有大量的 E-mail 订阅者的住址时，这个方法极其有用。RFM 在 50 多年前就被直接邮寄营销者研制出来了，并且如今仍然很活跃。

它的基本原理是，顾客根据他们之前的行为用可预测的模式回应你的信息。那些最近才加入的人比那些很早之前就加入的人更有可能回应（打开、点击和购买）。相同的原理也适用于计算他们的购买频率和消费额，不过效力小一点。

RFM 编码有两种体系：五等分编辑和硬式编辑。有了硬式编辑 RFM，你可以创建任意的归类，比如 0～6 个月之前加入的、7～12 个月之前加入的、超过 12 个月之前加入的，等等。频率可以分为一次、两次和三次（或更多次）的买方。货币也可以用相似的方法分为 100 美元以下、101～300 美元之间和高于 300 美元。

硬式编辑的缺点是很多次的归类都是随意的，这会导致有些组包含太多的订阅者，而有些组却只有极少数的订阅者，所以要不停地重新归类。

五等分 RFM 编辑相对而言比较简单。比如最近一次消费，你利用最近的回应数据给数据库中的每个订阅者进行编码，这些回应可以是一次注册、一次购买或者一次打开，每个月都根据那些数据将你的整个数据库进行分类。将它分成 5 个等同的组（每组占 20%），并且将最近的那一组称为第 5 组，其次的称为第 4 组，依此类推。做了这些工作的营销者在每次 E-mail 促销后都会获得一张如图 7-1 所示的曲线图。

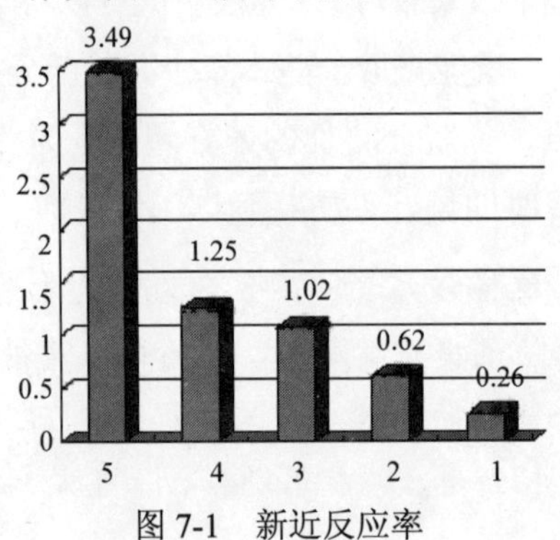

图 7-1 新近反应率

从这个曲线图中你可以看出，那些最近的回应者（被归为第5组的）的回应率是第4组的3倍，第4组的回应率也比第3组高，依此类推。这是一张通用的曲线图，你会发现你的E-mail营销文件夹的结果和这个一样。

2. 图解频率

你可以根据订阅者的购买次数将他们进行归类。通常大多数的E-mail订阅者是从来不买东西的，小部分会买一次，还有一小部分会买很多次。在每个人的数据库中存入一个能反映他们购买次数的数字，如果你不在线上销售产品，那你可以通过打开量来归类频率。

根据频率将你的文件进行分类，也分成5个等同的组（每组占20%），将那些有最高购买（或打开）数字的人进行编码，低一些的那组就称为第4组，然后是第3组，依此类推。在每个E-mail广告之后，你就可以根据频率将那些回应制成曲线图了，如图7-2所示。

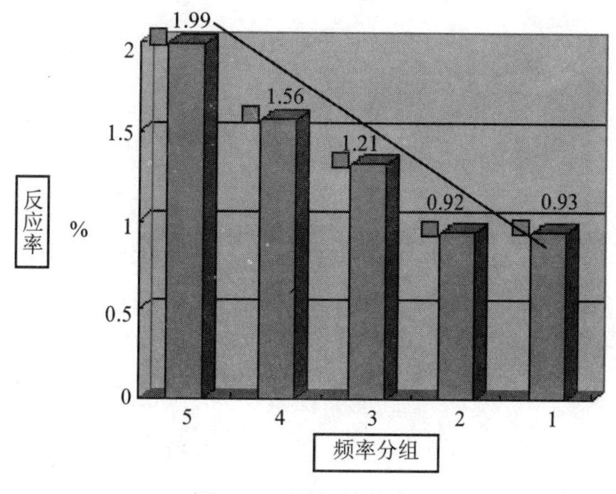

图7-2　频率反应率

3. 货币群体

如果你有实际的购买数据，你就可以将花费总额放进每个订阅者的记录中，根据花费将文件分类，并将每组归类为5、4、3、2或1。在每个E-mail促销广告之后，根据货币制成的打开量曲线图如图7-3所示。

就如你所看到的，消费金额并不像最近一次消费或消费频率那样能够被预测到（5个小组之间有一点区别）。对低价商品来说确实是这样，但是高价商品（比如汽车或高级公寓）的货币曲线图看起来就会很不一样，它会显示出之前的货币行为是当前货币行为的前兆。

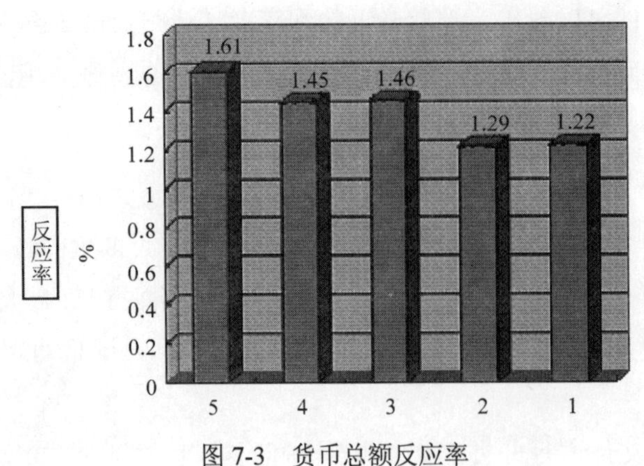

图 7-3　货币总额反应率

4．开发 RFM 单元编码

你可以为你的整个订阅者数据库研制出 RFM 单元编码，根据最近一次消费、消费频率和消费金额将它分成 125 个单元。

在一次针对 45 246 个订阅者的促销中，1893（4.18%）个订阅者进行了购买，平均订单大小是 25.96 美元，如图 7-4 所示，根据三位数的 RFM 单元代码，我们将买方进行了分解。就如你所看到的，RFM 对回应量和转换量是很有预测性的。

RFM 最初是被非赢利的邮寄者开发的。它现在仍然被广泛地用于直接邮寄，那些三等信件的成本是如此之高（500～700 美元/千封），RFM 能帮助你决定哪些邮件不用寄，因为回应的利润还不够支付信件的成本。

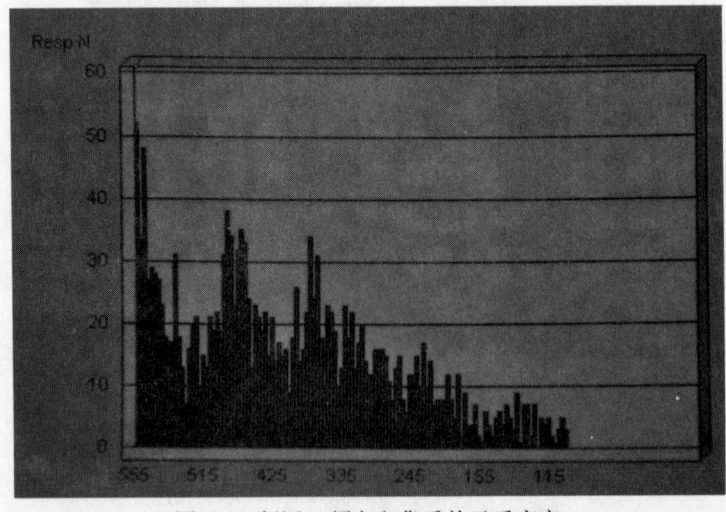

图 7-4　新近、频率和货币单元反应率

这个推理并不适用于E-mail，它的成本是2～6美元/千封，你可能会给所有人都发送邮件。那为什么E-mail营销者想要采用RFM呢？有如下四点重要的原因。

第一，对于那些已经知道（通过RFM分析）不会打开邮件的人，你不会想要给他们发送邮件。对这些人来说，你的E-mail看起来会像是垃圾邮件，跟他们无关联。所以，你就可能会被烙印为是垃圾邮件发送者并且让你所有的邮件都被ISP拦截。

第二，RFM能帮你确定E-mail的内容。假设在过去的两年里，你从某个顾客那里得到了好几个订单，而且那些订单都是不同类别的产品。例如一个月以前，这个顾客购买了价值100美元的男士服装；两个月以前，他购买了价值300美元的女士服装。在发给他的邮件中，你应该极力推销男士或女士的服装吗？RFM可以帮你做决定。

第三，某些广告，比如联邦快递（FedEx），利用RFM确定给哪些顾客提供折扣优惠券，有了RFM，他们可以在顾客的运输格局上看出模式。比如某个顾客只在圣诞节期间运送产品，那就没有必要给他发送一些建议让他在4月份的时候运送某些东西，并且建议他在圣诞节时运送也是没有意义的，因为不用建议他也会在那个时候运送。RFM能帮你看出顾客行为模式的转变，这样你就可以接触到那些可能会溜走的顾客了。

第四，RFM能帮助你和你的订阅者变得更有关联性。很明显，发送给编码为555（最近并且经常购买产品，而且消费了很多钱）的人的信息与被编码为111（很久之前被选进来的，只购买过一次产品并且消费了很少的钱）的人的信息截然不同。

7.3 细分类型

7.3.1 普林斯聚类（Prizm）细分

有些营销者（就像下面即将描述的女士礼服连锁）很成功地通过运用普林斯细分法或聚类法将顾客的姓名和住址进行了细分。

自1974年起，当普林斯细分体系被第一次被引进的时候，Claritas就已经在研究消费者细分群体了。这些群体含有引人注目的姓名，它们是根据收入、年龄、生活方式和购买习惯来细分的。当前的版本——新版普林斯，包含66个聚类，这66个聚类被组织为14个组。

下面的是一些聚类描述。

泳池和天井（Pools & Patios）：在战后的婴儿潮期间形成的，一群年轻的郊区家庭发展成了一个成熟的群体，他们都是没有小孩的夫妇，泳池和天井就是从这里演化而来的。在这些含有后院泳池和天井的安定的邻里中，最高的房屋建于 20 世纪 60 年代，居住者都是白领和专业人才，并且他们现在正处于他们事业的顶峰。

环城公路潮（Beltway Boomers）：战后婴儿潮期间的成员都已经长大了。现在，这些美国人都已经到了四十多岁或五十多岁，在这庞大的一群人中的一个群体，受过高等教育的、中上层的和拥有房屋的人，在环城公路潮期间形成了。就像他们同辈中晚婚的人一样，这些人仍然在舒适的郊区的小块土地上供养孩子，他们在追求以孩子为中心的生活方式。

孩子&死胡同（Kids& Cul-de-Sacs）：高层的、郊区的有小孩的已婚夫妇，在孩子&死胡同上是很少的，他们在小块土地上成立的大家庭的生活方式是令人羡慕的。随着西班牙和亚裔美国人比例的增加，这个群体变成了受过高等教育和白领专业人员（有行政工作和中上等的收入）的避难所，以孩子为中心的产品和服务让他们支付了一笔大费用。

服务商（比如 KnowledgeBase Marketing 和 Acxiom）经常能在机构内部有新版的 Claritas 普林斯细分数据。你可以给他们发送你的顾客档案，让他们将群体细分数据附加到里面。通过做这些，你能够确定哪些群体有购买产品的倾向，哪些群体没有。将数据附加到 100 000 人的测试组中，看看是否能够有助于进行群体细分，如果没有帮助的话，就丢掉它。

在测试中，能够引起一个特定组（包含年纪较大的捐赠者）兴趣的非赢利邮件，使用 Claritas 之前的群体细分体系（Prizm 62）来为全国性的邮件广告生成市场研究资料。它将 Claritas 聚类编码应用于预期文件的一个样本中，其结果是很有启迪作用的。邮件显示出它的最好的捐赠者群体就是如表 7-4 所示的人。

表 7-4　表现最好的集群

集　群	指　数
乡村长者	159.8
蓝色高度公路	148.5
新生态乌托邦	146.0
粮食带	142.9
归国人群	142.8
本地退休人员	135.7
偶然结识者	134.1
农业企业	133.2
灰色力量	132.4
河畔城：美国	130.7

这个指数是将发给区域内所有人的邮件百分比和发给捐赠者的邮件百分比作对比而得来的。指数100表示捐赠者的邮件比例和所有人的邮件比例是相等的。底部的聚类如表7-5所示。

表7-5 表现最差的集群

集群	指数
年轻文人	61.1
城市黄金海岸	61.1
拉丁美洲	57.9
西班牙混血	57.5
内部城市	55.8
诺玛雷城	54.5
南部城市	54.1
新兴地	47.8
军事基地	42.2
城镇	32.6

7.3.2 高级订阅者群体细分

1．细分内容

一旦你已经积累了一部分订阅者的必要数据，你就可以根据订阅者耕作状况将他们提升到一个高级的细分群体。

如果你知道每个顾客认为跟他相关联的内容是什么，你就可以在你的E-mail中创建那样的内容。假设你有100万个顾客的邮件地址和个人资料及偏好数据，你会怎样创建顾客认为有关联性的邮件内容呢？

我们建议细分的群体要少于12个，并且为每个顾客设计特定的邮件内容。

你可以将细分群体营销分解为四个主要任务：

（1）从顾客那儿获得信息，用这些信息将他们进行细分并为他们创建邮件内容。

（2）根据顾客群和你收集到的信息创建可实行的细分群体。

（3）为每个细分群体设计营销方案，管理群体并给他们发送相关联的E-mail。

（4）给每个群体建报告，评审你取得的成绩，然后根据报告修改营销方案。

2．顾客采购活动：购买时间

每次在顾客打开、点击或购买产品（或服务）时，那些数据都应该被存储到你的顾客营销数据库中。但是你该如何将购买事件分类，让它们对你创建细分群体有用呢？你会想要知道你的顾客是什么时候购买产品的：某天的某个时间、某星期的某天或某年中的某个季节。有些顾客经常买东西，有些会在某些特定的时间段（比如圣诞节）买些特定的产品。那些在白天购买产品的顾客可能没有工作或者是在上班的时候从网上购买的，也有可能是给公司买东西的。

若要对购买时段进行归类，就必须着眼未来并加以思考“我将如何利用这些信息来创建细分群体呢？”，这个问题的答案能告诉你研究顾客购买时段时哪些内容是重要的。只要某时、某天、某月和某年保持纪录，以后你就能对它们进行分析并决定如何利用这些数据来创建有用的细分群体。

3．根据选择性加入的数据和时间进行群体细分

一个大的从事手提包、附件和电子包的在线零售商能确定出发送促销性邮件的时间，这样就能产生较高的回应率和在线购买量。采用忠诚营销的电子包公司的董事拉里·马丁（Larry Martine）确定出 E-mail 到达顾客的最佳时间是顾客当初参与的时间，马丁和他的团队推理，如果顾客的日程安排能够允许他有时间参与，那么这个时间也可能是他进行在线购买的最佳时间。

为了测试这个细分策略，该公司根据收件人当初参与的时间，在每星期的同一天或每一天的同一时间给他们发送促销性邮件，结果是很令人震惊的。和对照组的结果相比，测试组的点击—进入量要高 20%并且转换率增加了 65%，平均订单大小高出 45%并且每个收件人的平均收益高出 187%。

这确实是一个伟大的细分想法，大多数的营销者已经对订阅者的订阅时间保持了追踪！看看你是否能符合这些不同凡响的结果。

4．顾客采购：购买什么

很多运行系统根据商品号来进行商品记录，比如，某个顾客购买了商品 241830，蓝色，尺寸 14，数量一件，价格 89.95 美元，实际上 241 830 是一件中国制造的燕尾裙，这些信息用一张表便可以呈现出来。这是一件正在减价出售的中等价格的女士服装（原价是 109.85 美元）。

但是该如何利用这些信息来创建一个群体呢？

如果不想采用数据来说明的话，就要获取一份含有 2000 笔交易的电子表格文件。在看这些记录的时候，要考虑一下如何将它们归类，然后在你的脑海里蹦出新想法之前将它们用不同的方法进行分类。有些顾客只买减价商品，有些顾客购买顶级的在线商品，还有些顾客购买女式服装。你可以用你自己的方法来创建能应用于邮件营销的群体。

你可能已经有了一个归类方案，保险起见，你还要有生活方式、健康状况、伤亡情况、文件、房主和汽车等方面的信息。同样，对银行顾客也是这样：存款、支票、货币市场、房屋贷款、抵押贷款和信用卡。但是单独使用这些类别时还有一个问题：有些人购买一个产品，而有些人购买了好几个。这可以当成细分的依据。

你可以为特定的广告创建暂时性的群体。比如，如果你正在推销业主保险单，就可能会给那些已经买了你的汽车保险和健康保险的人推销这样的保险单。像这样专设的群体是能产生作用的，尤其是如果你能有一个对照组来证明这些就更好了。主要目的不是拥有一个能持续很长时间的群体，而是能有一个在你开发一项广告时能助你起草相关联邮件的群体。

若你花费了一周或两周的时间来做这种分析，就能够得出一种分类采购的方法，这个方法能让你根据购买数据将顾客放进不同的群体来为广告服务。有了这个方法，就能研制出一些业务规则，让你的数据库管理者根据你的方案将采购进行分类。我们没有其他方法能比它更详细而精确了。用分类法来创建群体就要求有想象力的营销者在这个过程中投入大量的时间和想法。

5. 群体和级别水平

根据销售总额来细分顾客群体可能有用，也可能没用。但是银的、金的和铂金的可能对顾客状态水平很有用（如图 7-5 所示）：它给了他们一些需要努力实现的目标。这对你规划邮件广告来说，作用可能没那么大。你该对银顾客说什么呢？“买更多的东西。”对金顾客说什么呢？“买更多的东西。”当他们都有了相同的信息时，你的 E-mail 营销方案该如何进行个性化处理呢？如果金会员有些特殊的优惠权（比如免费运送），而银会员却没有，你就可以给银会员推销一些能让他们提升到更高状态等级的产品。

身为营销者，你将会发现细分群体还有更多的用处。你可以根据细分的群体来确定出他们相同的爱好，这样就能让你的 E-mail 具有关联性；还可以将状态水平看成是顾客努力获得认可、提升地位和特殊待遇的过程。

比如，对于一个航空公司的顾客来说，级别水平是有确实的价值的，你可以在升级和选择座位时有特殊优惠，你可以第一个上飞机，在飞行时能获得奖励的额外旅程。你的企业也许不能像航空公司那样根据级别水平来提供不同水平的服务。为金会员提供免费运输，在银会员想提升级别的时候让他们知道有哪些产品或服务能够提供给他们，这个主意怎么样呢？

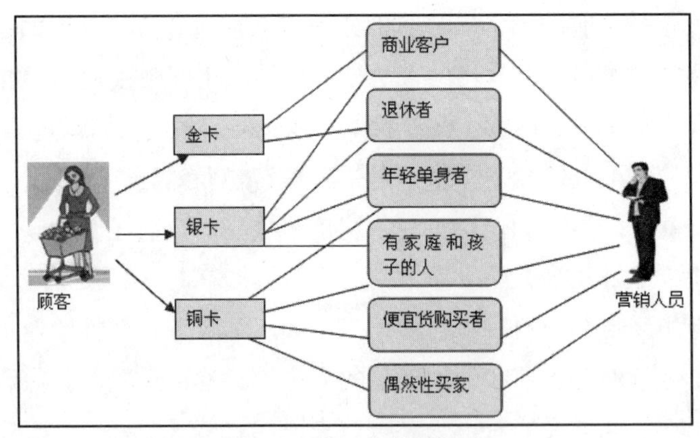

图 7-5　等级和营销细分

营销者能够根据购买行为的时间和购买物的分析来研制出相当成功的细分方案，它不只考虑到顾客消费多少，也考虑到他们是什么时候购买的以及购买了哪些产品。有些顾客只在圣诞节的时候购买，有些顾客只在需要的时候购买，还有些顾客只购买减价商品。另一方面，也有一些对连锁店狂热忠实的顾客，因为有些人想成为地球上装扮得最光鲜的人。总的来说，零售商将顾客分解为三大状态水平群体：金的、银的和青铜的，每个群体又被分为三个小的营销群体，一共九个营销群体。如图 7-6 所示描述了这些细分群体。

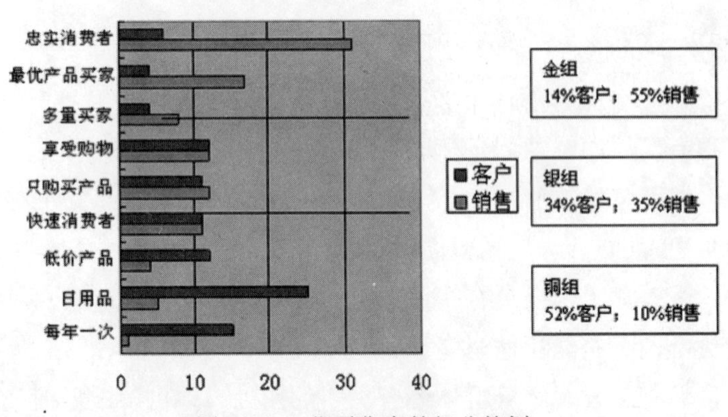

图 7-6　一位零售商的细分策划

仔细地研究这个图表，它不是大学教授研制用来解释某个理论的，而是一个拥有 5400 万个客户记录（其中 1600 万个顾客在过去的 12 个月中进行了购买）的全国性的零售连锁店研制的，这个连锁店有 90 亿的销售额和 3000 家遍及全国的商店，绝大多数的顾客都是女性。

这些数据有两个来源：连锁店的专利收费卡顾客和信用卡顾客。那些业务贯穿于连锁店的 POS 系统并且每夜都会通过反向追加和信用卡数据库做匹配。这个系统能捕获到交易中 60%的顾客，反映 70%的销售额。

所有的顾客记录都是用 RFM 加上 Claritas Prizm 群代码进行编码的，这能产生出生活方式和人口统计数据。细分群体是根据一个关于顾客习惯的尖端分析来创建的。零售商要回答下面的问题：

- 谁是我们最好的顾客？
- 他们的销售额百分比是多少？
- 他们的服装预算和连锁店分享到的他们的钱包（消费额）是多少？
- 他们的个人特性是什么？
- 他们什么时候购买了什么？
- 谁买了全价商品、谁只买了减价商品？
- 他们什么时候从竞争者那里买了什么产品？

有了从数据库中获得的大量统计，零售商要通过 5 个步骤来创建细分群体：

- 确定能推动每个群体进行购买的行为。
- 鉴别出自然发生的顾客聚类群，根据 24 个月的购买历史，每个聚类群都会有一个独有的购买模式。
- 增加这些聚类群的生活方式数据和人数统计。
- 对每个聚类群开展一个深入的调查，了解他们对竞争者和流行的态度。
- 形成每个群体的多维图片。

一旦这九个营销群体被建成，连锁店的分析员就能创建出每个群体的细节图片，这儿有五个。

（1）连锁店的忠臣（6%的顾客和 31%的销售总额）：年龄中值是 32 岁，年度的服装预算是 2700 美元。每 6 个星期访问一次连锁店的女性将服装预算中 40%的钱奉献给了连锁店。

（2）享受购物的顾客（10%的顾客和 11%的销售额）：年龄中值是 30 岁，年度的服装预算是 1400 美元，连锁店获得 20%服装预算里的钱。她们一年去连锁店购物 5 次。

（3）大量购物的人（4%的顾客和 7%的销售量额）：年龄中值是 35 岁，年度的服装预算是 2800 美元，她们一年在连锁店中购物两次，消费 21%的服装预算。

（4）只购买低价产品的人（12%的顾客和 4%的销售额）：年龄中值是 45，年度的服装预算是 800 美元，一年在连锁店中购物两次，消费 12%的服装预算。

（5）一年消费一次的购物者（15%的顾客和 1%的销售额）：年龄中值是 38，年度的服装预算是 1500 美元，连锁店只能得到 3%的服装预算。

一旦细分群体被确定并且用统计分析进行备份后，那你就必须为每个群体研制营销战略。在本质上，他们决定将营销投资放在能产生最好效果的群体上，将营销预算分配给每一个重要群组。

对金卡组（14%的顾客和 55%的销售额）来说，目标就是保留，他们是对连锁店最有价值的个体，要将 60%的营销预算分配给保留这个忠实组的方案上，让他们知道他们对商店来说是多么的宝贵，并且能为他们提供特殊服务和额外优惠，这些特殊服务包括：

- 基于忠诚度的利益
- 提前通知私人销售产品
- 个性化的礼品
- 基于图像的邮件和分类
- 店内识别和特别服务

那些退出群体的顾客会收到再激活邮件，那些消费的比以前少的顾客会收到电话，帮他们找出原因。

对于铜卡组（52%的顾客和 10%的销售额），零售商决定不再浪费资源，这些人不会在店里消费很多的，和金卡组人消费的 1 美元相比，他们消费的 1 美元是怎么也达不到那种意义的。所以，只要分配 5%的营销方案预算给铜卡组顾客，让他们收到降价通知和礼券促销品。

银卡组（34%的顾客和 35%的销售额）处于中间位置，目标就是要鼓励他们上升到金卡组的状态。零售商觉得，可以激励那些花更多时间在商店里享受购物的人，或用减价产品鼓励那些购买减价产品的购物者。方案包括频率规划、减价活动通知、“带朋友”活动和礼券促销活动，用金卡会员头衔来回报那些显示了明确的忠实倾向的顾客。

连锁店为快速购物者提供特殊方案，这样他们就能很快找到他们想要的产品了——比在竞争者那里快多了。所以分配了 35%的营销预算给银卡顾客。

那么零售商是如何测量成绩的呢？通过和对照组比较保留度和转移量并指定每个组的目标来测量。观察损失量和保留量：保留度方案对金卡组起作用吗？测量升级和降级的转移数：它能让多少银卡组成员变成金卡组成员？又有多少成员降为了铜卡级别？每个方案和每个季度增加的销售额也是很重要的，商店有定期的季度方案，它能测量出这些方案对那九组营销群体的影响，它观察季度采购的频率，圣诞节期间总是旺季，但是春秋两季是怎样的呢？每个群体对这些季节是如何回应的？每次行程和每个季节的消费额是多少呢？购物篮是测量成绩的关键方式。

零售商测量每个顾客在每次行程和每个季节在各个部门的消费次数。给那些只访问了一个或两个部门的顾客提供一些建议，就有可能让他们去访问一个新部门。在促销活动结束后，这些购物者还会在这个新部门里继续购买产品吗？

它也测量每个顾客在每次行程和每个季节所购买的商品数量。捆绑法就是一个永远都不会被淘汰的技术。比如你买了一套礼服，就必须要买搭配的鞋子，可能还需要一条皮带。为了让捆绑法起作用，在开始的时候你就要确定你能为顾客提供哪些东西。接下来，你就要制定流行物品展览并给销售人员培训来让捆绑法起作用。真正的测试是记录哪些群体对捆绑法有回应，哪些没有回应，也有可能你是在激励一个根本就不会回应的群体。

最后，零售商测量它分享了顾客钱包的分量。它采用了一个持续的检查方法来查看钱包的分享比例，看看每个群体之间的差别是怎样的。

7.4 群体细分的应用

7.4.1 举例分析

让我们看看如何利用这样一个细分方案能对一个拥有大量零售店的零售商起作用。假设你是一个零售商，有一个含有 400 万个订阅者的 E-mail 数据库，在细分群体之前，你给这 400 万个订阅者发送相同内容的 E-mail，每年发送 30 次，如表 7-6 所示。你每年会有 649 209 次店内访问量，这样你就能追踪到 E-mail 的平均采购价为 189.25 美元。

表 7-6 市场细分前 E-mail 产生的购买

市场细分前的 E-mail 细分	客户	邮件	E-mail	平均店铺访问量	访问花销	总花销
忠实消费者	240 000	30	7 200 000	64 800	$510.00	$33 048 000
最优产品买家	150 000	30	4 500 000	31 500	$465.00	$14 647 500
多量买家	170 000	30	5 100 000	53 295	$380.00	$20 252 100
享受购物	450 000	30	13 500 000	160 380	$151.00	$24 217 380
在售商品	430 000	30	12 900 000	103 200	$98.00	$10 113 600
快速消费者	490 000	30	14 700 000	86 436	$95.00	$8 211 420
低价产品	470 000	30	14 100 000	68 808	$93.00	$6 399 144
日用品	1 004 000	30	30 120 000	47 891	$78.00	$3 735 482
每年一次	596 000	30	17 880 000	32 899	$68.00	$2 237 146
总计	4 000 000	30	120 000 000	649 209	$189.25	$122 861 772

现在你已经建立了类似于之前所讨论的细分群体，这些群体里订阅者的行为会如何不同呢？一旦你创建了这些群体，就要给每个群体发送不同的 E-mail，实际上是要给每个订阅者发送不同的邮件。你要根据细分群体成员的需求，使用不同的频率给他们发送进行个性化处理的 E-mail，并且重点产品要以订阅者的偏好、之前的购买物和同组内其他成员的购买数据为依据。你的广告可能就会如表 7-7 所示。

表 7-7　市场细分后 E-mail 产生的购买

细　　分	客　　户	邮　　件	E-mail	平均店铺访问量	访 问 花 销	总　花　销
产品链忠实消费者	240 000	18	4 320 000	71 539	$663.00	$47 430 490
最优产品买家	150 000	18	2 700 000	34 020	$604.50	$20 565 090
多量买家	170 000	18	3 060 000	56 549	$494.00	$27 935 107
享受购物者	450 000	30	13 500 000	200 880	$181.20	$36 399 456
在售商品	430 000	30	12 900 000	131 580	$117.60	$15 473 808
快速消费者	490 000	30	14 700 000	124 468	$114.00	$14 189 334
低价产品	470 000	30	14 100 000	99 574	$111.60	$11 112 481
日用品	1 004 000	8	8 032 000	44 979	$78.00	$3 508 378
每年一次	596 000	8	4 768 000	31 469	$68.00	$2 139 878
总计	4 000 000	19.5	78 080 000	795 058	$224.83	$178 754 021

在这个表格中，前三个群体（连锁店忠臣、购买最好产品的顾客和购买量最大的顾客）是最有价值的顾客，必须维持他们的忠诚度。经验显示，每年给他们发送 30 封 E-mail 是很过度的，会导致一些交易的损失。为了维持他们的忠诚度，你每年只能给他们发送 18 封 E-mail。

对接下来的四个群体（享受购物的顾客、购买减价商品的顾客、快速购物者和购买低价商品的顾客），可以继续当前的邮件方案。最下面的两个群体（购买必需品的顾客和每年购买一次的顾客）不会购买很多产品也不会经常购买。经验显示，给这些确定偶尔购物的顾客发送太多 E-mail 是弊大于利的（被分类为垃圾邮件），所以你要将发送量减到每年 8 次并且是在这些顾客通常购买的时间段发送。

进行群体细分还有一个好处，由于我们发送较少的但更相关联的 E-mail，这些邮件是为每个群体或每个顾客定制的，所以退订率和无法传送率就会下降了。

你每年要花费 200 万美元来细分群体和给那九个群体定制 E-mail。我们把这两种途径作比较（包括成本），就会发现发送较少的 E-mail 能产生同等的顾客消费额，如表 7-8 所示。

表 7-8　市场细分投资回报率

	发送的 E-mail	访 问 数 量	平 均 花 费	最 终 销 售
细分前	120 000 000	649 209	$189.25	$122 861 772
细分后	7 808 000	795 058	$224.83	$178 754 021
增加	-112 192 000	145 849	$35.58	$55 892 249
减少的订阅者流失				$7 762 905
总获益				$63 655 154
市场细分成本				$2 000 000
每 1 美元的回报				$31.83

7.4.2　附加的人口统计数据

如果你有顾客的姓名和住址，就可以去专业的信息资料公司，获得人口统计数据附加到你的顾客档案中。这个数据包含了大约 100 个领域方面的信息，包括出生日期、婚姻状况、收入、财产、居住时长、住房类型、房屋价值、自己所有还是租赁的、是否有小孩和占地面积。这些信息对创建细分群体是非常有用的。毕竟，你不会将发送给大学生或有小孩家庭的 E-mail 系列发送给一对年龄超过 65 岁的夫妇。对于金融服务业，年龄和收入通常是最重要的细分要素。根据 Marketing Sherpa 的一份统计显示，如图 7-7 所示，现在只有大约 30%的 E-mail 营销者收集并使用人口统计信息。

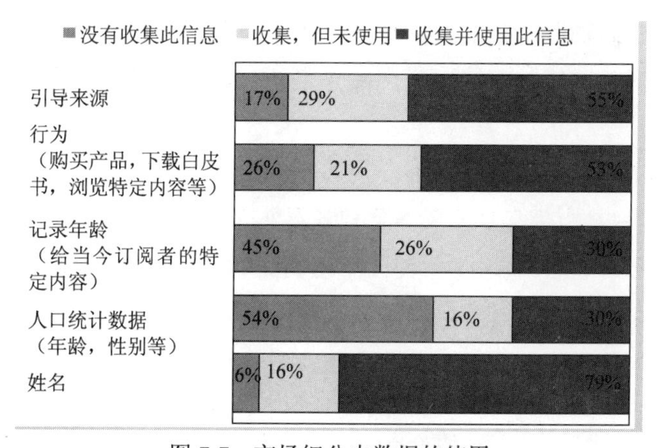

图 7-7　市场细分中数据的使用

我们建议给含有 10 万个顾客的文件附加上人口统计数据。根据购买时间和购买物将这些顾客的购买行为进行分类，看看是否将这三个要素混合在一起你就能创建出一个有意义的方案，就像之前显示的那样。在你做这个的时候，思考一下“我该如何利用这些信息来为这些顾客创建相关联的 E-mail 呢？”

7.4.3 创建超级市场客户群

几乎所有的美国超市都有忠诚度方案，但是只有极少数的能成功。其中一个成功的方案是克罗格（Kroger）公司的，它在几年前和英国的 Dunnhumby 公司结合了。

Dunnhumby 公司帮助英国的杂货商乐购（Tesco）从英国第三大零售商提升到了第一大零售商，所占市场份额是和它最靠近的竞争者的两倍。Tesco 推销它的俱乐部卡，这个顾客忠诚度方案为特定的顾客群体提供折扣（比如有宠物的顾客），并且给顾客能在商店使用的退款凭证。这些分析和细分都是 Dunnhumby 公司完成的。

Kroger（超过 1600 家商店，销售额达到 660 亿美元）让 Dunnhumby 公司来分析需要怎么做才能让顾客获得一个更为人性化的购物体验。Kroger 发现，普通的美国家庭属于 12 个不同的顾客忠诚度方案。这样的方案通常对忠诚度没有多大的作用。他们积累了大量的 POS 数据，但是大多数的零售商不知道如何将数据转化为行动来让顾客愉悦、增加销售量和获得投资回报。

Kroger 系统类似于协同过滤。Dunnhumby 公司根据属性（如价格、质量、新鲜度和包装尺寸）给 Kroger 公司销售的产品打分，发现哪些顾客的购物卡有相似的分数，就将这些购物者划分到群体中。然后它为 Kroger 建立 7 个细分群体，每个群体都会收到定制的邮件，其中三个群体是预算购物者，要根据承受度来购物并且以家庭为中心。

这个方案还有另一个好处：消费者产品生产商付费了解哪些群体购买他们的品牌。客户包括联合利华公司（Unilever）、宝洁公司（Procter & Gamble）、卡夫公司（Kraft）、通用磨坊公司(General Mills)、百事公司(PepsiCo)、高乐氏公司(Clorox)和家乐氏公司(Kellogg)等，一共有 60 家客户。为了保护隐私，提供给他们的数据不包括私人信息，比如住址。

根据 CMS 公司调查的信息，每年美国全国的返券量从 70 亿降到 26 亿。但是在非定向的推销中，Kroger 的返券率比正常的 1%～3%要高出许多。用了这个新系统，Kroger 成功地劝服了大多数的忠实顾客每个月多购买几次并且在每次行程中多消费一点。

7.4.4 根据订阅者支付能力分类

2008 年，DirecTV 公司的 CEO（首席执行官）查西卡瑞（Chase Carey）说，他们公司有一个关于“优质订阅者”的重点计划。它是通过分析顾客的收入、年龄、住宅所有权、教育程度和其他指标来发现这些订阅者的。DirecTV 公司将顾客进行细分来找出哪些顾客有价值而哪些没有价值，然后设法得到那些有价值的顾客。他说："我们在最近的两年里研制了一套更成熟的顾客群体细分方法，这对我们来说是独一无二的。"

2008年初，DirecTV公司每个月的流失率为1.42%，这比其他的电信公司低很多。为了做到这个，DirecTV 公司避免接纳那些低于他们要求的订阅者，它主要采用两个政策：要求顾客使用信用卡，还要求他们签署18个月的合同（从12个月上升到了18个月）。

这些政策导致新增总订阅者数从2007年的1 020 000个下降到了2008年的986 000个，然而订阅者的净增益保持不变（275 000）。2008年，DirecTV公司的美国订阅者总数为1680万，比上一年增加了6%。

查西卡瑞说："我们在设法获得我们想要的顾客，在某些方面会为我们不想要的顾客制造更高的障碍。我们认为我们正处于一个对的位置，我们感觉很好。"

7.4.5 细分管理

审查一下你收集到的顾客信息，然后将他们放进细分群体中。顾客细分群体应该：

- 容易掌握，这样所有人就都能明白你所说的了。
- 有足够多的人数和足够多的消费额，这样就值得你去了解是什么激励他们的了。
- 充分反映他们的行为，这样就可以通过提供机会和回报来改变群体的行为。
- 充分利用可利用的数据来支持细分精确度和营销成就。
- 能够进行性能测试并和对照组相比。
- 有足够的重要性，这样就能让一个组织专心致力于它，即使它只是某个人的一部分时间。

一个明确界定的细分群体应该能让细分管理者理解，他知道这些人在做什么，能预测出这些人将要做什么，能想到策略让他们购买更多的服务或变得更忠实，能用对照组来对促销邮件进行测试，看看哪些促销性邮件对他们起作用，还有哪些策略有效果，他能够管理他们。

界定细分群体需要有洞察力、分析法和趣闻轶事。洞察力要求有经验的营销战略者能够研制出每个可能存在的群体的假说，包括能改变会员行为的必要回报。

分析法包含统计分析，这些分析支持或否定每个假说：这样的一个群体存在吗？他们目前的消费是多少？他们收入是多少？他们什么时候在我们的范畴里购买？改变他们的行为要花费多少钱？

趣闻轶事就是一些成功或失败的故事，阐述出你的公司或其他的公司采取了哪些方法来改变细分群体的行为，它们提供了一条线索，就是哪种可付诸实施的策略有可能起作用。用趣闻轶事开头，并且在首次展示之前研制出能被测试的假说。

每个细分群体都必须有它自己的营销战略和不同的信息及回报。细分群体的不同点在于收益性和需求。通过了解每个顾客群体（它的大小、潜在价值和获得他们的最佳方法），研制先进的细分策略，然后将内容、建议、渠道和联系策略结合到那个群体中，在这个过程中建立测试和学习步骤，这样所有的决策都可以在前进的道路上被完善和优化了。每个群体的策略都应该涉及如下四个步骤：

第一，给群体成员发送有针对性的 E-mail，发送的信息不仅要促进短期的销售额，还要支持长期的营销目标。这些可能会有差异，比如，如果你有一个通常都是付全价的群体，它可能不在你的长期最佳利益列表中，即使你的信息可能会产生即时的销售，也不用给他们发送便宜货。你也可能是在锻炼他们让他们期待便宜货，但是这样会丢失他们通常的全价交易。

第二，为每个群体采用效果最好的渠道。这个渠道当然是 E-mail 营销，它比直接邮寄廉价多了。若他们收到的一封邮件写着“看看你这个星期的邮件箱，里面是否有一封和 Walter Driscoe（帕克里奇店——Park Ridge Store 的经理）共进午餐的邀请函”，某些群体成员可能就会被刺激去购买更多的产品了。

第三，委派细分经理（至少是兼职的）来看看你的员工是否能想出创造性的想法来改变每个群体的行为。然后以这些群体为依据，建立报告制度，这样你就可以每个月都知道这些群体运作得如何了。给你的细分经理提供预算，这样他们就能用促销品和回报来对群体成员做试验了。

第四，为每个群体制定一个合理的目标，为所获成就设立一个补偿计划。

7.5 群体细分的效果

1. 群体细分的好处

Marketing Sherpa 分析了打开率，将运用了细分法的金融服务业营销者和没有运用的作对比。结果显示，含有资金导向名单的经细分的 E-mail 的平均打开率是 42.2%，而未细分的泛滥发送的打开率是 10.5%。对点击率的影响更为激动人心，发给细分群体（成为订阅者仅 30 天或少于 30 天）的邮件的点击率是 15.6%。而未细分的群体的邮件点击率仅为 1.3%。

2. 根据语言细分群体

在美国，有超过 4 千万个西班牙人，他们中有将近 800 万人使用互联网。如果你是一个典型的大型零售商，就能确定，你的 4%～8%的订阅者更喜欢用西班牙语阅读你发送的 E-mail。当然，生产西班牙语的版本通常不是一项便宜的工程，要根据经济状况来说了。在顾客的偏好问卷中增加一个关于这方面的问题能帮你确定这是不是一个需要研究的问题。

3. 为群体细分的关联性打分

不管你是如何建立细分群体的，如果你能利用它们来发送分化型的 E-mail，那就能提高你的打开量、点击量和转换量，因为你的 E-mail 会变得和订阅者更加相关联。你可以用一个基本的三分制来给你的关联性划分等级，细分群体占关联性分数的 25%，如表 7-9 所示。

表 7-9　三分制关联性等级体系

分　数	关　联
3	使用带有行为、人口统计的模式
2	使用多种要素：性别，年龄，收入
1	只使用一种要素
0	没有基于市场细分的内容

经验分享

- 有三种订阅者细分群体：初级、中级和高级。
- 如今大多数的 E-mail 营销者都处于最初水平。
- 至少要做到对待买方比非买方好。
- 群体买方要比单个买方有价值。
- 用多种细分群体法细分群体时应包括购买行为、E-mail 活动、网站活动、数据保有期和购买渠道。
- 所有的 E-mail 都应该包含一个偏好表格按钮，这样能尽快地让订阅者提升到高级水平。
- RFM 以及普林斯聚类法是两种很有威力的细分途径。
- 顾客什么时候购买的和购买了什么同样重要。
- 通过 E-mail 的打开日期和时间进行细分是很有生产力的。

- 大型零售商根据顾客的消费额、购买频率以及购买商品是否是减价品来创建成熟的营销细分群体。
- 群体细分的成功在于更多的打开量、更少的损失量、更多的保留额以及向更高水平的转移数。
- 如果你有住址，你就可以附加有价值的人口统计数据。
- 细分的群体应该很容易被理解，要有足够多的人数来产生有用的数据和E-mail的回应率，要雇佣某个人来负责它。

第 8 章 获得许可的 E-mail 地址

所有的事情都是从列表开始的。拥有一个包含忠实顾客和符合条件的潜在顾客的大型数据库，是创建成功的 E-mail 方案的基础。完善的 E-mail 营销的所有要素：细分群体、个性化、动态内容和生活方式营销等，都取决于 E-mail 列表的数量和质量。但是，将住址添加到公司的数据库中还是会很困难的。一半以上的营销者都将开发一份合格的 E-mail 列表作为他们的首要任务。E-mail 营销者很期望能知道其他人是如何增加他们的名单的，这是一个战术性工作并且需要付出很多的努力。

如果你没有一个选择进入（他们希望在你的列表之中，希望收到并打开你的 E-mail）的订阅者列表，那你就不可能完成这本书中列出的任何一个令人惊叹的营销方案。但是如何才能获得这样一份列表呢？

8.1 E-mail 的许可与防御

8.1.1 获得基于许可的 E-mail 的正确方法

如何才能正当地获得基于许可的 E-mail 地址呢？下面列出几种方法：

- 离线交易（包括零售店和电话联络）
- 在线的交易性 E-mail
- E-mail 附加物
- 网站访问量
- 直接邮寄营销
- 电视和印刷广告
- 互联网横幅广告
- 共同注册
- 搜索引擎营销
- 病毒式营销
- 店内促销
- 特别事件和交易展示
- 社交网站

首先，我们必须认识到，获得 E-mail 营销列表和获得直接邮寄列表是完全不一样的。获得直接邮寄列表是很容易的，在美国有 4 万份列表等待出租，这些列表包含从某些人那里买了某些东西的消费者住址，价钱是很合理的，70～150 美元/千个一次性邮寄的姓名和地址，也有一些全国性的姓名和地址编辑机构，比如 KonwledgeBase Marketing，它能给你出租整个国家大约 95%的消费者的地址和人口统计。租用消费者的姓名和地址已经有 50 年的历史了，这样的交易是合法的、合乎道德的并且被广泛使用。

当 E-mail 产生时，大多数的 E-mail 营销者认为相同的规则也适用于它。到了 1998 年，有些公司开始获取消费者邮件地址并将它们卖给其他的企业。整个行业很快就充满了消费者的愤怒和立法限制，尤其是 2003 年的打击垃圾邮件的控制条例（CAN-SPAM Act of 2003）。很多主要的 E-mail 服务公司（比如 e-Dialog）很积极地帮忙起草并鼓励这个条例的通过。现在，E-mail 订阅者的姓名不可以像直接邮寄订阅者的姓名那样被租用了。

为什么会有这样的区别呢？家庭住址是公共信息（是政府为了税务和财产所有权而收集的），并且只会由于适当价格的搬家成本而改变。用户不用花费任何成本就可以创建或遗弃 E-mail 地址，大量的网站为所有想要地址的人提供免费的 E-mail 地址。

未经同意的直接邮寄对某些人来说可能是个困扰，但是它可以在可控制的成本范围内（0.60 美元/封）被保存。营销者急于让每封直接邮寄都能产生效益，所以他们不断地删减列表，将重心放在最有可能的回应者身上。然而，未经同意的 E-mail 对每个人来说远不只是困扰，根据 Marketing Sherpa 的《2008 年电子邮件营销基础指南》（E-mail Marketing Benchmark Guide 2008），发送 E-mail 是如此的廉价，导致传送出去的超过 91%的 E-mail 是垃圾邮件，并且每个使用互联网的人必须为此付费。垃圾邮件导致互联网的运行更困难、更缓慢了，并且用光了世界各地数百万个个人电脑和服务器的磁盘空间，需要增加网络宽带来处理未经同意的和不需要的 E-mail 的重负载。所有的互联网用户都被迫每天花上一点时间来查看并删除垃圾邮件。

垃圾邮件行业已经变成了犯罪集团，在大多数国家都被法律禁止。有些垃圾邮件发送者利用大量的被劫持的计算机网络，也就是所谓的僵尸网络，来发动攻击。每时每刻都有超过 5 万个垃圾邮件活跃发送者自主并自动地运作着，每天在世界范围内感染超过 100 万台电脑。僵尸网络在一群被远程控制的被劫持的（僵尸）电脑上运行。新的机器人可以自动地扫描出哪些互联网电脑使用了较弱的通行口令。现在的僵尸网络是隐藏网络的重要组成部分，在任何时候高达 1/4 的在线个人电脑都不知不觉地成为僵尸网络的一部分。

8.1.2 2003 年打击垃圾邮件的控制条例（The CAN-SPAM Act 2003）

由于消费者对垃圾邮件的广泛投诉，美国国会 2003 年通过了打击非法黄色书刊和营销的控制条例（Controlling the Assault of Non-Solicited Pornography and Marketing Act 2003），在 2005 年和 2008 年被 E-mail 发送者和提供商联盟（ESPS-E-mail Sender & Provider Coalition）更进一步的阐述。ESPS 规定，商业 E-mail 不准发送给独立的个人，除非在发送之前获得了个人的“明确同意”。根据 CAN-SPAM 条例，明确同意是收件人表达同意“接收信息，要么是对这个许可请求进行清晰地或明显地回应，要么是收件人自己主动同意”。

简而言之：你不可以给个人发送商业 E-mail，除非你已经收到了他的明确许可。这就表示，所有的获取 E-mail 的自动途径都是违法的。

在我们的日常离线生活中，极少会遇到犯罪。然而在网上，我们每天都会遇到它们。ISP 试图剔除这些垃圾邮件发送者，为了他们的顾客，他们不断地寻找非法的和违反道德的 E-mail 通信，设计软件来确保这些信息不会进入他们顾客的收件箱。总地来说，他们把这个工作做得很好。

作为一个认真负责的 E-mail 营销者，你不会希望任何一个 ISP 认为你的 E-mail 是垃圾邮件。如果他们认为你的 E-mail 有可能是垃圾邮件，你就不可能和千千万万个订阅者联系上了。这就是为什么你必须要确定你是通过合法的、合乎道德的，以及负责任的方法获得订阅者的邮件地址的另一个原因。

8.2 关于 E-mail 地址

8.2.1 E-mail 地址的获得

1. 发送 E-mail 的成本

在你开展任何一个 E-mail 采集计划之前，要确保你知道基于许可的 E-mail 对你的公司来说价值是多少。拥有选择加入的 E-mail 地址几乎不能让你从顾客和其他注册互联网的用户那获得任何利益。将使用 E-mail 进行交流的成本和使用其他渠道进行交流的成本做对比。

和其他任何一种途径相比，E-mail 通信都是惊人的廉价。如表 8-1 所示，向 1000 名客户发送一份信息的成本。

表 8-1 通过各种渠道发送信息的成本

电　　话	$6 000.00
普通信件	$600.00
E-mail	$6.00

2. E-mail 地址的价值

发送 E-mail 确实比其他的通信方法便宜很多，但是它们有什么样的价值呢？E-mail 地址的价值取决于你利用它获取的净利润的多少。如果你利用它给某个人发送一封无趣的 E-mail，而这个人永远都不会打开，那你的邮件地址很可能就是无价值的。另一方面，如果你利用它发送了一封相关联的 E-mail，邮件被打开、被阅读并且引发了销售，那个 E-mail 地址就是非常有用的。

确定 E-mail 地址的最佳方法就是了解邮件订阅者的平均潜在效益和利润率，然后将它们调整并使之符合活跃的 E-mail 地址的平均生命周期价值，接着将地址放进细分群体中，给群体创建 E-mail 营销方案，看看会发生什么。这个营销方案并不是进行一次性的 E-mail 发送，我们要的是完全的建立关系的方案，包括欢迎邮件、每次购买后的交易信息邮件、调查问卷、个人资料及偏好、可能还有生日问候，以及在一年中的各个时间段的促销性

E-mail。有了这个过程，就能建立细分群体战略了。根据你自己的经验，就能制作出一张生命周期价值表格，这个表格将会确立地址的价值。

检测一个有关联的大群体或整个方案是这个过程中必不可少的。你不可能准确地知道某一个邮件地址的价值，有太多的理由会让订阅者停止打开你的 E-mail。假设你已经收集了 600 000 个消费者的地址，这些消费者访问过你的网站或零售店，并且买了一双或几双平均售价为 106.56 美元的鞋子。你拥有 80 家零售店，在你网站和所有的 E-mail 中都有一个商店定位器。经过调查，你已经确定出邮件订阅者的在线销售与店内离线销售比为 1∶1.45。

你收集了 600 000 个基于许可的 E-mail 订阅者，他们已经同意接收关于特殊折扣、赠品、快速结账、订单跟踪、新产品和新品牌的 E-mail。如表 8-2 所示阐述了一种计算每个邮件地址价值的方法。

表 8-2　一份 E-mail 地址的价值

项　　目	52 次活动	第一年	第二年	第三年
订阅者		600 000	427 200	299 040
退定率		0.80%	0.70%	0.60%
不可发送率		1.60%	1.80%	2.00%
年平均订阅		513 600	363 120	252 390
发送的促销 E-mail		26 707 200	18 882 240	13 124 268
打开率		20%	22%	24%
打开		5 341 440	4 154 093	3 149 824
点击率		15%	16%	17%
点击		801 216	664 655	535 470
转化率		20%	22%	24%
线上订单		160 243	146 224	128 513
线下订单	145%	232 353	212 025	186 344
总订单		392 596	358 249	314 856
总收益	$106.56	$41 835 013	$38 175 010	$33 551 101
商品和订单成本	55%	$23 009 257	$20 996 255	$18 453 105.50
E-mail 获得成本	$16	$9 600 000		
营销成本	$2	$1 200 000		
事务处理 E-mail	3	1 177 788	1 074 747	944 569
每 1000 封 E-mail 的成本	$4.00	$111 540	$79 828	$56 275
总成本		$33 920 797	$21 076 083	$18 509 381

续表

项　　目	52 次活动	第一年	第二年	第三年
利润		$7 914 216	$17 098 926	$15 041 720
折扣率		1	1.15	1.36
净现值利润		$7 914 216	$14 868 632	$11 060 088
累积净现值利润		$7 914 216	$22 782 847	$33 842 936
生命周期价值		$13.19	$37.97	$56.40
每份 E-mail 的净收益		$0.30	$0.91	$1.15
总转化率		1.47%	1.90%	2.40%

这张表格告诉我们，对这个零售商来说，一个选择进入的邮件地址在发送了 52 次广告的第三年中的价值是 56.40 美元。要注意，传送出去的 E-mail 的总转换率在第一年是 1.47%，并且随着订阅者在数据库中时间的加长而增长。离线销售量可以从调查中推论出来，比如，资讯调查机构（comScore）在 2007 年 4 月出台了一份研究，它调查了 5 家大型零售商的在线搜索和广告展示对店内销售的影响，这份研究显示出，消费者在购买之前倾向于在线搜索，并且这种行为最终会增加店内销售额。

注意，即使一开始你就有 600 000 个 E-mail 地址，但在第三年中你已经丢失了一半的人数，获得 E-mail 地址是一个永无止境的过程，就像是往一个底部有大洞的篮子里塞东西一样。如果我们不能经常地增加新的姓名，几年以后这个篮子就又会空掉了（本章后面将会讨论获取途径）。

现在你已经知道了一个选择进入的 E-mail 地址在第三年中价值 56 美元，就可以确定要花费多少钱来获得更多的地址。你能承担得起为顾客或雇员提供福利、折扣或现金回报，即使你花费 5～10 美元来获取一个选择进入的邮件地址，那你仍然赚取 46～51 美元。

并不是所有的 E-mail 地址都有相同的价值。如果你给某些顾客发送促销品，可能会让 1000 人中的 50 个购买，将相同的促销品发送给列表上的其他人可能仅会让 1000 个中的 1 个购买，为什么会有这样的差别呢？检查 E-mail 地址的来源。通过抽奖获得的邮件地址经常都是低质量的：发给他们的促销品很少会产生购买。最有价值的邮件地址通常来自确实从你那买了东西并且在最近购买的顾客，不幸的是，大多数的营销者只有一小部分的活跃的在线顾客的邮件地址。

3．从定期的商业交易中获得 E-mail 地址

获得最有价值的 E-mail 地址的最佳方法是将它们当成是购买过程的一部分。如果一个消费者从网站上（或商品目录、零售店）购买了你的产品，你就必须想出一个办法当即从

他们那获取一个有效的E-mail地址，你可以告诉顾客想要给他们发送：

- 他们采购的确认书。
- 参加忠诚度计划的途径。
- 优惠券或其他的节省方式。
- 及早通知折扣、减价品和活动事件。
- 不满意产品时的退货方法。
- 他们离开后想买更多产品的方法。
- 产品有问题时的客户服务。
- 关于产品和产品历史的详细信息。
- 适当的时候让他们升级。

想出一堆让消费者希望在你列表上的理由，然后将它们放进产品说明书中，确保你所有的销售人员都记住了这些理由，把自己当成是一位顾客，而不是一个促销员。

为了让交易邮件姓名获取过程产生效果，给你的员工和顾客提供一些奖励也许不失为一个好主意。毕竟，如果顾客能给你某个价值56美元的东西，那你回报一些来获得它又有什么问题呢？我们将把这个想法分解为两个部分：员工奖励和顾客奖励。

4. 使用双向选择性的原因

在双向选择的过程中，你将会丢失那些没有第二次点击的人。然而，那些确实选择进入的人更可能希望收到并阅读你的E-mail，并且购买你的产品。

双向选择是一个十分安全的方法，能确保新的邮件名称是未用过的并且被他们投诉成是垃圾邮件的可能性会很低。双向选择能让你免于在列表中出现打字错误，也能证明你的员工在系统里输入了有效的邮件地址，错误的邮件地址便不会存在了。

让我们正视现实，双向选择可能并不能带来最大化的短期效益。如果这是你的目标，你可能就不会利用它了。但它确实有助于最大化顾客保留度和忠诚度，从长远来看，这是很重要的。在你确定顾客获取途径之前，确实需要考虑一下你的目标到底是什么。

5. 订阅者利益

获得许可的E-mail地址的一个好方法就是让订阅者的价格低于非订阅者。在电子书店eReader.com的网站上和E-mail里，都在相邻的两个书名中提供两种价格：一种是售价，一种是为时事通讯订阅者提供的折扣价。

然而，你不必给所有出售的产品打折，这样会减少利润的。只给特定的产品打折，并且在欢迎邮件中提供一个有价值的折扣。E-mail 订阅者都应该收到专有的促销信息，比如让他们在其他人之前享有一天的减价权。

每次和顾客或网站访问者的联络中都应该包含一个登记 E-mail 的机会或理由，它应该出现在每封 E-mail 中，且要提及，仅 E-mail 用户才能打折或特殊优惠。当你给顾客运送货物时，应该在包装上注明，加入列表会得到什么样的利益，但绝对不要叫已经登记过的人再登记。你可以对这些订阅者说："我们已经让您加入，您已经是一位 E-mail 订阅者了。若您打算改变 E-mail 地址的话，请点击这里。"

8.2.2 奖励措施

1. 员工奖励措施

在工作中你的员工可能会有多种方法从顾客那里获得 E-mail 地址。不管由于什么原因，只要有人打电话给客服，就要在通话过程中让他们提供邮件地址，这样客服代表就可以在对话中向他们传输细节信息了。客服代表在打电话时将顾客邮件地址、姓名和其他数据输入到系统中，电话结束后，系统就会自动地给顾客发送一封 E-mail，感谢他打电话来，并让他"点击这里"来验证她是否希望收到宣传资料（需要解释一下你将给他发送什么材料）。这就叫做双向选择过程，大多数情况下我们都推荐这种方法。

当顾客点击了链接时，他的姓名就被输进了你选择进入的数据库，并且如果你操作正确，客服代表就能将一个金钱回报增加到他下次的付款中。这种回报仅用于新的且有效的 E-mail 中。零售店内所有的销售人员都可以采用这个方法，甚至产品安装人员也可以用。

由于 E-mail 地址都有一个价值，获取它就好像是获取销售产品。与其经常使用销售奖励，为什么不每个月设一个竞赛，比一下哪个员工获得了最多的选择进入的 E-mail 地址。E-mail 营销也许就是你的公司里最能赢利的营销渠道，所以要认真对待。

如果你没有零售店定位或者你的 POS 系统不能被轻易地更改来接收 E-mail 地址，那你就必须寻找其他的途径了。你可以用收据或者其他形式向顾客承诺回报，这样就能驱使顾客在线上填写地址了。

这是一个获得顾客邮件地址的好办法，但是延迟两个星期发送邮件是不可原谅的。当你的优惠券到达顾客的时候，他已经将访问商店这回事忘光了，甚至还可能将你的 E-mail 当成是垃圾邮件。要想办法让这些确认邮件在第二天就发送出去，该怎么做呢？你可以在商店里面放置一台个人电脑，这样员工就可以在他们的空闲时间里将这些邮件地址输入到系统中（这个方法可能只适用于大件物品，这样员工才会有时间来输入数据）。也可以让经理负责登录公司网站并输入地址，或给快速输入数据的员工提供一些奖励。当然，最好的办法是将你的 POS 系统升级，这样就能接收 E-mail 地址和其他的交易细节了。

2．顾客奖励措施

如果消费者提供了他们的邮件地址，你就需要给他们一些奖励的话，要确保你的奖励是和产品有关联的。若你提供的是奖品，比如一件 T 恤，消费者就可能注册以得到这个奖品，然后就退订了。一种更好的奖赏可以是信息的下载或是一张优惠券（能将顾客带进你的零售店或让他们再次访问你的网站）。开展一个抽奖活动能吸引很多的 E-mail，但是你会很快发现这些 E-mail 来自于那些想要不劳而获的人，他们购买的可能性低于那些用更直接的方法获得地址的消费者。

有趣信息和白皮书的下载更有助于获得企业—企业（B2B）的订阅者。大部分的下载都是非常有价值的，要让访问者知道他们所下载的信息有多大的价值，这样当他们提供的许可信息时就会觉得做了一个良性的交换——用有价值的信息交换有价值的信息。试着包含一张文档缩略图，让订阅者知道他们将会从下载的信息中知道什么以及他们该如何处理这些信息。

要清楚地知道你将要如何处理他们的这些信息。你会打电话给他们吗？或者仅仅给他们发送 E-mail？多久发一次呢？

8.3 具体实施

8.3.1 关于许可信息

1．何撰写许可信息

你该对顾客说什么，才能让他们给你提供 E-mail 地址时觉得舒适呢？你用的途径应该让他们知道他们将要收到的信息对他们有什么好处，并明确地知道你所希望的是什么。

在询问邮件地址时，不要问太多的信息。研究显示，若刚开始时就询问超过邮件地址以外的太多信息，可能会将获取率降低 20%～30%。获得姓名和邮件地址就可以了，要确保订阅者输入两次邮件地址，如果他们输错了，你可能就会永远失去他们。如果进行群体细分，你将会需要 E-mail 地址以外的信息，但是你也不必立即就获取它们，这些补充的数据以后会得到的。如果你在线上询问邮件地址，不管是在你链接的登记页面还是其他的页面，你都要包含这些标准的内容。

- 一封 E-mail 样本。
- 问题的要点："里面给我提供什么？"。
- 隐私权政策。
- 回应按钮上要有"订阅"字样。
- 他们想要隔多久收到一次你的邮件——还有他们的频率选择。
- 顾客如何掌控他们收到的内容。

2. 许可验证

有些人总是会控诉大公司（也有一些小公司）的活动，并且可能会将你的 E-mail 标记为垃圾邮件。若出现垃圾邮件控诉时，你会发现你是在向 ISP 为你的邮件地址采集过程做辩护。基于这个原因，你就必须将邮件列表里每个顾客邮件地址是什么时候、如何获得的都记录下来，这些数据应该存储在每个顾客的数据库记录中。所有好的 ISP 都会自动地完成这些工作，这也是你应该外包 E-mail 传送过程的另一个原因。

用在线获取途径获得时，你可能希望保存这些数据来证明你已经收到了订阅者的许可信息了：

- E-mail 地址
- 获得许可信息的日期和时间
- 使用的 IP 地址
- 获取的许可等级和所使用的途径

3. 用交易性 E-mail 获得许可信息

仅仅因为某个顾客从你这买了东西，然后你给他发送 E-mail 来验证这个购买行为，并不能表示他已经同意你给他发送促销性 E-mail 了。然而，那些交易性邮件是询问许可信息的理想机会，订单确认、账户清单以及产品和服务升级比其他类型的 E-mail 多被打开四次。

在交易性 E-mail 中，许可申请的管理是有规则的。那些硬推式的营销者会吸引联邦贸易委员会的注意力，Return Path 公司建议，交易性 E-mail 中的许可申请不要占超过 50%的空间，这个空间当然足够用来让收件人订阅了。

比如，安飞士集团（Avis Budget Group）通过让呼叫中心人员询问顾客是否希望收到租车预订的确认 E-mail，将数十万个顾客加入到它的 E-mail 时事通讯中。确认邮件包含让租赁者接收促销性 E-mail 的请求。交易性 E-mail 能产生 87.1%的打开率，并且更进一步的许可申请邮件的点击率能达到 61.6%。

Avis Budget Group 客户关系管理总监道恩佩里（Dawn Perry）说："打开率是在预期之内的，因为我们发送了交易性信息。但是促销性内容的点击一进入率却是令人惊讶的振奋人心。"

4．在网站上特写 E-mail 许可

询问 E-mail 地址时最容易忽视的就是在公司网站上询问 E-mail 地址。让人吃惊的是，有非常多的公司都没有利用到网站，而公司网站是大部分注册信息的来源地。通常每家公司都有一场关于怎样有效利用页面顶部空间的战斗。只有大约 25%的大网站在明显位置为许可 E-mail 留了位置。设置注册链接很重要，获取 E-mail 和销售产品同样重要。请为 E-mail 注册奉献尽可能多的努力和空间，就像用在销售产品上的努力那样。看一下乌诺比萨店（Pizzeria Uno）是如何利用它的主页左上方的空间的，如图 8-1 所示。

图 8-1 PizzeriaUno 的主页

若想要效果更好，还可以在左上角为订阅者的邮件建立一个文本框，加上一次点击的订阅功能，并且将它置于第一行，不要放在第二行。

除了在你的主页上加上 E-mail 注册申请之外，还应该在所有人能访问到的页面里询问 E-mail 地址。当他们注册后，让他们选择题材和频率。

人们会因为横幅广告、搜索引擎、电视及印刷广告而登录你的网站，当他们进入你的网站时，你必须让他们对注册 E-mail 感兴趣。

有些公司将注册信息放在页面的底部，这并不如将它放在顶部所产生的效果好。

8.3.2 技巧须知

1. 简化注册

不管订阅者是在网站上的什么地方输入邮件地址，尽可能地使过程简单。

在注册过程中尽量不要设置障碍。有些公司在允许用户进入 E-mail 列表之前仍然要求用户详细地注册，这是错误的。灵活的公司只要求输入 E-mail 地址，但他们会在以后的选择进入和欢迎邮件中采集更多的信息。

假设你有一个体育网站并且有一些时事通讯，涵盖棒球、足球、英式足球和网球，鼓励用户在棒球区域注册棒球时事通讯，在网球区域注册网球时事通讯等，这看起来是很清晰明白的，但很多公司却将时事通讯选择放在某些其他的地方，比如放在通信选项页。

当订阅者点击了注册按钮，要确保一些实际的易操作的事会立刻发生。如图 8-2 所示为 UNO 是如何操作的。

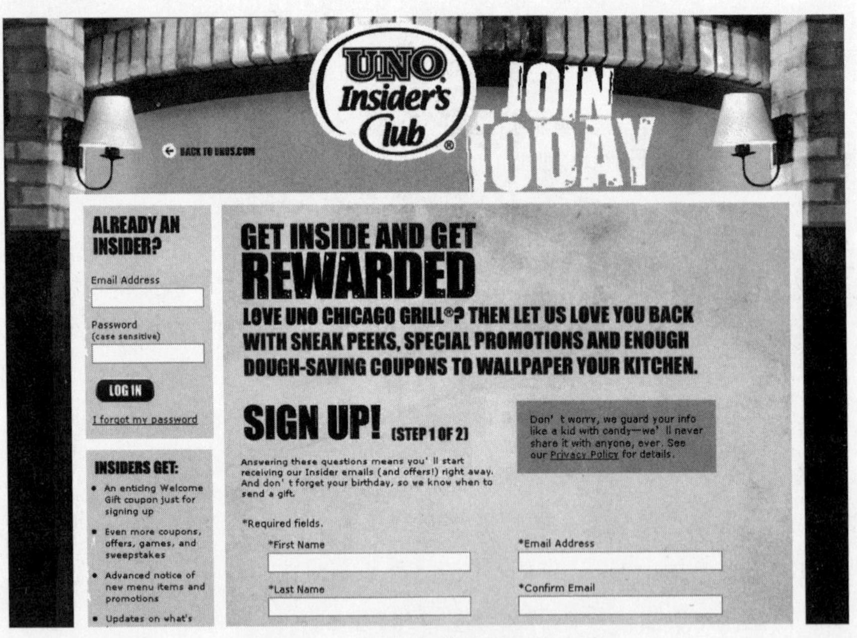

图 8-2 UNO 的知情者俱乐部申请

如图 8-3 所示，你可以看出它是用来鼓励注册的。询问所有的信息是一个好主意吗？询问完整的地址和生日可能会使阅者气恼。为了找出答案，用两种方法来测试你的注册表格。这个表格的底部还包含一个隐私链接按钮和一个简单的“我要注册”按钮。

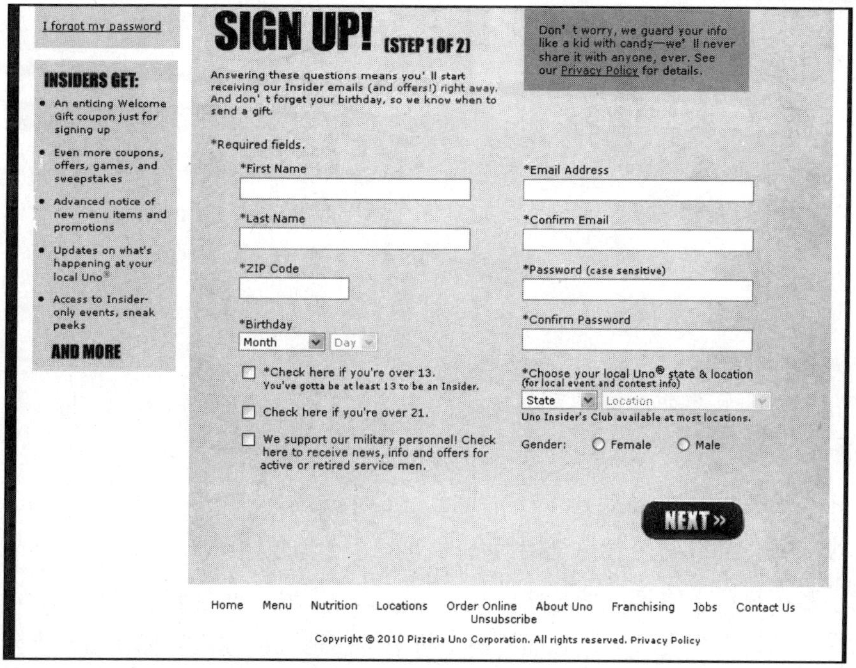

图 8-3 UNO 的注册按钮

2．让零售人员去取得 E-mail 地址

你应该坚持要求雇员设法通过所有渠道收集 E-mail 地址，要确保你为雇员提供了简短精悍的回答来应对反对，比如“我只会收到垃圾邮件”（“不会的，你会得到你下次过来时可以使用的折扣”）。台面标志要能说明提供 E-mail 地址的好处，还要帮助职员很快地处理反对问题。若还想做得更好，给你的商店或联系中心的经理制定一些适当的目标，并为他们获得 E-mail 地址提供一些奖励。如果你做了这些，就会看到突飞猛涨的效果。

你可能有必要为你的客户联系员开设一个短期的培训课程，教他们应该如何收集 E-mail 地址，帮他们了解系统安全知识，这样顾客的 E-mail 地址、信用卡数据和个人信息就会得到保障了，并且你的公司绝不会将他们的地址卖给任何人，只会用它们来给顾客发送公司自己的邮件信息。告诉你的员工要提醒顾客，他们随时可以选择从你的 E-mail 列表中退出。

3．从 E-mail 附加服务中获得地址

解决方法：有些顾客在过去买过你的东西，但你没有他们当前的 E-mail 地址。你要么永远得不到它们（他们是从商品目录或零售店里购买产品的），要么已经得到了它们，但它

们现在却无法传送。那你应该怎么做呢？一种可行的方法就是花钱开设一个外部服务来将邮件地址附加给你。

要小心谨慎地开设这些服务项目。有些时候，你没有这些顾客的邮件地址是因为他们不想让你得到。他们从你的商品目录买东西，然后你的销售人员就问："可以把你邮件地址给我吗？"他们回答："我不想给你。"如果你突然给他们发送 E-mail，这会使你像什么样子啊？

在本书中，我们会教你如何采用最具成本效益、最有利可图的销售渠道，不要做一些不靠谱的事情来搞砸它。

一些有信誉的服务商能够将邮件地址附加到你的顾客数据库中。其中做得最好的是 Fresh Address 公司，它是最初的开发者，也是美国 E-mail 变更地址技术（ECOA）的专利持有者，它不仅能帮 B2C 企业、B2B 企业进行 E-mail 追加，还能进行储备追加。

有了像 Fresh Address 公司这样的服务商，就能让你处于麻烦之外了。这样的服务商会给你发送一封选择进入信息，这是他们基本服务的一部分，并且大多数情况下，不会在没有给他们自己和列表安装防护装置的情况下将附加的地址给你。当你使用一个附加的地址给任何一个顾客发送促销邮件之前，要确保顾客已经被给予了选择进入的机会并且没有拒绝这次机会。

如果你真的将 E-mail 附加到你现有的顾客档案中了，接下来的一步就是非常必要的。使用那个邮件地址发送一个许可申请（双向选择）。如果顾客说"是"，那你就大功告成了；如果顾客没有回应，那就不要再用那个地址了。要确保附加的 E-mail 地址不会被剩下的订阅者列表转储——直到你收到了确认邮件。

4．如何收集你所需要的剩余数据

到目前为止，你已经收集到了订阅者的姓名和可以发送商业信息的许可邮件。记住，不要收集任何你用不到的信息。每个额外信息都给了消费者终止订阅的理由。然而，为了以后能发送相关联的 E-mail，你又可能会需要得到邮件地址之外的信息。通常地，你会希望得到邮政编码，或者大多数情况下想要得到完整的通信地址。

为什么要得到住址呢？想要细分你的顾客，就需要了解关于他们的信息，比如年龄、收入或是否有小孩。你可以向顾客询问这些信息，但是对某些人来说可能会觉得很为难。所以，你会失去那些讨厌提供太多个人信息的顾客。

就如在之前指出来的，每个公司都应该有一个个人资料和偏好页面，并将它链接到每封 E-mail 里和每个网页上。在这儿你可以了解漏掉的关于订阅者地址和偏好的信息。但不幸的是，只有一小部分的订阅者会填写这些表格，你应该保存这些表格，但不要将填写表格当成接收时事通讯或促销品的条件。

收集这样的信息或将它们用于营销中是没有违法的，也没有违反道德，但是你要好好地经过大脑思考。你的 E-mail 决不能写着“由于你居住的公寓价值 40 万美元以上”或“到了 10 月 14 号，你就满 46 周岁了”，即使你知道这些情况都是属实的，你也不能说。在你的 E-mail 中，只能使用订阅者给你提供的信息。但是，在你的细分系统中，你可以使用任何你收集到或追加到的信息。

5．通过病毒式营销获得 E-mail 地址

一个成功的病毒式 E-mail 广告是营销者的梦想。你目前的顾客认为你的产品和服务是很有价值的，所以他们经常推荐给朋友。营销者除了想要将姓名添加到邮件列表里之外，还希望病毒式广告能够有助于扩大品牌推广、增加直接销售量和网站流量。我们将用一整个章节（第 18 章）来讨论这个技术。病毒式广告除了能增加 E-mail 列表的获取量以外，不要指望它还能增加其他什么了。任何一份邮件档案中只有低于 10%的人是爱好者，他们将会参与到病毒式营销中，并且参与者中低于 20%的人可能会为你带来新的订阅者。如果你做一下这个数学题，你会发现病毒式营销能够增加 2%的列表。这是令人愉快的，但并不是压倒性的。当获得这些订阅者以后，这些病毒式订阅者可能比用其他方式获得的订阅者回应得更多。

6．通过顾客退货争得订阅者

在圣诞节期间，有两种类型的消费者：礼物赠送者和礼物接收者。想要获取后者是比较困难的，除非在他不喜欢礼物而退还时。他退回产品并不表示他不喜欢你，他只是不喜欢这个产品。在这个过程中你还有机会向他销售其他的产品，想办法将退货转换成获得新的订阅者和顾客。

为了让这个想法变成现实，你的营销过程和包装上必须告知礼物收件人要上线查看退货说明并且填写商店信用度。收件人就会进入你的网站，点击退货的链接，输入产品的信息，网站就会询问他为什么要退货。

假设顾客点击了“我不需要它”，你就可以给他展示同一类别的其他产品；让他看看同等价格或较低价格的产品列表，这样他就知道用他的产品能交换到什么（不用再花钱）。或者，你也可以给他展示更贵的产品，只需要升级费用。举个例子，如果他的产品价值 149

美元，那么给他展示价值199美元的产品，并将价格显示为“+50美元”。这就使得向上销售法更容易了，因为显示的价格很低，它让消费者现金支付来获得一个更贵的产品。要确保为顾客提供一个注册按钮，让他们接收关于产品（类似于被退回的产品）的信息和时事通讯。

万一顾客点击“我想要一些更好的或不同的产品”时怎么办呢？你可以给他展示一列相似的但具有不同特点的产品，或者你也可以告诉他其他购买过这些产品的消费者的想法。鼓励他注册来获得产品系列的其他信息。

如果他选择“我已经有了这个产品”，你可以给他展示那个产品的附件，告诉他“买了X产品的人还买了Y产品”，还可以让他通过注册来接收关于产品的E-mail。

8.3.3 关于注册

1. 合作交叉促销和联合注册

1/3的E-mail营销者曾经使用过联合注册的方法。当用户在网站上注册E-mail时，他们能看到那家公司能提供的产品，也能看到你的。通过检查了一个附加的文本框，他们把两家公司都注册了。你要给为你筹划姓名注册的公司付费，为了正确操作，你需要进行一次双向选择测试，确保这些人是真的想要收到你的来信。你可能会发现你所花费的钱都白白浪费了。Marketing Sherpa报道称，在所有E-mail获取技术中，联合注册的质量是最低的。

2. 让注册变得有趣

UNO通过利用一个小小的诱惑：一个免费的比萨，来完成了一项伟大的工作——利用一位新顾客获得了很多的数据。在一项促销活动中，餐厅创建了一个名为Toppingsfilled Fair的微型网站，它能为访问者提供一次独有的互动体验。利用这个网站，UNO能够让顾客在家里还能和他们保持互动。顾客收到一封写着“来取你的免费比萨”的邮件后，就会登录网站。它并不是免费赠送比萨的，顾客需要用更多的信息来换取比萨：

- 姓氏
- 名字
- 邮政地址
- E-mail地址
- 通行口令

- 和 UNO 的距离
- 访问频率

在顾客填写了个人资料后，就会问及他的朋友。只有在这个时候 Uno 才会发送一封含有优惠券链接的邮件，这个优惠券是根据顾客的姓名、邮件地址、优惠券编码和截止日期而定制出版的。

除了优惠券，邮件还会鼓励他参加竞赛来获得奖品："测试你的技能：向上踩，玩比萨谜题（点击这里）。点击相似的配料让它们消失。"这个互动游戏允许你登录查看最高分数，而且可以公布你自己的得分。

8.4 注意事项

1．快速发送欢迎邮件

在获取 E-mail 地址过程中，一个最重要的部分就是欢迎信息。是 E-mail 为订阅者将要收到的内容设置了期望值——什么样的内容和什么样的频率，将它当做是你和某个特殊人物的第一次约会。在第一次约会中，你想要说什么来让这个人知道你真正喜欢的是什么以及你能提供什么呢？你不会想要"一夜情"，你是想要建立长期的关系。第一次约会是成败攸关的时刻，要全力以赴。在订阅者成功地点击了双向选择的 E-mail 信息之后的几秒钟之内，欢迎邮件就应该被发送出去了。有些大公司仍然要拖两三个星期来发送他们的欢迎信息。

2．保存并研究 E-mail 地址的来源

每个顾客数据库记录中的一个必要数据就是邮件地址的来源。运行周期报告通过 E-mail 地址来源显示顾客的打开率、点击率和转换率，它让人大开眼界。

有些来源可能会提供非常好的地址，而有些来源就会提供非常差的地址。计算出你在每个来源上的花费，草拟一些推论。根据你的分析，你可能会得出，出自某个来源的地址（比如一个公司注册协议）和出自另一个来源（比如你的网站）的地址有不同的价值。

如果你是通过付费搜索获得的地址，就要确保你获得的地址值得你为它们付费。

3．保存那些从不打开邮件的订阅者的危险性

许可信息并不是永久的。不久之后，人们会对收到你的 E-mail 感到厌烦，他们就可能会退订或者点击"报告垃圾邮件"按钮。这会立即让你的邮件提供商产生警觉性，可能会

阻止你将来给这个订阅者继续发送邮件，甚至还可能不能给这个 ISP 的所有订阅者发送。所以你要对那些从不打开 E-mail 的不活跃的收件人采取什么样的措施呢？

可以尝试一些灵巧的方法，比如写着“祝贺您！您已经成为我们为期一年的时事通讯的订阅者了！生日快乐，这儿为您赠送一张折扣 25%的优惠券。”打开这封邮件的消费者就又重新回到了活跃档案中，并且投诉你是垃圾邮件发送者的可能性很低。

如果人们不打开你的 E-mail，有可能是因为他们没有告诉你已变换了邮件地址。要小心了，有些 ISP 是很狡猾的，他们会利用被弃的邮件地址来抓获垃圾邮件发送者。出于这个原因，将被弃的 E-mail 地址从你的邮件档案中撤离是很重要的。

如果你有一大群极少打开邮件的顾客，这会是一个需要处理的难题吗？是，也不是。不管顾客打开还是不打开，发送数百万封 E-mail 是很廉价的，所以为什么不发呢？

由于他们没有打开 E-mail，很显然是因为他们认为你的邮件没有关联性，他们不想浪费时间来阅读它们。是什么让他们形成这样的想法呢？“又收到一封梅西百货公司（Macy）的邮件了，真是讨厌。”他们可能是 Macy 商店里的忠实顾客，但他们不想阅读 Macy 发来的一打促销邮件。这些惹人厌的 E-mail 会有损你的品牌形象。E-mail 可以建立关系，同时，也能摧毁关系。

还有比那更糟糕的，就是给那些从来不打开 E-mail 的人发送邮件会让 ISP 和订阅者觉得你像垃圾邮件发送者。为了拒收你的邮件，订阅者会点击“报告垃圾邮件”按钮，对他们来说是好的，但对你来说就不大好了。要采取积极主动的方法：再激活这些订阅者，或者在你的信誉被毁掉之前将他们踢掉。

另一个需要关注的是：你的邮件地址获取人员正在获取好的双向选择的地址，但是你机构中的某些其他成员正在和其他的一些公司做交易，将邮件列表借给或出租给它们，这些交易赚取的微小利益和你要负的法律责任相比根本就不算什么，除非你的隐私权政策明确地规定（并且最好重申），在订阅过程中出租或交换订阅者的姓名是完全违法的并且将背负巨大的财务和法律责任。不要对你的订阅者和 ISP 说其他公司也使用了他们的姓名，这会影响你的信誉。在任何一家公司使用姓名给你的订阅者发送邮件时，你一定要提前检查一下，以免发生这样的问题。

4．让退订变得简单

你不会想要通过让退订变得困难这个方法使你的订阅者继续接收不需要的 E-mail。每封 E-mail 都应该在某个位置设置一个可视的、明显的退订按钮，很可能是在主页的顶部或底部。当订阅者点击了这个按钮时，登录页面就会询问他为什么希望退订，会为他提供两到三个选择按钮，比如，价格太高、E-mail无关联和邮件发送频率太高。

如果他点击了第三个按钮，就再给他一次选择机会，让他继续成为订阅者，将E-mail的频率降低一点，一星期一次、两星期一次或者一个月一次。偶尔和他联系也比永远失去他要好吧。如果他说邮件没有关联性，那就给他几种类型的邮件让他自己选择（如果你有备选的话）。

通过让退订变得简单，你可以避免让订阅者将你的邮件标为垃圾邮件。CAN-SPAM明确规定，在所有的商业邮件里，都必须设置一个链接让订阅者退订，并且退订过程必须直截了当且无须注册。现在，除了这个要求，网站和邮件都有记分制，这个制度是不遵循这个简单的规则的。

FTC（美国联邦贸易委员会）规定，在退订过程中不允许要求订阅者通过两个或两个以上的页面；不允许你要求他们点击退订调查问题，它们必须是可选择的；不允许你要求订阅者在进入退订页面时提供通行口令；在退订过程中不准询问他们的姓名和住址；当然，你可以在通信中给他们提供选择机会，让他们只选择退出时事通讯。

5．阐明会员的利益

记住，你必须告诉潜在订阅者，他们订阅你的信息能获得什么。Nike公司就做好了这项伟大的工作。在一封E-mail中的折线之下，Nike写道：

加入我们的团队。你知道吗，作为Nike的会员你能得到。

- 首次订单免费运送
- 所有订单免费退货
- 便于检验以及在线订单跟踪
- 独家产品系列使用权
- 发送给朋友和家人的愿望清单
- 一个NIKEID锁柜（储存特别定制的设计）

还有更多的。还没有注册？现在加入吧。

8.5　案例分析

1．洗车顾客的E-mail

一份Marketing Sherpa的个案研究是针对一家在休斯顿的泡沫洗车公司，它给顾客发送邮件来刺激他们洗更多次的车。泡沫公司在顾客的车正在清洗的时候获取他们的邮件地址，但是这些数据的质量太低了，几乎是没有用的。为了改善效果，公司调整了它的 POS 系统，让它能够识别出任何一个邮件地址不在档案中的顾客。如果他们进入网站，并且使用优惠券代码来输入他们的有效邮件地址的话，就会在那些人的收据中提供一张高级车清洗的优惠券（价值 28.95 美元）。结果怎样呢？这个系统将邮件列表增加了 71.4%。每个月发送给订阅者的邮件使每个周末的收益增加 70 000 美元。

2．标题、直接邮寄、电视机、印刷和产品

若不考虑到 E-mail，直接邮寄仍然有作用并效果很好。它仍然是和离线顾客取得联络的极好的方法。如果你采取了互联网横幅、直接邮寄、电视或印刷广告中的任何一种方式，一定要在信息中标注你的网址，并附上访问网站的邀请。还要在你出售的每件产品和产品附随的说明书上写上网址。如果消费者或企业和你有业务来往，那你的网址不仅仅要容易找得到，还要放在他们面前显眼的位置。当然，一旦他们去了你的网站，你的“注册 E-mail”字样应该伴随着一个适当的推荐品被置于页面的顶部。

经验分享

- 你可以较精确地确定选择进入的 E-mail 地址的价值。
- 在所有正规的商业交易中获得 E-mail 地址。
- 采用双向选择过程。
- 你的网站应该将注册信息放在页面的顶部、中间或底部。
- 让注册过程变得简单易操作。
- 一旦你有了订阅者的住址，你就可以附加广泛的人口统计数据了。
- 迅速地发送欢迎信息（不要几天或几星期以后发）。
- 踢掉不打开 E-mail 的订阅者。
- 在通信中设置简单的退订方式。

第 9 章 建立强大的标题

最有效果的标题价值并非是实现让人们打开邮件的目的，而是能够简单地告诉读者他们收到了什么。不要使用“马上点击这个”或“不要错过这个机会”来让读者打开信息，只要简单地告诉读者是关于什么的邮件就可以了。某些打开率很高的基于许可的营销邮件的标题只简单地写着“××公司的时事通讯”。

9.1 标题的建立

9.1.1 建立强大标题的重要性

在促销性 E-mail 中，标题是无比重要的一个要素。如果标题没有关联性、不吸引人且不刺激，那 E-mail 就永远不会被打开，并且你投放在邮件中的所有努力（互动性、个性化和令人兴奋的内容）都会被白白浪费掉，因为没有人会看到它们。

你应该将你大部分的创意用于标题上，副本和推荐品当然很重要，但是标题更重要。

首先选择标题，然后根据标题写副本。一旦你定下了一个绝好的标题，你就可能甚至会修改原计划要写的副本内容。创建标题和编辑们处理新闻故事很相似，编辑希望人们去读他们写的文章，所以他们想办法把故事总结得简短精悍。

现在，人们只打开他们收件箱里不到一半的邮件。你必须证明，你给读者提供的是合法的有趣的信息。大多数的收件人在打开邮件之前都会看一下标题和发件人。他们对发件人的了解，尤其是发件人的可信赖度，往往影响他们对标题的反应。如果读者已经认识并且信赖发件人，那标题就不需要再建立那个信赖度了。如果收件人不知道你是谁，那你就可以更自由地来写了。如果邮件会被打开的话，80%以上的邮件会在发送后 48 小时以内被打开的，10%以下的会在发送四天后打开。

订阅者为什么会打开 E-mail 呢？

一份 Return Path 公司的调查报告显示（如表 9-1 所示），消费者打开零售营销者发来的 E-mail 的主要原因中，标题是第二大原因。

表 9-1　关于打开 E-mail 原因的调查

我知道并信任发送者	59.10%
标题行激发了我的兴趣	45.20%
我习惯于阅读他们发来的邮件	27.20%
我喜欢预览窗口的内容	24.20%
我想知道折扣信息	23.10%
他们为我提供免费运输	20.20%
看起来像我家里的目录册	9.50%
我极少收到他们的 E-mail	9.00%

9.1.2　起草标题的规则

当你起草标题时，应遵循以下规则。

1. 是告知而不是出售

最好的标题能告诉订阅者邮件里面的内容是什么，而最差的标题是试图卖邮件里面的产品。不要让你的标题读起来像是广告，标题中的商业味越重，邮件被打开的可能性就越小。

HubSpot 的 Mike Volpe 曾测试了一个宣传网络研讨会（Webinar）的邮件。他给三个随机分配的细分群体发了三个不同的版本，只改变了邮件标题和第一行字。测试结果如表 9-2 所示。

表 9-2 HubSpot 主题行测试结果

主 题 行	E-mail 中的标题	打 开 率	点 击 率	等 级
V.1 免费的网络营销在线研讨会	免费的网络营销在线研讨会	18.70%	3.10%	C+
V.2 邀请参加网络营销在线研讨会	网络营销在线研讨会	21.80%	4.40%	A-
V.3 特别邀请参加专家营销在线研讨会	网络营销在线研讨会	21.40%	3.30%	B

为什么第二个版本获胜呢？版本 1 的标题里提示了对促销具有险性的单词"免费"。版本 3 同样地包含了"特别"并且称呼网络研讨会为特殊的。版本 2 简单地说出了邮件里要表达的内容，并没有提到要卖什么东西。

2. 换位思考：把自己当成顾客，而不是营销者

你的邮件读者只对一件事情感兴趣：邮件能为他们提供什么？写邮件的时候就要在脑子里面想一下，写一些和他们利益相关的内容，不要特写和你有关的内容。你希望他们能花时间来读你的邮件，那就要想想他们为什么要读。然后给他们写邮件，就好像你是在向他们解释阅读原因一样。那样你的标题就会显得更好。

3. 在标题中不要用到姓和名

个性化对 E-mail 内容来说是很重要的，但它并不适用于标题。垃圾邮件发送者会在互联网上窃取姓名，他们对收件人所有的了解就是名字和邮件地址，所以他们在标题上加上名字，比如"Arthur Sweetser：这是专门为你提供的服务"。但是收件人也是聪明的，他能看出来这个邮件是垃圾邮件。

如果你在标题中加入名字和姓氏，那你可能就会被看成垃圾邮件发送者了。2008 年 MailerMailer 的一份研究显示，和没有使用个性化标题的邮件相比，含有个性化标题的邮件的效果要差一点。含有个性化标题的邮件打开率是 12.4%，点击率是 1.7%；没有用个性化的打开率是 13.5%，点击率是 2.7%。然而，虽然在标题中使用名字不是一个好办法，但是地点（比如城市名字）确实可以提升打开率。

4. 在标题中用公司的名称

很多研究显示，将公司名称放进发件人行和标题行中能增加打开率。JupiterResearch 发现，在标题中加入公司名称能使打开率从 32%增加到 60%，远远超过了不加入品牌的标题。

5. 被识别

人们之所以打开你的邮件，一个很重要原因是他们认出了你。有两种识别类型：他们认识发件人，并且认为过去收到的信息有价值。当然也有相反的，他们以前打开过你的邮

件，但发现根本是在浪费时间，所以就把邮件删除了。

发出去的邮件能否都被打开，取决于你公司的声誉和你之前的邮件的质量。你的标题应该在某种程度上囊括这两方面的识别。这种识别是很重要的，不管你用什么样的标题，它通常都能产生同样的打开率。若收件人之前处理你所发邮件时获得了最佳体验，那他们会无视任何其他事情来打开你的邮件的。

6．不要忘记自己当初承诺过的事

我们建议，当新的订阅者订阅的时候，要先给他们发一个邮件样本。随着时间的推移，你的邮件可能会产生变化，你在不断地学习怎么样才能有效，以及怎么样才能达到更好的效果，就会渐渐地忘记当初承诺过什么了。同时，你的标准的注册页面会一直给新的订阅者显示那些你再也不会用的废话。确保你的链接重点写的是最近期的邮件，这样新的订阅者就能获得他们即将收到的内容的准确描述。如果你修改了邮件内容，那就在某个地方加一个小段落，告诉读者邮件里变化的内容和你是如何倾听读者并采用他们的看法的。

7．在首次展示之前多测试几次

哪个标题能达到最好的效果？你的读者们会告诉你——会用他们的回应告诉你。这就是为什么你要有一个测试规划。要在一群标题中鉴定出哪个标题是最好的，这是最困难的。事实上，几乎没有邮件专家能始终猜出哪个标题能使打开率最高。

如果你是一个传统的 E-mail 营销者人，将你的日程表安排好，这样你就可以为下周的 E-mail 提前作计划了。Marketing Sherpa 报道说 70%的邮件发送者会定期测试标题。

想出两三个好标题来介绍你的副本。假设下个星期你要给 100 万个订阅者发邮件。哪个标题效果最好呢？如果条件允许的话，将每个标题发给那些你计划之中的跨部门的几千个订阅者，看看哪个标题效果最好。对某些标题来说可能是行不通的，但是你能做就做。你可能会发现你的标题之间有很大的差别，而这个差别就可能代表着几万美元收益的差别。E-mail 是如此的廉价且迅速，所以这样的测试是能够实现的。

存档是关乎成功和失败的重要因素，如果你不保持记录，你就会一次次地犯相同的错误。并且，你会忘记怎么样做才能达到效果。

8．将 E-mail 发给你自己

一旦确定了标题，在把它发出去之前先发给自己。它能吸引的注意吗？和你收件箱里的其他邮件相比，它能脱颖而出吗？它看起来有趣并且值得打开吗？它看起来像垃圾邮件吗？很多时候，收件箱里的邮件和制图板里的邮件看起来是不一样的。

9．测试所有的结果

不要仅仅用打开率来测试标题。有时打开率很低的邮件反而会有一个很高的转换率。也许有很多人对你的信息不感兴趣，但你的一个细分群体对它感兴趣，这个群体就会打开、点击并购买。如果你了解到了这一点，你就会把群众做细分，给那些打开邮件的人发送关于产品的信息，给剩下的人发送其他信息。

10．不要用固定的群体来测试标题

拥有固定的群体是很昂贵的，并且根据我们的经验，测试他们并没有测试那些有代表性的群体效果好。创建一个图库，将你以前的那些好的和不好的标题都放进去，记录标题、打开率、点击率、下载率和转换率。

11．避免重复使用相同的标题

如果一个标题之前的效果好，但并不代表现在的效果也好，它总是一直在变的。若你对相同的群众重复使用相同的标题，那就不要期望总得到相同的好的效果。因为邮件经常在订阅者的收件箱里停留好几天，给两封不同的邮件使用相同的标题会使它们被删除得更快。

如果你每周或每月都发邮件，并且不停地使用相同的标题，那么你可能就会使读者对邮件产生疲劳感。如果你的竞争者注意到你重复地使用相同的标题，他们就会猜想这个标题很成功并模仿它。那样的话，你就是在和自己竞争了。

12．避免使用特定的单词

绝对不要在标题里使用大写字母，也不要用感叹号。只要你的内容是真实的并且看起来不像垃圾邮件，那么大多数的顾客都会给予回应的。垃圾单词（比如免税和性）一定要排除在外。但是有些不在垃圾单词清单上的单词也会大大降低标题反应率，比如帮助、折扣和催缴单。

13．不要用时事通讯问题或版本号

争端问题或版本号和你的读者们是没有关系的，它不能说明里面的任何信息。还不如利用那个空间来告诉读者们邮件里写了些什么新内容。

14．偶尔地用截止日期来做试验

你也可以在一系列邮件中使用紧急或截止日期。比如，在星期一的邮件上写“还剩 5 天”，然后在星期四的邮件上接着写“只剩 24 小时”。这些标题是没有任何问题的，但是不要养成总使用截止日期的习惯。订阅者很快就会对总是上气不接下气的发件人产生厌烦的。

9.1.3 关于标题

1. 标题应该有多长

在 ISP 和 E-mail 客户端中，可利用的标题空间差别是很大的。如表 9-3 所示列出了一些大的 ISP 和邮件客户端允许使用的空间。如果你的邮件是要发给用手持设备阅读的订阅者，就要考虑到这些设备所能承受的标题空间是多少。

将你的邮件发给订阅者，若不考虑客户端，那么你就有两个选择：要么给每个邮件用户创建不同的邮件，要么就用最小公分母来设计邮件的发件人和标题。

除了长度，还要考虑到订阅者愿意花多少时间来阅读标题。比如 Yahoo 和 Excite 提供了 80 个标题间距，但这并不代表你应该用完所有的空间。这有一个长标题："顶级品牌折扣促销，你最喜欢的颜色和尺寸，仅限这个周三哦，赶快行动吧！"你当然可以测试一下它，但是我们不提倡这么长的标题，长标题能代表较低的打开率。

表 9-3　ISP/客户端的主题行使用的空格

E-mail 客户端	空　格	可　见	主题空格
Outlook & Outlook Express	用户	姓名&E-mail	用户
AOL8	16	E-mail	51
AOL Anywhere	16	E-mail	72
Yahoo	30	姓名	80+
Hotmail	20	姓名	45
MSN	20	姓名	45
Eudora	用户	姓名	用户
Excite	20	姓名	80
Juno	32	姓名	55

用户意为用户有决定权

一份 MailerMailer 关于标题长度的研究显示，打开率和点击率会由于标题的长短而有所不同。那份研究针对的是在 3200 个基于许可的广告中，发送了 3 亿封 E-mail，那些标题中包含 35 个（或 35 个以下）字符的邮件的打开率是 20.1%，而高于 35 个字符的打开率仅为 15.28%。这就表示，如果研究是准确的，你能通过将标题间距砍至 35 个（或 35 个以下）字符来增加 31.6%的打开率，如表 9-4 所示。

表 9-4　基于主题行长度的打开情况

35 个空格及以下	20.10%
多于 35 个空格	15.28%

点击率也会由于标题长短而有所不同。那些标题中有 35 个（或 35 个以下）字符的邮件的点击率是 3.28%，而含有多于 35 个的点击率只有 2.05%。所以，你可以将标题缩短至 35 个（或 35 个以下）字符将点击率增加 60%。这个有力的证据证明，稍短一些的标题对 E-mail 营销的成功是很重要的，如表 9-5 所示。

表 9-5　基于主题长度的点击情况

35 个空格及以下	3.28%
多于 35 个空格	2.05%

2．让人疑惑的标题未必不好

一个公司发送过的一封邮件标题是这样的："前进：晚会喜欢 4705！"这看起来像是误排，但它里面的内容解释了原因，在中国日历上即将到来的 4705 年是鼠年，这家公司则可以为中国人的新年晚会提供装备。这个标题只是这封有趣的邮件的一个开头。E-mail 不必太郑重，标题有幽默感是没有问题的。

9.2　技巧须知

1．用认证打开 E-mail

我们收件箱里每天都会收到很多的邮件，排除它们的一个方法就是考虑发件人的可信赖度。从美国航空公司或戴尔发来的信息是值得花时间看的，因为它们是可信任的来源。如何让你们公司的邮件也能让人立刻接受呢？办法就是通过认证。认证和在线信任管理局（Authentication and Online Trust Authority，AOTA）建立了一个简单的体系，让合法的 E-mail 营销者使用认证体系保护他们的 E-mail 和品牌。

当你验证 E-mail 的有效性时，你也帮助了 ISP 鉴定出给你发邮件的是一家合法的公司还是冒名顶替者，同时还帮它们确定了是否应该将信息传送给收件人。有些 ISP 为已确认的邮件加上信任图标，这些图标仅仅是伴随着标题出现在收件箱中，它们能帮助收件人确定对你的信任度，并且充满信心地从你那买东西。

一份最近的 AOTA 调查显示，一半的财富 500 强消费者品牌、一半的财富 500 强金融服务品牌还有一半的互联网 300 强零售品牌在发送 E-mail 时都使用 AOTA 认证。全世界中，有超过 100 万个企业在用 AOTA。

富兰克林电子出版社（Franklin Electronic Publishers）对 McAfee 邮件中黑客安全标志的运用进行了为期 7 个月的测试，在一半的邮件中包含那个标志，还有一半不包含。与不包含那个标志的邮件相比，包含那个标志的邮件的平均订单大小要高于 23.8%，转换率高于 8.1%，点击率高于 2.15%。

2．网络星期一：是国假吗

网络星期一（Cyber Monday）是感恩节之后的那个星期一，在美国，这是在线购物节的开始仪式。2007 年 Comscore 公司的调查显示，77%的在线零售商说，那天销售量会明显提高。被零售邮件博客（Retail E-mail Blog）追踪的在线零售商中，67%会在那天至少发送一封宣传邮件，这使那天成为全年中最大的 E-mail 营销天。1/4 的零售商在网络星期一之前的那个星期天至少发一封宣传邮件，使这天成为 2007 年最大的 E-mail 营销星期天。DisneyShopping、Staple、CompUSA、Sears 和 TigerDirect 都使用这样的标题："快点击！网络星期一特价今晚结束！"

3．留意重复的标题

阿伯克龙比和菲奇（Abercrombie&Fitch）和霍利斯特（Hollister）属于同一家母公司并且使用相同的创意机构。在同一天里，每个公司给他们的订阅者发了一个邮件，标题是"不要成为吝啬鬼！明天中午之前订购吧！"这对任何一个公司来说都可能是个好标题，但是在同一天发送两个标题相同内容却不同的邮件，有可能会使订阅了两家公司的订阅者感觉奇怪。记住：站在订阅者的角度而不是宣传者的角度来规划邮件。

4．你的标题应该特写低价产品吗

在很多情况下，E-mail 的目的是产生长期的效益。E-mail 应该是和客户建立长期关系，这样他们就能一直保持忠诚并且购买产品。想一想那些年迈的角落杂货商是如何让顾客进入他的商店的。他总是在说像"我们今天促销桃子"这样的话吗？还是更可能会说"我听说道路施工组明天将会在你的街道上开工"？

第二个陈述所提供的信息可能对顾客有用，但是和产生短期效益没有任何关系，它建立了一个能产生长期效益的关系。那个杂货商知道他在跟谁说话，知道他住哪儿，知道他特别关注道路施工的消息，顾客把他看成朋友和可靠消息的来源人，而不是一个总是向他卖东西的商贩。你的 E-mail 能产生那样的效果吗？

也可能是大多数的E-mail营销者还没有觉悟到利用E-mail和顾客建立长期关系这个想法（是耕作订阅者，而不是猎捕他们），他们看起来像是狂欢节的拉客者，而不像是可信任的朋友。你希望你的 E-mail 创造出这样的画面吗？

5．检查垃圾邮件是必要的

现在一半以上的邮件都被认为是垃圾邮件，这表示 ISP 将会把它们直接放进订阅者的垃圾文件夹，而不是放进收件箱。很多 ISP 创建出了第三个类别：垃圾嫌疑犯。那些你信任的发件人发来的被你认为合法的邮件中，有一半以上都进入了这个文件夹。ISP 如何确定它到底是不是垃圾邮件呢？它们一般都采用一个叫做垃圾邮件杀手（SpamAssassin）的程序（或者类似于它的程序）。

SpamAssassin——免费的开源软件，被广泛使用并且被普遍地认为是最有效果的垃圾邮件过滤器，尤其是在和垃圾邮件数据库一起使用的时候。它有一大套的规则，并且在邮件标题和邮件主体部分里的特殊区域里通常都是用来搜索特殊表达的，如果这些表达相匹配的话，就会根据每次的测试来给邮件计分。测试获得的总分可以被终端用户或 ISP 用来参考，到底应该将邮件放进垃圾邮件文件夹中还是放进顾客的收件箱中。这些过程都是很快速的，所以不会耽误给收件人发送邮件。

每个测试都有标签和描述，比如“只能在限定的时间内”。如果邮件中包含一些特定的变量单词，比如有限的、时间和只能，那它得到的分数可能就为 0.3。若邮件获得的总分为 5 分（或更高），那么它通常被认为是垃圾邮件。其他的垃圾邮件测试还包括无效的 ID 和无效时长，这些都能导致很高的得分。有些时候，一项单个的测试也能将信息归为垃圾邮件。根据总分来看，E-mail 可能会顺利通过、被当做垃圾邮件拒收或被标签为可疑的垃圾邮件。在我们日常的方案经历中，生意伙伴和商业公司发来的合法邮件里，有一半被 SpamAssassin 归类为垃圾邮件嫌疑犯。

这对 E-mail 营销者来说意味着什么呢？第一，要学习 SpamAssassin 规则，要确保你的邮件标题和邮件副本中没有某些特殊单词（这会将你的邮件归类为垃圾邮件）。第二，在你发送任何一封促销性或交易性邮件之前，要将每封规划好的 E-mail 通过 SpamAssassin 得出分数。

经验分享

- 标题比推荐品、副本、个性化或互动性重要。如果没有一个好标题，那你就完了。
- 标题应该表明出邮件里的内容，而不是单纯为了销售。
- 在起草标题时，要换位思考，假设自己是一位顾客，而不是一个营销者。
- 不要使用订阅者的姓氏和名字，要用到你的公司名称。
- 要确保读者能识别并记得你。
- 不要忘记你承诺过要给订阅者发送的内容。
- 在发送之前测试几个标题。
- 将起草好的标题先发给你自己。
- 通过转换率和打开率来测量效果。
- 避免重复使用相同的标题。
- 将标题长度保持在35个字符之内。
- 要获得认证。
- 要考虑到长期效益，而不是短期效益。
- 将邮件通过垃圾邮件检测器检验。

第 10 章

怎样写引人注目的 E-mail

在邮件设计者的脑海中，应该会浮现出这样的收件人影像：如果收件人是有了女儿的母亲，他就会画出一张他认识的某位女性和她女儿的画像；如果是商人，则能画出他认识的某个商人。他会琢磨顾客阅读邮件的地点，如书桌旁、家里；他们是如何阅读的，如用手捧着一张纸、在电脑屏幕上阅览或者是用移动设备浏览；还有一个很重要的就是在他们阅读时可能会遇到的干扰；副本一定要足够的有趣，这样才能吸引和保持他们的注意力……这些都是邮件设计者将自己放在读者的角度考虑到的。邮件内容能为他们提供什么呢？他们为什么要打开、阅读并点击？为什么要完成这些来达到自己的目标呢？

10.1 必备条件

1. 拥有优秀的文案人员

引人注目的邮件就需要有一个引人注目的副本。为 E-mail 写副本是一门艺术，也是一种科学。像戴夫·查菲（Dave Chaffey）、帕特·弗瑞森（Pat Friesen）和赫舍尔·戈登·刘易斯（Herschell Gordon Lewis）那样优秀的文案人员是不会经常出现的，所以如果你有了一个优秀的文案员工，那就一定要保住他。本章不会教你如何成为一个文案天才，但会让你了解所有的 E-mail 文案人员必须要知道的事——什么该做，什么不该做。

2. 从制订计划开始着手

想要写出一封吸引人的 E-mail，首先就要制订一份计划，定下你努力想要达到的目标。你希望读者做些什么呢？你希望读者下载东西吗？希望他们买东西吗？希望他们登记一些东西吗？不管是什么，只能有一样。一份研究显示，包含多个行动项目的 E-mail 的点击率远低于只包含单个行动的邮件。一个行动项目能产生 56%的点击率，两个能产生 37%的点击率，三个能产生低于 5%的点击率，四个就只能产生 1.4%的点击率。如果你希望读者做两件事，那就发送两封不同的邮件，并且将它们的发送时间间隔两天。

直接邮寄行业有句格言：多个选择会扼杀回应。如果你为收件人准备了几种不同的政策或产品让他们进行注册，那么在每封邮件中只能告诉他们关于一个方面的信息。只要你一提到两个或两个以上的事情，收件人就会将邮件晾在一边，还会说“这样吧，让我想想”。然后他们就再也不会回来了。这也并不表示你不能给他们发送很多产品的目录，但只能包含一种：在这个假期可以买的东西。

10.2 引人注目的 E-mail 的设计实施

10.2.1 实施方法

1. 在脑海中构想读者

在你开始行动之前，想象一下谁会是你的读者，构思一下他们阅读你邮件时的画面。在写本书的过程中，我们也做了这样的工作。我们猜想你——我们的读者——是一个 20～40 岁之间的人，并且有一些直接邮寄营销背景，你的老板叫你寻找方法让你们公司的邮件方案变得更有效，你就正好在读这本书，也可能报名参加了一整套的培训班来学习更多的知识。你读这本书是为了了解这个行业的最佳实践，想要知道其他人做了什么。当你能够在脑海中构思出读者时，要试着想象一下他们读你邮件时在想些什么。

2. 你是谁

读者首先会问的就是“给我写信的人是谁？”，你是谁？是一家公司吗？是隐藏在一串多彩的影像后面的神秘人物吗？最成功的 E-mail 就像是两个人之间的交流——一个人对另一个人说。想要做成这样的话，一个极好的办法就是阅读鲁道夫·弗莱士（Rudolph Flesch）写的《平常谈话的艺术》（The Art of Plain Talk）（已经绝版了，但在 Amazon 和 Alibris 上可以看得到）。这儿有几个简单的总结：

（1）使用短句子，越短越好。

（2）采用大量的个人资料，比如姓名、人称代词和人类属性的词；比如男性、女性、孩子、父亲、母亲、儿子、女儿、兄弟和姐妹。

（3）避免使用前缀，比如 para-、pseudo-、infra-、meta-、ultra-、hypo-和 circum-，用词根来代替它们。

（4）使用人们熟悉的单词，不要使用罕见的；使用具体形式，不要使用抽象形式；使用稍短的单词，不要使用冗长的单词；使用单个的单词，不要使用几个单词。

（5）使用动词，它们会让你的句子更生动。使用现在时态，不要使用过去时态或虚拟时态。

（6）要注意形容词，形容词是名词的敌人。因为通常情况下，如果我使用了恰当的名词，就不再需要形容词来修饰了。比如，若我们要表达“一个大的、抗压的房子”，我们可以简单地说成“一座大厦”。

3. 创造 E-mail 作者

你可以把自己写成邮件的作者，也可以创建一个人物。作者应该是一个具体的人，比如营销指导者、产品管理或是 CEO。在邮件上签名，如果可以的话，增加一张友善的照片。西夫韦公司（Safeway）在发送顾客时事通讯时，都会让 Bill McDown（一位部门经理，他的照片被放在时事通讯的第一页上）在上面签名，当他进入商店时，人们经常能认出他，都会过来和他握手。执行这个方案的第一年里，他收到了 3000 张 Safeway 顾客寄来的圣诞卡片。如果你也能像他那样的话，那么你的 E-mail 就是相当成功的了。

还有，要试图让你的读者感觉到你是什么人、你的工作涉及什么，还有你是如何了解到这么多关于邮件中特写的这些产品或服务的信息的？不要让自己像一个无所不知的人一样和他们交流，要像一个用户或开发者，告诉读者你自己已经尝试过这些产品和服务了，并且发现它们对你有很大的好处；或者告诉他们你是如何研制这些产品，才会让它们这么有用的。

大多数的邮件都应该是口语化的，即使是针对商业人群，也不要过于正式。你说话的方式应该能反映出你的品牌个性。如果是针对购买娱乐产品的顾客，那就用幽默的语气。

在你确定你是谁的时候，调查一下最优秀的邮件。让你的办公室好友给你转发他们收到的最好的邮件，建立一个 E-mail 伟大想法的仓库，我们称它为“金库”。为了完成这本书，我们检查了仓库中 200 块“金子”，然后将最好的写进了本书。

在你写好副本的时候，大声地对你自己读出来。很多时候你会发现，有些在字面上看起来很不错的内容读起来就没那么好了，所以，修改一下。

4. 让读者也涉及其中

最好的 E-mail 是双向的交流。在直接邮寄中你不可能会有交流，虽然可以通过电话进行交流，但是电话太贵了，而且也会显得很冒昧。电话营销经常会让人很生气，有了 E-mail，你就能够拥有电话那样的互动了，而且不会造成困扰。毕竟，订阅者不必打开 E-mail，他们可以看看标题，然后说：“我们跳过那个吧。”但是一旦他们打开了你的邮件，就要设法让这个体验有趣且有互动性。看看一位热情的订阅者——丹·麦卡锡（Dan McCarthy）说了什么：

> “我喜欢 Steepandcheap.com 每天发来的 E-mail。它是一个主要经营户外装备的网站，E-mail 中最不一般的事就是，它们从来不将重点放在产品上，而是让我高兴或是给我讲故事，这会促使我阅读邮件。所以，我几乎每天都会点击产品链接，没有任何一封其他的邮件能让我投放这么多的注意力的。总之，他们似乎是真正地了解他们的顾客，并且知道我对什么感兴趣，故事都是很新奇的，即使你对户外装备没兴趣，但这些故事都很值得阅读。”

让读者产生兴趣的一种办法就是邀请读者在以后的邮件中发表文章、问题或评论。不管是在线时还是离线时，大部分人都喜欢看到自己的名字被印刷出版。你可以想办法让它变得可行，同时还要在邮件中增加有趣的内容。想要做到这些的话，就为读者提供一个主题让他们来写，比如，最近有一个会议或行业事件，让读者写一篇会议总结，并发送你给。

另一个挑起兴趣的办法就是在每封时事通讯中加入投票或调查问卷，列出的问题要可以多项选择，话题可以是任何和读者兴趣有关的内容，在下一封 E-mail 中写上调查结果。订阅者会想要阅读下一封邮件，看看他们的回应和其他人的有什么不一样。

5. 使用奖状、表扬信之类的鉴定书

如果你有了公司的鉴定书，就将它们放进邮件中，不要仅仅收集它们并将他们晾在文件夹中。

有些营销者已经围绕一个鉴定书或一群鉴定书展开了完整的营销广告宣传，这些故事能够增加公司的可信赖度，因为它们来自顾客，而不是营销部门。将鉴定书作为起点，然后围绕它建立营销副本，做这些能帮你树立邮件和网站形象，这样读者就会受鼓励去提交鉴定了。

不要将一封鉴定书使用太长时间，鉴定书里列出的作者可能会改变姓名或工作，这样会让你和作者很麻烦。

10.2.2 实施技巧

1. 让E-mail生动有趣

REI的E-mail里面充满了户外探险，比如和Peter Potterfield（分享了他在新西兰徒步旅行的经历）的一次会谈，以及和Lauren Reyolds（分享了经营权方面的建议）的一次会谈。每封E-mail都会特写一个特殊的经历，还加上通向400个其他类似故事的通道。在读者浏览其中的一次探险时，他能够检查当天的交易、某个星期的交易、畅销品、低于20美元的交易、刚刚添加的内容，还有一个能带来数千个户外装备产品的搜索框。读者得到的是探险，REI得到的是打开量、点击量和转换量。

PETCO公司还有一个有趣的想法：将信件从宠物发送到宠物主人。通常E-mail会在副本的主体部分写着“珍妮：刘易斯给你写了一封信，请查收”。点击那个链接就能将珍妮带进一个新页面，里面有一封她的宠物“写”的可爱的信，他告诉珍妮他想要的产品都是PETCO公司销售的产品，珍妮可以点击邮件里的链接购买任何产品。

2. 创建动态的个人内容

最好的E-mail里写满了动态的、以数据库为导向的顾客偏好。邮件里面的标题、招呼、报价或特殊图像都是特别制定的，它们能让读者产生共鸣，帮助他们意识到你是在直接和他们进行单独交流，而不是在对全世界说话。

如果想要创建动态的内容，就需要得到订阅者的人口统计信息，比如邮政编码、住房占地面积、喜好、年龄、家庭收入或消费习惯，你需要用那些信息创建能说出读者特别爱好的内容，订阅者喜欢你单独地给他们写信。

动态内容可以建立品牌忠诚度，它能改善读者对公司的态度，还能增加点击率和转换

率。想要创建动态的内容，你需要做到本书中推荐的大部分建议，比如建立一个包含每个订阅者人口统计信息的营销数据库。利用那些信息创建和订阅者兴趣有关的动态内容，当订阅者收到邮件时，给他们一些选择机会让他们自己选择想看的内容，能有效地减少订阅者由于收到了无关联邮件而关闭邮件的次数。并且再加上一行，写上“亚瑟，谢谢您于 2008 年 8 月 4 日订阅”。这样的措辞是很个人的，并且增加了 E-mail 的可靠性，它能帮助 ISP 鉴别出你的信息是合法的，而不是垃圾邮件。

3. 提供愿望列表和礼物登记

Net-a-porter.com 网站创建了一个包含 4 封邮件的系列邮件。第一封邮件开头写着“每种场合都可以穿的礼服——创建一个愿望列表，给所有你爱的人发送必备的想法”。在这个下面就是一个“马上开始”的按钮，能将订阅者带进一个新的登录页面，标题为“适用于每种场合的晚礼服”。这封邮件的结束语为“这封邮件是 4 封每日邮件中的一部分，如果你不愿意收到余下的系列邮件，请点击这里”。

这个系列是“生日俱乐部”系列版本，在这里女士们为零售商提供她们的穿着偏好（尺寸、颜色和品牌）、生日还有她们丈夫或男友的邮件地址。结果就是，零售商发送给男士们的邮件提醒他们：他们所爱的人的生日要到了，并且提出了一些礼物建议，直接在邮件中点击链接购买就行了。这种技术的辉煌就在于它在这么一个事实上赌一把：大多数的男士不喜欢购物，尤其是选购女士服装；而大多数的女士喜欢购物，但却发现对她们重要的人暗示自己希望收到什么样的礼物是如此困难。

如果你有一些提前规划好的一系列时事通讯（比如圣诞节计划安排），试着将这个安排列入每封时事通讯中，这样订阅者就可以知道将要发生什么，还能回顾一下他们错过的信息。如图 10-1 所示就是一个例子，它描述了迈尔斯·金博尔（Miles Kimball）是如何做的。读者可以点击带有下画线的议题来阅读一些他们漏掉的内容，这能帮助读者了解到这个假日信息是如何组织的，这比一封接一封地发邮件更方便，那样的话读者可能会认为他们收到的邮件太多了。

简讯明细表
议题 1：圣诞礼物策划
议题 2：个性化礼物
议题 3：修剪圣诞树
议题 4：娱乐
议题 5：最后润色
议题 6：最后一分钟礼物

图 10-1 Miles Kimball 的圣诞 E-mail 明细表

10.2.3 实施技术

1. 让 E-mail 变成一个互动的探险

SmartBargains.com 是互联网上最有创造性、最具互动性和最成功的 E-mail 营销者之一。订阅者每天都能收到它发来的邮件，如图 10-2 所示就是一个以寻宝为开头的邮件样本。想要不点击都是很难的，因为只有今天减价！点击按钮会将你带入零售商的主页，如图 10-3 所示。

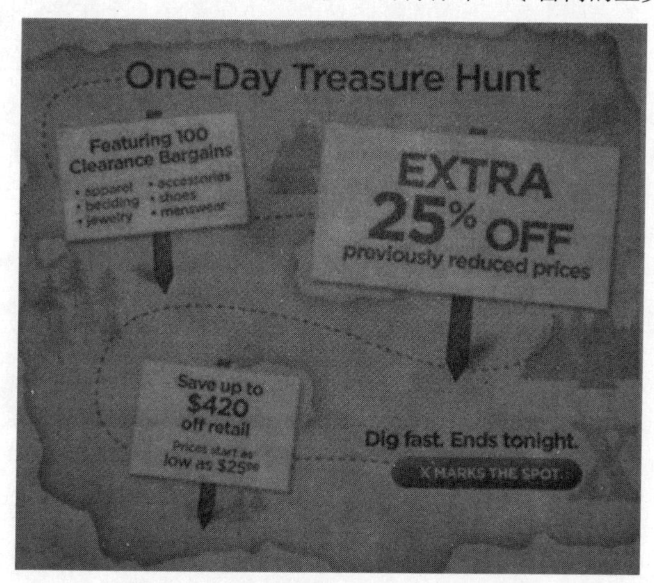

图 10-2 SmartBargains.com 的寻宝 E-mail

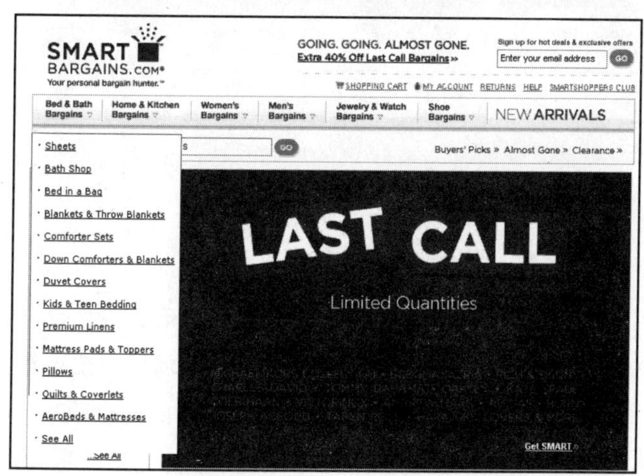

图 10-3 SmartBargains.com 的主页

读者还没有意识到，点击了邮件中的链接时，他已经在查看主页了。对他来说，他正在阅读的邮件仿佛装满了链接，仅仅在这一页中，就有超过 50 个链接。翻阅顶部导航栏中的一个链接时，一个下拉列表就伴随着另外的链接出现了。

在主页的右上角有一个注册“热点交易和专享优惠”的邀请，很少有网站会为邮件注册框提供一个这样突出的位置的。并且那个搜索框就在顶部导航栏的下方，对每个网站来说，搜索框都是必不可少的，它们都应该很容易地被找到。

现在看看标题“一天甩卖”下面的排序功能。访问者有 5 个排序选择：畅销品、新产品、由低到高价位、由高到低价位和折扣比例最高的产品。这是多么方便并具互动性啊！

每个链接都是一次新探险的邀请，在标题“免费运送”的正上方为访问者提供了三个选择。当他点击“甩卖”时，他就登录到了甩卖页面，如图 10-4 所示。

图 10-4　SmartBargains.com 清仓

整封 E-mail 对读者来说就像是专享优惠的链接，E-mail 本身是很微小并且很快被打开的，因为链接到处都是。这是 E-mail 和网站之间极其复杂的结合。

2．包含一个行政中心

每封商业邮件，不管是促销性的还是交易性的，都应该是能通向你的“世界”的窗口。在 E-mail 中，订阅者应该能通过链接进入到你网站上的任何地方来得到信息、产品或帮助。为了能够做到这些，你就必须在邮件中包含一个容易找得到的行政项目，不要将它们用小号字体并放在底部，将他们放在折线之上的某个位置，最好是放在每封邮件中的相同位置。

绝对不要叫读者将网址复制到他们的浏览器中，这样你会失去他们。E-mail 是有趣的阅读，而不是艰难的工作，但是，你可以将你希望他们访问的网站链接给他们。

行政中心应该包含以下的每个按钮和链接：

- 退订。
- 偏好和个人资料。
- E-mail 登记。
- “向朋友推荐”功能。
- 能和时事通讯员工和客户服务人员联络的电话或邮件（CAN-SPAM 要求在每封商业邮件中都写入你的地理位置）。
- 订阅者账户，包括所有之前购买物的状态。
- 购物车。
- 检验。
- 提供一个搜索框，能够搜索此封 E-mail 以及网站上任何项目。
- 为订阅者提供对故事或产品进行评论的方法。
- 隐私权政策。
- 相关的信息。
- 运输和退货政策。

3. 如何处理图像

在 E-mail 中放入太多的图像是错误的。将图像和文字结合起来使用，E-mail 中图像的比例不要超过 60%。对于背景来说，白色永远不会出错的。彩色的背景会让阅读变得有困难，并且会让你的邮件看起来像是垃圾邮件。

现在大多数的订阅者都有了宽带，能够快速地查看到 E-mail 中的图像。但还存在一些问题，包括：

- 网速慢的人可能不会选择下载图像。
- 使用移动设备的人可能不会下载图像。
- 有残疾的人使用辅助技术，比如点字显示器或屏幕阅读器。

为了解决这个问题，就要让邮件中的每个图像都伴随着文字描述，这些文字会在图像不显示的时候出现，这就叫做 ALT 属性。

E-mail 的一个重要规则：谨慎发送附件，包括 PDF。这会造成两个问题。第一，附件通常会让垃圾邮件过滤器产生怀疑；第二，没有办法追踪附加文件。你没办法知道你的读者是否打开了附件。提供信息的最佳方法就是在邮件中加入你希望人们会看到的文件链接，有了链接，你就不会触发到任何过滤器了。由于你要将文件放置到你的站点上，就必须知道有多少人打开它，以及是谁打开它的。

4. US邮政系统（Postal System）是如何使用E-mail的

当E-mail刚出现的时候，USPS将它当做敌人。毕竟，大部分通过E-mail发送的信息曾经都是通过直接邮寄发送的，USPS已经确实成为E-mail专家。如图10-5所示为一封USPS发送给那些不断搬家的人群的邮件。

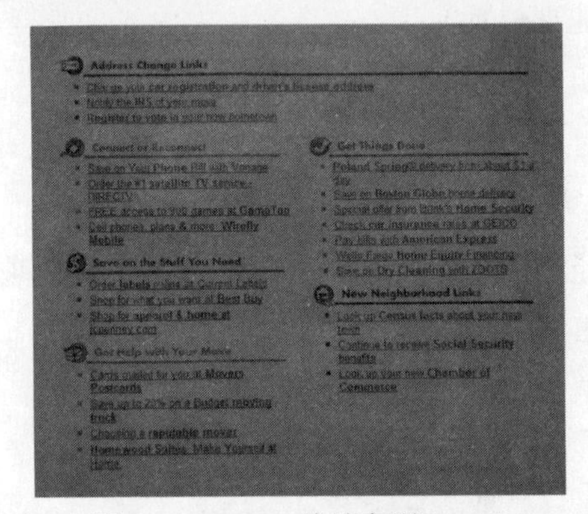

图10-5　USPS地址变更E-mail

10.3　分类与分析

10.3.1　分类

1. 专门为移动设备写文本

为E-mail中移动版写文本和为普通版写文本是很不一样的。移动设备的屏幕是很微小的——只有2～4英寸。在撰写移动版信息时，在脑海中想象一下你的读者，当他们阅读你的文本时他们会在做什么？乘坐出租车、等飞机、在火车上用餐还是由于交通堵塞被困在车上了？他们很可能是用一只手操作的，并且注意力可能在其他地方，他们会快速地浏览收件箱并且跳过大部分内容。

如果你使用网站追踪，那就必须将网站压缩，使它们适合屏幕的大小，信息必须很简短，超过12KB的信息可能会在半路上被切断；太长的句子会强迫读者滚动太多次，这是很令人沮丧的。然而，若不考虑到这些障碍，很多订阅者是希望在他们的移动设备上查阅你的重要邮件的。

想要让订阅者报名接收移动信息，就要在网站上包含移动选项和在每封 E-mail 中包含管理中心。在给移动订阅者发送任何一封文本邮件之前，先发送给你自己，以确保它不仅仅对智能手机起作用，也能对普通手机产生效果。比如美国航空公司，它就确实很重视移动邮件信息，如图 10-6 所示。

图 10-6　美国航空公司的手机邀请

2. 创建公司的博客

博客已经变得无处不在了，所以你绝对需要创建一个。博客就是一个网站，通常是由个人或公司维持的，里面包含评论、事件描述，经常还有图片和视频。条目又称为发布的内容，通常都是按照时间顺序排列的，并且读者只能在发布的内容下方进行评论。2008 年，博客搜索引擎 Technorati 跟踪了超过 11 200 万个博客。

你的 E-mail 不能忽略掉博客。创建 E-mail 之前，要想一下如何利用博客来宣传公司和产品，并且在博客圈中避免使用有损你们形象的词汇。首先，要创建一个公司博客，然后在主页上添加博客的链接。

在博客里放些什么内容呢？如下所示：

- 和产品有关的文章和指导
- 深入的产品评论
- 新产品的通知
- 新闻稿
- 公司或产品的新闻的链接
- 提及公司或产品的其他博客的链接
- 产品演示视频等

一旦有了博客，就在邮件中加入一个链接和文本，刺激读者去访问。要关注你的博客和相关博客的新闻，可以利用它们或对它们做一些回应，要和你的博友们保持联系，它们会发表一些关于公司、品牌或产品的评论。

10.3.2 分析

1. 如何给博友们发布新闻

如果你想在某个人的博客里发表一些资料来宣传你的产品，就要把你自己想象成一位博友。你要发布的内容能激励博客读者去评论吗？很多博友是很珍惜时间的，所以你可以提前给他们发送产品发布的新闻。

让博友发表内容的第一步和处理 E-mail 是一样的：标题。在信息里要说明你是谁，还要提到博友的姓名，解释一下为什么他的博客非常适合你现在的情况，告诉他为什么就你的话题发表评论会吸引博客读者。事实比花哨的描写更具成功性。

在你给博友发送了你的看法之后，给他一些时间让他好好考虑一下你所发送的内容。若他给了回应，就为他提供一些新的相关联的信息。你并不是掌控者，只有博友才能决定他要发布什么。如果你有自己本公司的博客，一定要将它链接到你正在交流的博客里；如果你有产品样本，将它和你的看法一起发送给博友可能会很有用处。

2. 十点 E-mail 评级系统

现在你已经有了更好的方法来撰写引人注目的副本，检测你当前的信息，看看它们是否符合标准。采用这个十点记分卡来给你的 E-mail 评级。

- **个人的相关内容**：在邮件主题部分使用订阅者的姓氏。
- **清晰的行动呼吁**：订阅者应该清楚地明白你希望他阅读邮件后做些什么。
- **清楚易读的文本**：不要将文本放在黑暗色彩或令人疑惑的图像后面。
- **提及品牌**：邮件毕竟是广告。
- **明显简易的导航和搜索**：让搜索框或搜索菜单容易被找到，将链接放在明显的位置，它们不能太花哨，否则读者就不能确定应该如何激活他们寻找的内容了。
- **认同读者生活方式的图像**：在脑海中想象一下读者，应该为他展示什么样的图像才能让他认同你的信息。
- **模块化安排 E-mail**：你应该能够根据读者和产品的动态将邮件内容进行互换。比如，你在销售泳衣，你给男性和女性都发送了 E-mail，那么展示泳衣的部位应该是模块区域，这样你就可以根据读者的性别修改副本了。

- **具有视觉吸引力的整体设计**：整体地观察一下 E-mail，你创造了一个米开朗基罗，还是扔出去一堆无关的图片和字体。
- **积极的最后行动呼吁**：最后的行动呼吁应该让读者对他所阅读的内容产生良好的感觉。通常，你应该提供一个明显的按钮，让读者阅读完邮件后进行点击。
- **突出重要的产品推介和行动呼吁**：大多数的读者不会阅读折线以下的内容，所以重要的产品推介和呼吁应该放在折线之上。

10.3.3 建议

1. 不要把相同的 E-mail 发给同一个人

这是一个很明显的规则，你可能想知道我们为什么要提到它。我们急着要发送一些信息来促进销售，并且会抓住我们能找到的任何副本。对你来说这没什么，但对订阅者来说这是很可怕的。若你重复地发送相同的邮件，你很可能会失去很多的订阅者，这是你从中获得的销售额所不能比的。这有一个真实的例子可以阐述出我们要表达的意思。某位订阅者的报道如下：

“任何方法都不能让我忘记今年的情人节！在 1 月 22 号到 2 月 11 号之间，我收到了 Proflowers.com 发来的 7 封邮件，一次次地提醒我要在情人节那天给我的朋友温迪（Wendy）寄鲜花。每封邮件看起来几乎是一模一样的，仅在推荐品上有一些细微的差别。这儿是几个标题的例子：

“再次让温迪的情人节变得特别一些吧！购买 100 朵盛开的百合可折扣 25%！

“再次让温迪的情人节变得特别一些吧！购买郁金香可折扣 25%！

“再次让温迪的情人节变得特别一些吧！24 朵娇小的玫瑰——只要 29.99 美元！

“再次让温迪的情人节变得特别一些吧！免费赠送 6 朵玫瑰！

“还不止这些呢。广告差不多都是一样的，从收到第三封起，我就没有打开它们了。我想知道这个广告里投放了多少个性化的想法。万一温迪是我想要忘记的前女友（尤其是在情人节期间）怎么办？而我却不断地收到标题里有她名字的邮件！如果他们改变这种创意或者加入一些有趣的创新的内容来吸引我的注意，那可能会对我起作用的。如果我对 E-mail 营销没有兴趣，那我可能就会在收到第二封或第三封的时候选择退订。”

2. 向专家学习

在你或你公司里的人开始撰写 E-mail 之前，要确保你们已经阅读了专家提醒的内容。推荐大家阅读这些书籍：

赫舍尔·戈登·刘易斯（Herschell Gordon Lewis）写的《写副本的艺术》（On the Art of Writing Copy）（2007 年出版）。

戴夫·查菲（Dave Chaffey）写的《完全 E-mail 营销——第二版》（Total E-mail Marketing, Second Edition）（2006 年巴特沃思-海涅曼公司——Butterworth-Heinemann 出版）。

经验分享

- 成功的 E-mail 来自于个人，而不是公司。
- 以营销数据库为基础创建动态的内容。
- 内容应该是关于读者想要听到的，而不是你想要告诉他们的。
- 让读者也参与到主题中来：使用投票、猜谜和调查问卷。
- 谨慎发附件。
- 时事通讯中的呼吁绝对不要超过一个。
- 要有一个行政中心，并且放在每个信息中的相同位置。
- 在白色背景上尽量少放图像。
- 创建一个公司博客，并在有关联的博客中发布新的信息。
- 为那些想在手机上看信息的人撰写专门的文本。

第3篇

E-mail 营销优化

E-mail 营销的成本过于低廉，往往导致我们忽视了一个最关键的事实：E-mail 营销过程中最难的步骤其实是成功地发送邮件，当邮件被打开的时候其实你已经成功一半了。因为我们自己同样会收到各种各样的电子邮件，即便我们很清楚这是一封来自陌生人的邮件，甚至知道是一封广告邮件的时候，我们大多仍会打开邮件一探究竟。所以，从打开邮件到将订阅者作为忠诚客户留住，需要你来做一些细致的优化。

想象一下我们自己大多是因为什么原因选择保留一封电子邮件的呢？“他们推荐的产品竟然都是我喜欢的风格，太了解我了；他们在我生日、结婚纪念日的时候都能准时地送来祝福以及礼品推荐，好感动啊；他们真是一个很负责任的企业，竟然听取了我在邮件回复中的一个建议……”如果你能让订阅者感觉到他是在跟一个真实的人在做真诚的交流，并且能够获取最相关的信息，那么他不仅会成为你的忠实客户，还会将你的产品推荐给他的朋友。

第 11 章 倾听消费者

人们不想要拥有这样的权利：正在体验某个东西的时候就失去了它。这就是许可营销所做的事，如果在一开始的时候就询问许可信息会导致那样的结果。除非许可信息是续约的，否则它就不是真正的授权。有一种方法能让人们掌控他们正在筹划的营销，那就是询问许可信息，询问的是肯定能周期性延长的临时许可。临时许可对营销者来说也很有好处，因为它为营销者和顾客创建了一个延长对话的机会，也能让顾客对品牌保持新鲜感，因为它不是交易一次后就丢掉并忘却的东西。

11.1 订阅者信息提供

1. E-mail 推动信息收集

以前从顾客那里获得信息是很艰难也很昂贵的，如果你有一份想让他们填写的调查问卷，你就必须将表格给他们，填好表格并邮寄给加工中心，加工中心的员工将结果输入电脑，然后电脑将结果输入到数据库中。这样操作起来是很缓慢的，如果你够幸运的话，7%的顾客能完成这个过程。当你将信息输进数据库的时候，顾客可能已经把你忘记了。

如今，有了 E-mail，这个过程就变得更简单、更便宜且范围更广了。你可以在网站或邮件中放入一串问题，订阅者回答那些问题后点击“提交”，软件（提醒订阅者填写遗漏的数据）会对这些数据进行质量检测，然后将它们直接放进订阅者数据库中。当订阅者输入他的回答后，数据就不会再被人手触碰了，在数据被输入的同一天里，你就可以利用那些数据了，并且如果有支撑软件的话，成本几乎为零，你可以立刻给订阅者发送一封邮件，感谢他的参与，并且有可能开始一个长期的有益的关系。

这个谋略就是为了让订阅者给你提供你想要的信息。

2. 为什么订阅者要给你提供信息呢

我们都知道人们只会做他们自己感兴趣的事情，但是我们要表现得好像很了解一样吗？想要订阅者花时间给你提供你想要的信息的话，他们就一定要收到一些东西。在你设计一份调查问卷之前，站在订阅者的角度考虑一下有哪些动机会促使他们填写。给订阅者创建一些他们会觉得有价值的电子版内容，比如：

- 可下载的信息
- 时事通讯
- 关于产品和销售的邮件
- 俱乐部的会员资格
- 优惠券
- 他们订购的产品

11.2 订阅者的需求

11.2.1 订阅者需要什么

1. 订阅者利益样本

大通银行的无纸账单提供“存取信用卡账单的一个便捷的绿色方法”。大通将会为每位在 2009 年 4 月 30 日使用无纸化信用卡的会员向世界野生动物基金捐款 5 美元。这对卡会员来说代表什么呢？“转为无纸账单，你就可以参加我们的抽奖：经典的双人加拉帕戈斯油轮自然栖息地探险活动，价值 12 500 美元”。

2．你需要什么样的信息

在设计订阅者信息表格之前，仔细地想想你该如何利用你得到的信息。将所有可用的信息和你该如何处理它们制成一张列表，然后将它们编排优先次序，这样你就可以每天都使用到列表顶部的信息了。有几种你可以利用订阅者信息的方法：

- 根据他们的需要和兴趣创建订阅者细分群体，这样你的 E-mail 就会和他们有关联了。
- 给他们发送一些关于离他们最近的零售店的信息。
- 发送他们感兴趣的信息。
- 按照他们希望的频率给他们发送邮件。

11.2.2　怎样得知订阅者的需求

1．询问什么

如果你研究了你的企业和顾客，就会确定你只需要一点点的顾客信息（通常不会多于10～15 个）来让你创建细分群体，这样你就能发送相关联的信息了。这些数据可以分解为4 类。

- 联络信息：姓名、E-mail、住址和电话号码。
- 基本人口信息：性别、年龄、婚姻状况、收入、是否有小孩和房屋类型。
- 偏好：感兴趣的产品和发送邮件频率。
- 态度：对价格、服务水平等的观点。

记住，不要询问太多的信息，不要创建与相关性邮件无关的信息。有些必要的信息可以通过追加的数据获得，所以你就不需要询问了。在询问信息的时候，一定要让订阅者知道你将会如何使用那些数据，并且会保护他们的隐私，让他们知道给你提供信息对他们有什么好处。

2．获得人口统计数据

如果有了订阅者的住址，你就可以得到所有你想要追加到数据库文件中的人口统计数据。由于这些信息都是现成的，不必向订阅者再询问了。

追加的数据都是准确的吗？不是所有的都准确。也许订阅者刚刚在上个星期购买了一个促销品，并且他的收入增加了 15 000 美元，数据库中他的个人记录会反映出这个吗？当然不会。总的来说，这些数据库中的信息 80%是准确的，这对你创建细分群体来说是足够的了。而且，在大多数情况下，它们比你从订阅者那里获得的其他信息要好，为什么呢？因为这些信息中大部分都是个人和私人信息，所以有些订阅者很憎恨或抵制提供这些信息，通过询问这些信息，你可能就会失去一部分订阅者。他们也有可能会给你提供错误的信息，所以有时你只能得到一点儿他们的信息。通过编译数据库提供商来追加数据，你能达到接近90%的匹配率，这就是你真正需要的。

然而，在某些情况下，你可能不得不直接地询问人口统计信息：如果你是负着法律责任来这么做的，在首次的E-mail互动中，或者在某种程度上你需要使用这些信息来立刻为你的订阅者提供有价值的东西。比如，杰克·丹尼尔（Jack Daniel）公司就有这样的一个责任，要禁止21岁以下的人访问它的在线内容，所以它就有一个好理由在一开始的时候就询问生日。Parents.com在最前面就询问一些很个人的信息，如图11-1所示，目的是在结束之前将每个会员的每次站点访问进行个性化处理。

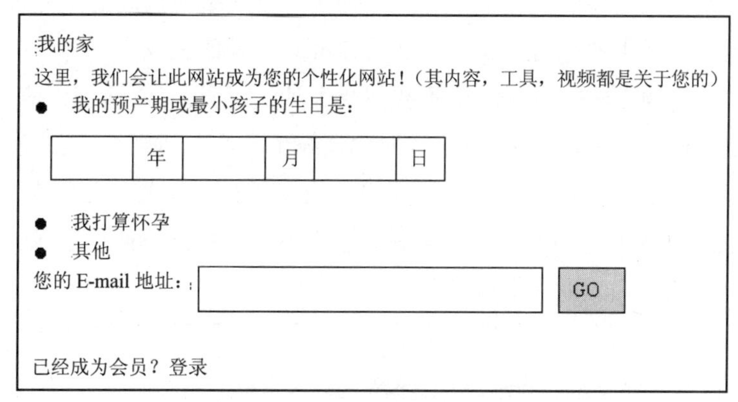

图11-1　Parents.com的资料询问

3．继续会话

在你向顾客进行营销时，可以在交易性或其他类型的信息中问一到两个问题。在你以任何理由向任何一个订阅者发送E-mail之前，你的支撑软件应该浏览订阅者的数据库记录，查看一下哪些信息已经在那儿了，你可以将这些信息和列表上用来创建营销群体的信息做对比。

假设你是销售服装的，你的支撑软件发现你漏掉了某个订阅者最喜欢的一类服装，那么就在下一封促销性或交易性邮件中，增加一个能解决这个谜团的问题。

可能你有兴趣知道，这个订阅者关注的是低价商品、高档商品还是主流商品。在下一封营销邮件里加上一个这样的问题，就能帮你确定以后要突出哪种信息了。

11.2.3 注意事项

1. 不要一次问太多

不要一次性询问太多的信息，因为订阅者不会给你的，甚至可能会怀疑你并且退订。在互联网上，我们都是询问人们的邮件地址，这是我们和他们交流的唯一方法。营销者应该在每个网站的主页上——以及能链接到主页里的任何一个页面，设置一个让访问者输入邮件地址的文本框。当然，如果你已经有了他们的邮件地址，你的站点就应该灵活一点，不要再向他们询问一次了。就在邮件文本框旁边，让他们知道他们可以收到你的邮件。如果你要发送的是时事通讯或报道，在文本框旁边设置一个链接，写上“点击这里查看样本”。

当订阅者点击“提交”按钮时，你就存储了这些信息，并且立刻给他们发送一封邮件，来确认他们是否是真的希望收到你的邮件。你该多久以后给他们发送这封确认邮件呢？几秒钟之内就发送，绝对不要拖得更长了。这是 E-mail 营销的礼仪。

确认邮件可以询问 1～2 个问题，但不要问得太多。让订阅者确认许可信息是很必要的。

很多营销者在听到“双向选择”这个词时都退缩了。然而，这种认证方法对保证 E-mail 数据库的质量是很重要的。它给了 E-mail 营销者最有利的时机来建立有益的订阅者关系。如图 11-2 所示是一个简单的双向选择的实例，它来自于 TopButton.com。就在认证页面里，它让新的订阅者确认他们的邮件地址。

注册通知：
我们对给您带来的不便表示歉意，但我们想确认您对 E-mail 地址的拼写是否正确（ahughes@e-dialog.com），请反复确认。
如果您的拼写正确，请点击下面的继续按钮。

祝贺您！您已成功进入 TOPBUTTON 网站，并获得 E-mail 提醒。
我们的销售只通过 E-mail 推出，为了使您不错过任何一次机会，请填写如下邮寄信息，这样您便可以赢得 ipod nano.
1. 您的信息

E-mail 地址		邮编	
姓		名	
地址		地址 2	
城市		州	
手机号码		性别	

图 11-2　Topbutton.com 欢迎邮件

有些邮件营销者会询问更多的内容。度假交换公司（Resort vacation exchange company）RCI 有 5 个偏好页面，里面有 100 个问题让会员填写。这是不是太多了呢？RCI 有居住在 200 多个国家里的 300 多万个订阅者，有 4000 多个所属度假村分布在 100 个国家。所以若要决定他们在哪个度假村度假，这 100 个问题也许不算太多。在过去的几年中，RCI 已经安排了 5400 多万个度假交换。

现在你已经发送了邮件，订阅者也收到了，你就可以询问更多的问题了。你的订阅者正处于问—答状态，要趁热打铁，在还不算太晚之前获得你需要的信息。

2．不要丢失数据

有些订阅者在填写那些表格时会变得心烦意乱，当他们再回头看一下表格时，刚填的信息就会消失，他们就不得不再重新开始。绝对不要让这样的事发生！这样的话会让你的订阅者不高兴并有可能失去他们。解决方法：使用 Cookie。不管订阅者是在什么时候开始填写表格的，将每一条数据都保存下来，并放一个 Cookie 到他们的个人电脑上，如果他们必须要退出系统，稍后再回来，他们就会很高兴地发现之前填写的数据还在那儿等着他们呢。

这样操作起来很困难吗？这是肯定的，本书中大多数的建议都是很困难的，但是困难并不表示你就不应该去做了。如果你的 E-mail 策划者说你的要求对他们来说实在太困难了，那就去找一些其他的策划者。本书中推荐的所有内容都是可行的，而且是应该完成的。

3．不要像交互式语音应答（IVR）那样

大多数的订阅者都讨厌交互式语音应答系统。在多数情况下，IVR 的目的看起来是阻止呼叫者和真人对话，E-mail 应该和 IVR 相反。订阅者期望用链接来完成他们所有想做的事，在每封 E-mail 中都要包含一个搜索框，这样订阅者就能在网站上搜索到链接里没有的内容了——免费电话、邮件地址和“活剂”按钮，这样订阅者就可以随时和某个知识渊博的人进行文本交流，所有的事情都能完成了。

但是要注意：如果你不准备让你的顾客获得愉快体验的话，那就不要在你的网站上或 E-mail 中设置像文本交流那样的高级功能。你确实需要某个人来 24 小时支持对话，如果你只能支持几个小时，那就要在输入框旁边注明一下。

4．不要询问你已有的信息

很多公司都会重复地询问相同的数据，这是一个大大的错误。让你的软件查询将要发送出去的邮件里要询问的每个数据和数据库中已经存储的数据，如果要询问的数据已经在数据库中了，就不要再问了；如果那些数据很久了，你可以问问他们的个人资料或偏好是

否改变了。在这种情况下，向他们展示你已有的数据，让他们决定是变更这些数据还是继续维持这些数据，不要给他们一张空白表格让他们填写。每个调查问题都应该是为订阅者精心挑选出来的，而不是公共调查的一部分。老的杂货商不会每天询问顾客的电话号码是什么或他们住哪儿，那你为什么要问呢？

11.2.4 技巧

1. 在每个 E-mail 中提供反馈功能

拙劣的 E-mail 里一个最令人沮丧的事就是没有反馈途径。你阅读了 E-mail（假设是一对一的对话），然后确实想要和发送邮件的人取得联系，你从上到下找了一遍，也没有在邮件里找到任何一个邮件地址或电话号码。

如果你真的想要倾听你的顾客，就要让他们有机会对你说些什么，而且要读读他们说了什么。规则：设置反馈功能，在网站上和每封邮件中放入邮件地址或表格链接，这样你就可以和你的订阅者进行真正的交流了。公司里的某个人应该每天检查那些反馈，这是对那些花时间来赞扬、抱怨、询问信息或指出问题的订阅者的一种礼貌。

2. 让数据的输入过程变有趣

E-mail 营销是充满乐趣的，它有很高的创造性，要求你使用想象力，想出一些别人没有想到的疯狂的想法，并将它们付诸实践；同时要求你要跟上网站的步伐，利用那数千个新颖的或已经被贯彻的伟大想法。

当你设计收集数据的表格时，要想出一些有趣的或扣人心弦的方法来询问数据，并且在顾客每输入一个信息感谢他。

在这里 E-mail 开始和它的公司网站分离。公司网站通常都是平庸或官僚的，但是对营销邮件来说就不是这样的了。如果你每天或每周都要发送 E-mail，就可以自由发挥，你可以利用你的想象力和创造力，同时，一定要测试每个新想法。如果你在尝试用一种新方法来收集数据，那就用 A/B 测试法，给一半的收件人用新方法，另一半的人用老方法，要跟踪到每个人使用的版本，在第二天看看哪个版本获得更好的回应效果，如果新想法获胜了，那它就是你以后的制胜法宝了。

3. 在每个订购表格中预填数据

订阅者已经在购物车中放进了一些东西，并且准备好结账后离开了，但他现在面临着一张含有 12 个框的表格，如果这是一位现有的顾客，就为他提供一些便利吧：预先在空框里填好你已有的信息（姓名、邮件地址和运输地址等），并让他知道他可以更改任何一个框里的信息。

在订阅者第一次购物时，为了方便，可以提议存储他的信用卡号，让他为信用卡设置一个姓名，并告诉他这为什么是安全的。当他再次从你这购买东西时，将他的信用卡号和姓名列出来，点击信用卡旁边的姓名链接，除了卡背面的三位数号码，其他所有的信用卡信息都自动生成了。

为什么要做这些麻烦事呢？因为你是一个专业的 E-mail 营销者！你的目标是为顾客提供愉快的购物体验。

4．掌控频率

Kayak.com 旅游比较网很成功地在首次时事通讯和整个网站中进行了期望值设置，它每个星期三发送邮件，邮件中的偏好中心能让订阅者很容易地管理他们收到的信息并且给他们这些权利：

- 获得更多的信息！
- 获得更少的……
- 对……做一些改变
- 它也会询问反馈
- 对 Kayak.com 有什么看法
- 是否会将 Kayak.com 推荐给朋友

邮件频率是很重要的，我们将会用整个第 12 章来讨论它。你可以从本章中了解到，很多的营销者希望发送更多的邮件，而大多数的订阅者却希望收到更少的邮件。

11.3 怎样获取订阅者信息

11.3.1 前期准备

1．了解顾客偏好

为了有助于将顾客进行细分，你可能想要知道他们对产品或服务的偏好。比如 Spiegel，有一个问答游戏就问到：“你的签名风格是什么？参加我们的问答游戏来找出它吧！”在 Spiegel 的网站上，你要回答很多这样的娱乐问题。Spiegel 会告诉你六个风格且哪一个最适合你：现代浪漫型、自然成熟型、简单别致型、轻松魅力型、绝对戏剧型或低调优雅型。

点击链接，你就可以看到每个风格的页面，还包含组织和装备推荐。Spiegel 允许注册者将问答游戏转发给朋友。一旦知道了你的风格，Spiegel 就会根据你的风格给你发送产品推荐邮件。

提醒：一旦你确定了订阅者的产品偏好，就将它们放进他的数据库记录中，并且要确保接下来所有的邮件都能反映出这些偏好。有太多的营销者都想到了这个巧方法，但是却在接下来的邮件中忘了这一点，还是会从头到尾地询问一遍他们的偏好。这会毁掉你正努力建立的关系。

2. 组织个人资料和偏向请求

在网站或邮件中设立询问数据的区域时，需要包含几个链接，邮件中的每个页面和每个站点都应该能触发它们，而不要仅仅是在主页上触发。

当他们输入个人信息时，要让他们很容易就能变更他们的邮件地址或住址，当他们变更时，要告诉他们变更的信息已经被输入他们的数据库记录中了，并且立刻发送一封邮件进行确认。

要确保订阅者可以同时退订所有的或单个的邮件。用这种方式时，若他们不想要某个时事通讯，还可以收到其他的，不会一下子失去整套订阅。随着用户兴趣的改变，他们收到的内容也要做改变。

退订链接必须很简易并能起作用，在他们永远离开你之前要提供一张简单的表格询问他们为什么要退订。简易意思就是“点击这里退订”，而不是“给我们发送一封标题包含‘移除’的 E-mail”，也不要让他们输入 ID 或通行证密码来进行退订，这会引起愤怒的。

也不要过个几分钟以后才准许退订请求。当然，CAN-SPAM 允许你在 10 个工作日之内完成退订，但最好不要按照这个指导，因为这很可能会将仍然有价值的离线顾客激怒，他们仅仅是不想收到任何人发来的邮件而已。

在他们完成退订时，立即给他们发送一封确认邮件，或者发送一个登录页面，写上“您已经退订了”，让他们知道“您随时可以回归——或者点击这里现在回归”。

要确保在每封邮件里都有病毒成分。在每个页面上给所有的订阅者一次机会，让他们通过进入朋友的邮件并点击按钮来查看任何他们想看的信息。

如果你有一个合作伙伴也想要给你的订阅者发送邮件，那就在订阅表格中清楚地注明给订阅者一个说“不”的机会。有些订阅者希望收到合作伙伴的信息，但是大多数是不希望的，并且会很恼火他们收到的邮件超过了他们想要的。他们恼火谁呢？恼火你吗？

在订阅页面上提供一个隐私权政策链接，他们不会觉得阅读它是一种麻烦，这能让他们安心。

设置一个客户服务和“联系我们”的页面的链接，这和隐私权政策一样重要。如果你想要就某个问题和公司取得联系，但却不得不将整个网站和邮件搜索一遍来寻找合适的链接，实在是没有什么比这个更让人恼火的了。在邮件里的每一处都写上你的免费电话，因为顾客有可能会找它。和顾客进行电话交流是交易中成本的一部分。

如果不是绝对需要，就不要询问通行证密码。如果你所做的事就是发送时事通讯的话，那为什么要求你的订阅者提供通行证密码呢？这对用户来说是件麻烦事（你要试着记住他的所有通行证密码），而且可能会失去那些稍后回来但却记不住通行证密码的顾客。如果你是真的需要通行证密码的话，就要确保，忘记了通行证密码的订阅者进行请求的时候，在几秒钟之内就将你的回应发送到他的收件箱里，否则你将永远失去他。你的目标是为订阅者提供一个简易的过程，而不是一个困难的过程。

不要要求注册者编造一个昵称，将他们的E-mail当做是他们的ID。现在的人们会在数十家网站上进行注册，使用邮件地址比记住数十个ID和通行口令要容易多了。在进行注册以后，为他们提供一个列表，列出他们将会收到的E-mail和一个促销性邮件（或白皮书）的样本，用一小段话描述出每件商品对他们的用处，如图11-3所示。

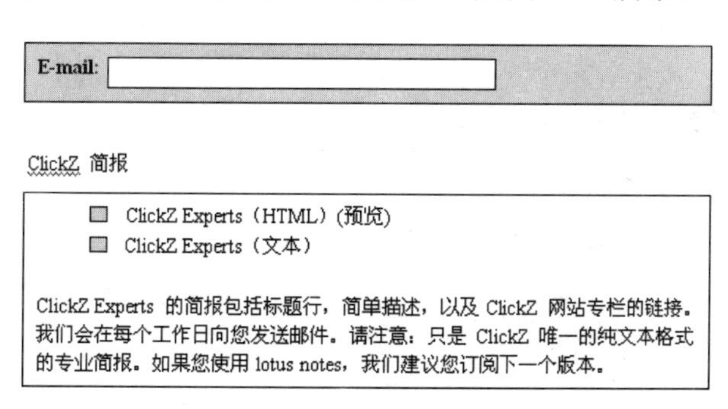

图11-3　ClickZ Experts 简报订阅表格

11.3.2　具体实施

1．调查回应状况的李克特量表

李克特量表是伦西斯·李克特于1932年开发出来的，它应该是反映调查问卷回应效果的标准方法，它包括5个程度：

- 强烈反对
- 反对
- 既不赞成也不反对
- 赞成
- 强烈赞成

使用李克特量表，可以将你的调查问卷的回应和其他调查问卷上相似问题的回应做对比，利李克特量表也可以转化成条形图。

2．满意度调查

实施 E-mail 顾客满意度调查的最佳时间，就是顾客对购物体验还很有新鲜感的时候。如果你将调查推迟，订阅者反应度可能就会变差。他们可能已经忘记了某些细节，或者可能将你们公司和其他公司混淆。

使用李克特量表时，要问的基础问题是：

- 您对此次购买满意吗？
- 您对我们的服务满意吗？
- 您对我们公司总体满意吗？

你还应该问：

- 您会再次购买我们的产品吗？
- 您会将我们的公司推荐给其他人吗？
- 您对这次购买体验有何感想？
- 您对这次购买体验有何不满？

3．案例：绝不放弃

某位消费者报道称："最近我在拉斯维加斯的某个威尼斯人家里过夜。我回来 3 天后，收到了一封 E-mail，要对我做一个调查，但我却没有注意到它。7 天后，他们又发来了一封后续邮件，这是我的回应：

- 那个调查恳求里包含着一封感谢信，这让我觉得这是我专有的。
- 这个双管齐下的战术起作用了！在我收到这封后续邮件之后我就做了那个调查问卷。

- 那封后续邮件让我觉得，威尼斯人是真的很在乎我的看法，不然他们为什么会不怕麻烦地给我发两封邮件呢？

另一方面：

- 两封邮件之间的间隔也许应该缩短一点。
- 调查问卷里没有包含一个‘向上销售’来让我为以后的停留做预定。
- 但事实就是后续邮件是很成功的。”

11.3.3 结果分析

1. 如何利用调查结果

满意度调查中最重要的一部分就是如何处理这些结果，有 5 件最基础的事要做：

- 建立一个系统，能够将总体结果呈现在一个图解表格中，观察满意度等级是上升了还是下降了。
- 找出顾客不喜欢的东西，并对它们进行处理。
- 回应所有做负面回答的人，感谢他们的诚实，并告诉他们你对他们的输入有什么样的打算。如果你能倾听消费者、改正问题并告诉他们你的打算，你就能将不愉快的消费者转化成忠实的拥护者。
- 将订阅者对调查问卷做回答的这个事实连同那些数据都存储到他的订阅者数据库记录中。绝对不要在下个月的时候再让他做类似的调查问卷。
- 要感谢所有做调查问卷的人，发送一封简短的 E-mail，写上你对他们花时间来做调查是多么的感激，并告诉他们你对过去的调查问卷结果是如何处理的。

2. 后续观察调查反映

Netflix 公司的顾客 Shane Sackman 在他没有收到订购的一部电影后通过电话和 Netflix 公司的客户服务部联系的，然后他收到了一封后续调查邮件。Sackman 说：“在回答问题时我选择了满意，这把我带到了一个包含客户服务链接的感谢页面，若我有什么额外问题的话可以去询问，我很欣赏那封极其简单的调查问卷，因为它让我感觉我是 Netflix 公司很关心的顾客，并且他们在不断地改进服务质量。”

下面是那封后续调查邮件。

亲爱的Shane：

感谢您通过电话和Netflix公司客户服务取得联系，为了给您提供更好的服务，我们很期待听到您对我们的看法。

我**满意**Netflix公司客户服务体验

我**不满意**Netflix公司客户服务体验

非常感谢！

Netflix团队

顾客Jillian Bilodeau在Pottery Barn公司获得了一次令人震惊的客户服务体验。她在线从Pottery Barn公司购买了一些商品，当它们抵达的时候，她发现装运时并没有包含一个挂产品的挂杆。她打电话给客户服务中心，却发现挂杆是一个分离开的商品，要20美元。她说："即使客户服务人员态度很友好，但她还是委婉地告诉了我这个坏消息，就是我还需要再支付挂杆费和另外8美元的运输费。所以，我订购了两个挂杆来挂我最初购买的三个产品，这就为我带来了预料之外的第二次40美元的订购费加上运输费。"

"第二天，我收到了一封E-mail，让我就此次客户服务体验做个调查。"她继续说到，"我就如实地解释了那个客户代表是如何的令人满意，让我意识到我应该一次性购买所有需要的商品。两天后，我收到了客户服务打来的电话，解释了第二次的运输费是如何利用的，并且我能有一个20美元的商品券作为这次麻烦的补偿，可以在线或在商店中使用。我对这次的客户服务很感动，现在我对Pottery Barn公司已没有任何负面的看法了。他们对满意度调查不是开玩笑的，而是严肃对待的。"

11.3.4 实施技巧

1．获得顾客评级和产品评论

很多网上零售商都是定期地让顾客评级并对他们购买的产品进行评论，然后他们就在网站上或E-mail中将顾客评级放在产品的旁边。这些评级有多重要呢？非常重要。

Bazaarvoice报道称，通过顾客评级来优化站点搜索能在同区段的基础上让每个访问者多产生22%的销售额，能在多区段的基础上让每位访问者多产生41%的销售额。它还发现，含有50个及以上的顾客评论的在线购买的产品的退货率，是只含有5个及以下评论的产品的一半。

ForeSee Results 在2007年的一份研究报告中称，有评论的产品比无评论的产品高出21%的购买满意度和18%的忠诚度。EMarketer报道称，英国在线零售商发现，若他们使用消费者产生的评级和评论，他们的顾客保留度和忠诚度分数都会提高 73%。Bath&Body Works发现，含有顾客评论的E-mail能将平均订单大小提高10.4%，将打开率提高7.5%，将销售额提高11.5%。

2007年，comScore报道称，几乎每个范畴的评论用户中，有超过3/4的人说那些评论对他们的购买很有影响力，其中旅店排名最高（87%）。它还报道，根据在线评论来进行购买的人中，有97%的人说评论都是很准确的，用户的数值评级是相当重要的。comScore还发现，根据产品归类，消费者宁愿多付 20%～99%的钱来购买“五星级”的产品，也不愿购买“四星级”的产品。

MarketingExperiments测试了有顾客评级和无顾客评级的产品转换率，当产品以“五星级”身份呈现时，转换率会翻一倍以上，从0.44%升到1.04%。

PETCO发现，允许购物者根据顾客评级将产品进行归类，能让每个访问者的销售额增加41%，它还发现，浏览了站点上“顶级产品”页面（特写了顾客评级最高的产品）的购物者的转换率比普通站点的转换率高出49%，并且比其他购物者的每份订单大小高出63%。

最后，Forrester Research报道称，71%的在线购物者会阅读评论，消费者产生的评论被最广泛地阅读。

2．优化调查问卷的措辞来训练顾客

通过询问问题的方式让人们做调查问卷，能帮助他们注意到他们从前没有注意到的事情。“您是选择A还是B”可能仅仅只能让人们注意到你以及还有一个B选项。

询问问题可能会改变顾客的体验。某公司向订阅者们展示了一堆证明书，信息里写道：“我们希望，当我们完成了对您的工作后，您也会很乐意回我们一封信。”这个想法会增加这样的一个可能性：人们会寻找一些好话来说，也会增加他们享受这次体验的可能性。

3．在E-mail中要如实填写

在E-mail中一定要诚实，因为订阅者会注意到虚假陈述。Lilia Arsenault收到了一封Spiegel公司发来的邮件，开头写着“亲爱的Spiegel顾客，在您准备庆祝这个节日的时候，我们要感谢您——我们极其特别的顾客，让我们彼此都拥有了精彩的一年”。Spiegel对站

点上所有产品都提供了20%的折扣。

Lilia的回应："我希望Spiegel能对我更诚实一点。我很感激被他们称为'极其特别的顾客'，但是我没有从他们那买过任何东西，所以也不应该得到这声谢谢。所以为什么不利用这个机会来更加了解我呢？这样我就真的可以成为他们'极其特别的顾客'了。"

经验分享

- 在你向顾客询问任何信息之前，要计算出顾客给了你这些信息后有什么好处，并在E-mail中让他知道。
- 只询问你需要的和能用到的信息。
- 不要一次询问太多的信息。
- 要考虑到追加的人口统计数据，而不要一味地向顾客询问信息。
- 不要丢失未完成的表格里的数据。
- 让数据输入过程变得有趣。
- 在每张表格里预填数据。
- 当顾客向你提供信息时要感谢他们。
- 调查问卷的措辞能够训练顾客。

第 12 章

经常性的争论：多少 E-mail 才够

当收件人被问到为什么要停止订阅之前选择的 E-mail 时，一半以上的人会说内容不再有相关性了，40%的人会说他们收到了太多太多的信息，远远超过了他们的预期。60%的在线零售商每个月会开展 1～3 次广告活动，32.8%的在线零售商开展 4～15 次，7.2%的在线零售商开展超过 15 次，如果你站在用户的角度考虑，你应该清楚地知道，给同一个订阅者发送 E-mail 的企业绝对不只你一家，那种数量可想而知。

12.1 E-mail 的发送频率

12.1.1 现状

E-mail 营销是如此的廉价，所以很多零售商都被引诱去太过频繁地使用它。销售数字似乎证明了零售商也是没有错的，这是很简单的道理：如果你原来是按月发送邮件，然后转变成按日发送，你的销售额很可能会提高。难道这不能证明发送得越多越好吗？是，也不是。原因在这里。

相关性和频率是有关联的。如果太频繁地发送一封相关性的 E-mail，随着时间的推移，就会丧失掉它的相关性效果。Merkle 的一份研究显示，66%的 E-mail 用户将过高的频率列为退订的一个原因。但是相反就不一定也是真实的了。如果你很偶尔地发送一封 E-mail，你的顾客可能就会忘记你，并会认为你的邮件是垃圾邮件。

你能从本章中学到：让订阅者能很容易地告诉你他们在想什么，并且要倾听他们所说的内容。通常他们都会告诉你什么样的频率是最好的，而且，他们当中某些最好的沟通者会是非活跃顾客。

当你的 E-mail 被认为太频繁时，你就会有一个问题了：你的顾客——通常是最好的顾客，可能会退订，或者将你的 E-mail 标记为垃圾邮件。

这个基本问题和狩猎—耕作难题有关联：营销者应该分析 E-mail 广告或 E-mail 订阅者吗？E-mail 广告本身仅是这个方程的一部分，交流的真正价值经常是很难测量的。

将日常的 E-mail 想象成一群蚊子攻击一群在购物商场外面休息的消费者，有些人会上他们的车或是回家，有些人则会进入商场购物来躲避这些蚊子。但是，E-mail 营销者没有研究消费者在做什么，而是研究那群消费者头上的蚊子群。这就和一个军队分析的是向敌人开火的子弹，而不是分析敌人计划要干什么是一样的。

买方会成为有价值的长期效益的来源，你的目标应该是争取得到他们的支持，和他们建立长期关系，让他们对你的公司、服务和产品感到满意。从长远来看，想要获得成功的话，就必须分析并且了解你所有的订阅者：他们的偏好是什么，以及该如何创建营销信息来反映这些偏好。如果有一个订阅者会在 10 年里每年从你那购买 2000 美元的产品，但是你却在几个星期之内由于发送过量的邮件而失去了他，那你就失去了大量的收益——通常你甚至都意识不到这一点。

你应该如何确定营销邮件的适当频率呢？为了回答这个问题，我们就以输送能力的总体效果为开端吧。

12.1.2 频繁地发送 E-mail 会降低输送能力

频繁地发送 E-mail 会产生如此多的额外退定量和垃圾邮件投诉量，你应该停止采用用增加的短期效益来换取失去的长期效益的方法，这会潜在地影响品牌和 E-mail 声誉。你产生的任何额外的收益、下载、测试或其他的所需操作很容易会被白白浪费掉，因为替换丢失的顾客或潜在顾客的花费太高了。

下面是一个个案研究，如表 12-1 所示，它源于 Kirill Popov 和 Loren McDonald 在 The ClickZ Network 上报道的数据。Popov 和 McDonald 列出了由于增加发送频率而导致损失的四大原因。

表 12-1 增加频率的效果

在线零售商 增加 E-mail 频率	5 次/月	12 次/月
年初订阅者	515 677	515 677
发送的 E-mail	32 161 000	79 890 000
每次发送的收益	$0.18	$0.10
收益	$5 788 980	$7 989 000
每次订阅的收益	$11.23	$15.49
退定率	0.740%	1.770%
月垃圾邮件投诉	0.046%	0.646%
月流失的邮件地址	1.53%	3.55%
年损失率	18.36%	42.60%
年订阅者流失	94 678	219 678
年终订阅者	420 999	295 999
每个 15 美元替换流失的订阅者的成本	$1 420 174	$3 295 176
以 11.23 美元的损失损失一年的收益	$1 062 857	$2 466 105
$6/m 的 E-mail 制造和发送成本	$192 966	$479 340
当前和未来的总成本	$2 675 997	$6 240 622
当前和未来成本后的净收益	$3 112 983	$1 748 378
增加频率带来的利润损失		$1 364 604

- 额外的订阅者损失
- 重新获得这些订阅者的成本
- 丢失的订阅者造成的潜在的损失
- 更高的垃圾邮件投诉率触发了 ISP 的拦截

这些在他们的个案研究中都被阐述出来了，形成了表 12-1 中数字的基础。

这个零售商每年的在线收益是 570 万美元，他决定将他的 E-mail 营销广告发送频率从每个月 5 次增加到每个月 12 次，收益提高了 38%，上升到 790 美元。Popov 和 McDonald 密切地关注了增加的这 220 万美元的效益所花费的成本，发现了很多问题。

传送出去的 E-mail 从 3200 万封增加到了将近 8000 万封，这导致了退订率从 0.74%上升到了 1.77%，被报道的垃圾邮件投诉率从 0.046%上升到了 0.646%。结果，那个零售商在那一年里失去了 219 678 个订阅者，而不是 94 678 个。这是一个很惨重的损失：每封 E-mail 的效益从 0.18 美元降为了 0.10 美元。

零售商以平均 15 美元/个的成本获得了这些基于许可的 E-mail 地址，为了让交易继续下去，他将不得不以 15 美元/个的价格替换掉这些失去的订阅者。除此之外，每个失去的订阅者会让零售商每年花费 11.23 美元，如果他们没有消失，零售商就应该是得到这些钱，而不是支付这些钱，这个价格取决于公司当初获得他们时的花费。这 11.23 美元准确吗？一方面退订的订阅者的价值低于平均水平；另一方面，有些时候退订者比那些保留者更有价值。

在那一年年末，由于高频率的发送邮件，零售商只剩下不到 30 万个订阅者了，若他的发送频率低一点的话，剩下的会超过 40 万个的。

这个表格没有标明的是，过量的 E-mail 是如何降低订阅者脑海中的品牌价值的。当超过 10 万个消费者退订的时候，或者由于他们认为邮件太多而使邮件无法传送的时候，他们会对给他们发送邮件的零售商有什么样的看法呢？过量的邮件不仅会减少净收益，还会摧毁品牌形象。

12.1.3 测试内容

1. 首先测试频率变化

如表 12-1 所示，我们可以看到，由于增加了邮件的发送频率，这个零售商每年损失 130 万美元的利润，要让增加的频率对你的 E-mail 方案产生影响的唯一方法就是：在增加发送频率之前和之后做分析。

不管什么时候你想改变你的邮件方案，在开始时都将那些改变放进一个测试组。将测试组和对照组的打开率、点击率、转换率、传输率和退订率进行比较，一直等到你让自己信服你的改变是好主意，然后再将它发送出去。

说起来容易，做起来难。将发送频率从每个月 5 次增加到每个月 12 次，要求增加你的创意和方案执行人员。管理层不会因为做个测试而给你提供基金让你来雇佣额外的员工，所以你要如何测试其他的频率呢？如果你将你的邮件传输和创意的一部分外包给一个 ESP，你就可以让 ESP 来帮你增加频率进行测试，而不用自己或 ESP 雇佣其他的在编人员了。

当然，增加频率并不总是一件坏事。很多公司都存在相反方面的问题：他们发送的不够多。为了确定对的频率，你需要每次了解细分群体里的顾客状况。

电子邮件体验委员会的“2006 年零售邮件订阅基准研究”（2006 Retail E-mail Subscription Benchmark Study）显示，只有 7%的零售商会去了解订阅者期望的邮件数量，在研究中，仅有一个零售商——Coldwater Creek，允许订阅者自己选择每月的 E-mail。

2. 频率和反弹

为什么 E-mail 会反弹呢？有可能是因为订阅者改变了工作或邮件地址，也有可能是因为他们已经厌倦了从你那收到信息，每个因素都用 MailerMailer 的数据阐述出来，如表 12-2 所示。

表 12-2 邮件频率与反弹率

邮件频率	反弹率
每日或更频繁	2.35%
一周几次	2.02%
每周一次	2.59%
一月几次	4.91%
每月一次	5.43%
每月少于一次	13.57%

这些数字暗示了：如果你每个月给人们发送的邮件低于 1 封，他们将会忘记你，并且很可能会认为你的 E-mail 是垃圾邮件。定期地发送信息会减少反弹率。利用这些数字，可以总结出：每天发送 E-mail 是好事，只需要考虑反弹率这一个因素。

12.2 研究与分析

12.2.1 研究

1. 两个退订个案研究

这是丹威尔森在“电子邮件体验委员会”博客里的案例研究。

几个星期之前，我加入了萨克斯第五大道的在线客户服务（我想要预先支付我的萨克斯信用卡）。在这个过程快结束时，我选择了接收萨克斯的 E-mail。从我点击了“确定”按钮那一刻开始，接下来就是每天的邮件。

第1天：邀请——将我带进了一个感谢页面，但没有欢迎邮件。

第2天：注册后的第二天，欢迎邮件来了。虽然迟到一天，但我还是很高兴立即打开它。我认为标题“欢迎访问saks.com，我们为您准备了一份特殊的礼物……”并不是很好，不过它也算很明确和直接。信息的主体部分包含了一个行动呼吁，可以打10%的折扣。总的来说还是不错的。

第3天：萨克斯在一天里发来了两封邮件。

邮件1：标题是“萨克斯双倍积分＋发自内心”，于东部时间上午10：31收到，内容是情人节行动呼吁。

邮件2：标题是“获得萨克斯双倍积分！”，于东部时间下午3：53收到，内容是双倍积分的行动呼吁。

第4天：标题是“萨克斯双倍积分＋必备的手提包”。

第5天和第6天：无（“超级杯赛周末”）。

第7天：收到了两封邮件。很难相信他们仅在4天以后就又犯下一天发送两封邮件的错误。

邮件1：标题是“迪奥……把它拿走吧！”，东部时间上午10：08收到，内容是女鞋行动呼吁。

邮件2：标题是“独家视频！时尚周的前3天”，于东部时间下午4：51收到，内容是时尚周行动呼吁。

第8天：标题是“神话般的情人节礼物”。

第9天：收到了两封邮件。第3次犯下一天发送两封邮件的错误。

邮件1：标题是“大卫雅曼的礼物（David Yurman Gifts）”，于东部时间上午9：47收到，内容是女鞋行动呼吁。

邮件2：标题是“第4天时尚周视频”，于东部时间下午5：05收到，内容是时尚周行动呼吁。

第10天：标题是“新的：雷耶斯、韦恩……＋销售”。

第11天：我点击了他们的“退订/偏好”更改链接，打算退订了。但是，哎呀，他们做的是对的，我可以编辑我的偏好，然后选择“每周接收一次邮件”。

退订选项挽回了我！这是一个安全网——一个虚拟的最后努力让你重新捕获订阅者的内心和想法。有多少个E-mail营销者会提供这种选择呢？并不是很多。

第二个个案研究是将两个在一年中发送了数量相当的邮件的两家公司做对比，如表12-3所示。

表 12-3　不同 E-mail 频率的两家公司

	A 公 司	B 公 司
订阅者	586 324	558 128
发送	42 407 835	50 173 347
每年平均 E-mail	72.3	89.9
退订	43 652	59 031
退订百分比	7.45%	10.58%
在线买家	58 566	95 036
买家百分比	10.0%	17.0%
总在线订单	64 910	107 638
平均订单价值	$159.81	$101.77
总在线销售	$10 373 267	$10 954 319
每封 E-mail 产生的销售	$0.24	$0.22
每个订阅者的销售	$17.69	$19.63
每封 E-mail 的转化	0.15%	0.21%
每个买家的花费	$177.12	$115.26

两家零售公司都在购物商场里有好几百家商店，这儿的数字只覆盖了在线销售。两家公司在开始时，它们数据库里注册的订阅者数量差不多。A 公司发送了超过 42 000 封 E-mail，每个地址大约发送 72 封邮件；B 公司发送了超过 50 000 封 E-mail，每个地址大约发送了 90 封邮件。B 公司较高的发送频率却使它的订阅率降低了，有 10.6%的收件人退订，而 A 公司的退订率只有 7.5%。

B 公司 17%订阅者变成了买方，而 A 公司只有 10%。平均订单大小的差异应该是由于货物的区别，而不是由于较低的发送频率。

有趣的是，有些退订的订阅者在消失之前会购买产品。所有退订者在每个商店的在线购买总额接近 100 万美元如表 12-4 所示。最重要的数字就是每个退订者的平均消费：A 公司的退订者的平均消费为 220 美元，而它所有买方的平均消费仅为 177 美元；B 公司的退订者的平均消费为 156 美元，它所有买方的平均消费为 115 美元。

表 12-4　两家公司的退订和无法送达

A 公司退订和无法送达			
购 买 量	买　家	收　益	$ /买家
1	3 654	$ 528 140	$ 144.54
2	551	$ 181 528	$ 329.45
3	146	$ 79 704	$ 545.92

续表

A 公司退订和无法送达			
购 买 量	买 家	收 益	$ /买家
4+	156	$ 168 071	$ 1 077.38
总计	4 351	$ 957 443	$ 22 005
保留的	58 556	$ 10 373 267	$177.15
B 公司退订和无法送达			
购 买 量	买 家	收 益	$/买家
1	4 054	$ 386 847	$ 95.42
2	753	$ 159 822	$ 212.25
3	262	$ 81 355	$ 310.52
4+	292	$207 911	$ 712.02
总计	5 361	$835 936	$ 155.93
保留的	95 036	$10 954 319	$115.26

这些表格表露出，失去的订阅者的价值高于那些留下的订阅者，这两个公司失去的是最好的顾客。B 公司失去了 292 个顾客，这些顾客在消失之前购买了 4 次及 4 次以上的产品。这种分析表明增加了发送频率的隐性成本。

我们能从这些数字中总结出什么呢？

频繁的 E-mail 的转换率是很低的：每封传送出去的 E-mail 的转换率在 0.15%～0.21%之间。

- 频繁地发送能增加销售额。
- 频繁地发送很可能会增加退订量。
- 对那些离开的人（退订或变得无法传送）进行分析。如果你正在失去你的最好顾客，那么找出原因，并弄明白你能采取什么样的行动。

2. 频繁的 E-mail 影响离线销售

现在显示在这些表格中的是这些订阅者所贡献的离线销售额，公司通过好几种渠道发送 E-mail 广告（就如这两家公司那样），这会影响所有其他渠道的行为。通常，在网站上活跃的 75%的顾客（注册成为订阅者）所产生的离线销售都是在在线搜索之后完成的。毫无疑问，收到这些 E-mail 的订阅者都被促使去零售店看看，比在购买之前试穿一下衣服。这些 E-mail 所产生的离线销售是很重要的，没有人知道到底有多重要。然而，这些销售额在表格上没有显示出来的原因就是这些公司是狩猎者，而不是耕作者。他们没有维持顾客营销数据库来显示所有渠道所产生的销售额。创建这样的一个营销数据库每年需要超过 100 万美元的成本，这种额外的花费并不适合大打折扣的大规模发送邮件的商业模式。

12.2.2 分析

1．如何保住你最好的买主

在这一点上有两个事实：频繁的邮件会增加销售额，却会让一些人感到厌烦。你可以承受失去非买方，但绝不能承受失去经常购买的买方——尤其是因为你发送太多邮件而导致的。改善这种状况的一种方法就是对买方更好一点。

这个明显的解决方法对任何一家公司来说都不是那么容易采纳的。因为两家都是狩猎者，而不是耕作者。他们陷入了一个陷阱，因为在选择进入过程中他们从订阅者那里收集到的所有信息就是订阅者的地址和名字，使用那个名字就能够将问候进行个性化处理了，但仅此而已。同时，买方收到的邮件和非买方是一模一样的。零售商当然有买方的住址，他们可以得到附加的数据，并为买方创建包含个人内容的 E-mail，为什么他们就不能好好利用这个形势呢？

对它们两家公司来说，这是在电子营销狩猎者中很普遍的一个原因：他们都忙于创建新的 E-mail，所以只有很少或是没有其他可利用的员工资源来为买方创建差别化的信息。这样的 E-mail 发送者只能勉强糊口，每封 E-mail 都会为订阅者提供很大的折扣作为鼓励，他们的管理层正在寻求最节省的方法来传送他们的 E-mail，任何一个想出为买方创建不同 E-mail 这个想法的营销者，都要用一段艰难的时间来让管理层信服，那些额外的花费是很合理的，但是数字不会骗人。Army Black of Constant Contact 写到“根据 JupiterResearch 的调查，让你的群众接收到更相关联的通信能将净利润增加 18 倍”。你该做什么才能让管理层注意到这个情况呢？

2．你要隔多久发一次邮件

要回答这个问题，你就要先回答一个更基础的问题：你能说出你的订阅者希望收到什么样的信息吗？一旦在你的脑海中有了明确的答案，就可以在选择进入过程中向你的订阅者阐述了。然而，有些订阅者顶多就是窗口购物者，而且不管你做什么，都很可能会从你面前消失，那就要用选择性 E-mail 来询问他们希望隔多久收到一次信息，也可能要给他们一个选择机会让他们指定合适的频率。

如果你发布新闻，订阅者可能是真的希望收到每天的时事通讯，偶尔加上当天的重大新闻。但是大多数的企业是不发布新闻的，所以每日新闻可能就是一种超负荷了。为了得到你需要的答案，建立一个优先中心，讲清楚你的 E-mail 时事通讯或促销信息里面将会包含的内容，还有它们出现的频率是怎样的。将你的内容分解为几个通讯选项：每天的、每周两次的、每周的或更少的。

不要一口咬下你咀嚼不了的东西。如果你要宣传每日内容，就要确保你所发送的内容符合你在偏好表格中创建的期望值。为了让读者收到他们真正想要的内容，将你的题材分为几种类别，这样读者就可以围绕它们得到想要的内容了。

比如，你有 4 种不同的时事通讯，第 5 种是用来对这 4 种做每周摘要的，而有些订阅者可能就会选择每周摘要，所以可以在摘要里包含一些链接，让读者可以返回到其他 4 种邮件的资料中。

另一方面，零售商要在他们的信息中提供购买产品或服务的机会，邮件中要包含产品的图片和详细描述的链接，也可能包含一些关于产品制作的技术性信息，开展一个“头脑风暴”会话来找出你真正可以为订阅者提供的信息，这样你就能在偏好请求表中说清楚了。一定要解释清楚这些 E-mail 的发送频率是多少。如果你在选择过程中实话实说，在以后就会出现较少的失望者和垃圾邮件控诉量。如果你根据你的偏好表格给订阅者发送的邮件量超过他们所期望的，很多订阅者将会感到厌恶，甚至会很气愤。

不管你在选择过程中承诺过什么，在订阅者关系的整个生命周期过程中都必须兑现。从头到尾都要抵挡住诱惑，不要试图窃取一两个“不能遗漏”的 E-mail 信息，你可能会一次或两次侥幸成功，但是如果你继续的话，你将会由于更多的垃圾邮件投诉和更少的顾客参与而为你的侵略支付费用。

3．用 RFM（最近一次消费 Recency、消费频率 Frequency、消费金额 Monetary）分析法来测试邮寄日程表的效果

在缺乏其他的人口统计和行为数据时，很多大规模的营销者采用 RFM 分析法（详情请见第 7 章）。RFM 可以以订阅者的回应（打开量和点击量）为依据，也可以以实际的转换量为依据。在这种情况下，很多订阅者就会阅读 E-mail，然后去商场采购产品。

如果你是一个 E-mail 耕作者，拥有一个包含所有采购渠道的营销数据库，RFM 将会是一个很有威力的细分群体的工具。它能帮助你确定给每个特定群体发送什么样的频率的邮件最赚钱。有了营销数据库，用 RFM 将你的订阅者进行编码就不需要成本了。

RFM 能告诉你哪些顾客回应得最多，货币代码能告诉你谁消费得最多，频率代码能指出最频繁的打开者和转换者，这些都是你不想失去的人。如果你担心由于太过频繁的 E-mail

而失去大量的订阅者，那就检查一下你的订阅者RFM单元编码，检查退订者和无法传送者的RFM单元编码，采用RFM来确保不要像A公司和B公司那样失去最好的顾客。

4．经常在邮件里做总结

太过频繁地发送E-mail对你的营销方案来说是很危险的。如果要确保你采用的是正确方法，而且没有失去你最有价值的顾客，那么请考虑下面的两个测试。

（1）除了“退订”按钮外，测试插入一个“我们给您发送了过多的信息吗？”链接。当订阅者点击这个链接时，告诉他们你给他们发送邮件的频率是多少，然后给他们提供一个机会让他们减少或增加邮件频率，或者限制特殊话题的邮件频率。

不要对这个想法太疯狂。先对几个订阅者进行测试，采用RFM单元编码对他们进行测试，你可以以很低的RFM编码的订阅者为开始，看看你是否能再激活他们。

（2）这一个测试是针对退订者的，他们持有对你来说有价值的信息。就他们而言，他们知道你的E-mail方案有什么样的问题（如果有的话）。对这些退订者你还有最后一招：“你已经退订”的信息，在这封E-mail中放置一个调查问卷，来找出他们离开的原因，以及你能做什么来优化你的E-mail。不要错过这个机会，要认真对待你所了解到的信息，好好琢磨，然后付诸行动。

经验分享

- 大约40%的退订者认为他们收到了过多的E-mail。
- 一封相关联的E-mail，如果发送得太过频繁，就会变得无关联了。
- 如果要增加E-mail频率的话，就要建立一个对照组来测量它对退订量、输送能力和垃圾邮件投诉量的影响。
- 发送量偏少有时会影响反弹率。
- 增加频率很可能会增加转换率，但同时也会减少利润。
- 要很仔细地研究买方中的退订者和输送能力，要确保不能失去最好的顾客。
- 和非买方相比，要对买方更好一点，将他们进行细分，给他们发送进行了个性化处理的E-mail，并给他们一些回报。
- 如果可以的话，研究E-mail和离线销售额之间的关联。E-mail对订阅者行为的影响力可能要比在线转换统计数据显示的影响力要大一些。
- 用RFM将所有的订阅者进行编码，并且定期地研究那些结果。

第 13 章

事务处理 E-mail 的力量

假设作为一家航空公司，你应该让你的常客的飞行计划和飞行旅途变得简单方便。相对于其他的航空公司，你为他们发送事务性邮件，让他知道什么时候可以在线查询，甚至起飞前 24 小时就可以查询到是否可以订到最好的座位，让他感觉自己是一个受重视的客户。这些事务处理消息根本不会被看做是打扰，相反，顾客会欢迎它。

当在其他的航空公司，顾客必须在起飞前花 20 分钟的时间拼命寻找 E-mail，以找到行程明细并安排每件事情的时候。你却让顾客可以偷懒，因为你在 24 小时前就发送 E-mail，打包所有的行程明细，并且还可以在线查询时间。那么顾客难道不会喜欢你更多一些吗？

客户是多通道的，市场营销部门的仓储已经不能满足客户的需要了。客户需要通过不同的渠道来满足其数字生活方式，E-mail 应该比普通信件使用得更多。客户收到的是电子信息，不必考虑样式、设计或是浏览的方法。

13.1 什么是事务处理 E-mail

13.1.1 事务处理 E-mail 定义

营销人员忽略了事务处理信息带来的潜在收益。Direct Marketing Association 和 Shop.org 发现，零售商的平均订单价格接近 98 美元。每批事务处理信息能够得到 98 美元的订单价格；这些事务处理信息可以得到平均 3%的收益；保守的结果为每年 290 万美元的附加收益。

事务处理 E-mail 是您向客户发送的邮件中最有效的一种，其打开率为 70%～90%，而促销邮件的打开率仅为 13%左右。事务处理 E-mail 为您提供了与客户交流、建立长久关系的极好机会。但你必须在邮件的内容和传输方法上下工夫，因为它们真的可以增加你的效益。在这一章中，我们将会谈及一些规则，以帮助你成功地设计 E-mail。成功的事务处理 E-mail 就像你与客户之间的交谈。

事务处理 E-mail 的类型包括：

- 感谢信息
- 订单运输
- 满意度调查
- 重要购买信息
- 重要提醒
- 登机牌
- 机票确认
- 订阅 E-mail 确认
- 欢迎 E-mail
- 服务确认

每条信息都为你提供了一个与客户建立坚实关系，得到更多信息、更多忠诚度和销售额的机会，这些 E-mail 包含了一些标准链接。仔细学习本章节，你就会成为事务处理 E-mail 的专家，并且受益无穷。

13.1.2 怎样建立事务处理 E-mail

1．事务处理 E-mail 如何开始

因为这是一封事务处理 E-mail，应该以有关事务处理的信息为开头。在邮件标题前和事务文本前不应该有促销内容。邮件的标题应该能够表达信息的内容，如：“您的订单已经起运”、“打印登机证”等。在信息较靠下的位置，你可以添加一些促销材料，但绝不能喧宾夺主。

反垃圾邮件法是以事务处理作为邮件开始的一个重要原因，这项法规对事务处理 E-mail 做了限制。如果你遵守法规，就能通过 E-mail 建立良好的客户关系，而这项法规只有两项基本要求，并且很容易做到。

第一，邮件的标题应清楚地标明是事务处理邮件。“您即将前往圣何塞”清楚地标示了事务处理的内容。“床单和枕头的大量交易”则不够清楚。

第二，文本的开头部分是关于事务处理的，而文本的下方是促销材料，这样是没有问题的。

2．包含标准管理部分

在第 10 章中，我们列举了每封 E-mail 的管理部分中的一些重要链接。这些链接也应该出现在事务处理 E-mail 中。它们为通向你的世界提供了一扇窗。

例如，如果你的事务处理邮件是一篇介绍性的欢迎词，其中的信息应包括：

- 个性化的祝词
- 热烈的欢迎
- 展示你的产品和服务
- 他即将收到的 E-mail 样本的链接
- 你的隐私政策的链接
- 你的邮件发送频率的说明
- 客户所注册的相关网站页面的链接
- 立即购买其他商品的机会
- 引用页链接
- 调查问卷链接

3. 用 HTML 而不用文本

HTML 可以让你知道读者是否打开了你的信息，并且是否点击了链接，这是文本文件不能做到的。如果使用文本，你便失去了一个与客户互动的黄金机会。2007 年 Silverpop 研究报告显示，大公司发送的 42%的事务处理 E-mail 是文本格式。这些公司是不明智的，因为 HTML 格式的事务处理 E-mail 外观更漂亮，而且可以被测量。

文本 E-mail 不能方便地添加商标，这会失掉那些有品牌情结的订阅者。Jupiter Research 估算，通过提高 HTML 格式邮件的发送率和交叉销售，在线零售商平均每年能够获利 250 000 美元。

事务处理信息，包括订单确认和服务相关信息，一直以来都是由系统产生的纯文本信息。这些系统没有 HTML 格式的信息，不能包含产品和广告，而产品和广告恰恰能够增加收益和品牌意识。然而，这些旧的事务处理系统根本没有能力对关键的 E-mail 记录进行报告，如发送率和客户的回应行为。事实上，这些信息的发送，如订单确认和银行结单，将驱使客户与客服联系、消耗额外的网站资源，并使终端客户感到沮丧。

13.1.3 事务处理 E-mail 的应用技巧

1. 使事务处理信息个性化

事务处理实际上是订阅者所提出的要求：订阅者要求给她发一些信息或是可以进行下载的链接。当然，她会给你她的名字。就为这个理由，你也应该使用它。E-mail 的正文应该以订阅者的名字开始。在事务处理邮件中千万不要写“尊贵的客户”。在促销邮件方面，你可能只知道客户的 E-mail 地址，而不能做到个性化。但是事务处理 E-mail 可以，因此应该进行个性化处理。如果经过测试，你就会发现个性化信息比非个性化信息能够产生更高的点击率和转化率。

很多零售商没有学习过怎样正确地发送事务处理信息。据 Silverpop 的调查，各大公司所发送的 44%的事务处理邮件没有经过任何个性化处理。

2. 立即发送事务处理信息

应在触发性事件发生后的 10 秒钟内就发送出去。时机非常重要，试想，你的客户刚购物完毕，坐在电脑前等待你为他发送些什么，在此时，他有强烈的购物冲动；但等到明天他拿到话费单后，可能就不会有这样的心情了。根据 Silverpop 的调查，只有 38%的事务处理邮件能够在一分钟甚至更短的时间内送达客户；23%的 E-mail 需要花 10 分钟，甚至更长的时间。

3. 推荐购买其他产品

这是你与客户交流的好机会。事务处理 E-mail 差不多都会被打开，在设计你的事务处理 E-mail 方案时，考虑一下此邮件的目标是什么。E-mail 营销人员不会出于热心做这些事情，他们只是想增加销售额和建立客户关系。精心设计的事务处理 E-mail 会得到高收益。他们抓住时机将邮件送达客户（当客户正有购物心情的时候），并且做相关的交叉销售推荐，这样便能轻松地使客户立即购买。

尽管如此，大公司（如诺思、奈曼马库斯、萨克斯、目标、玩具“反斗”和沃尔玛等）的 79%的事务处理邮件没有推荐其他商品或服务。Silverpop 的报告《顶级零售商是怎样使用事务处理邮子邮件的》证实了这一点。更糟的是，大公司的很多事务处理 E-mail 含有警告信息：此邮件不可回复！

你需要经过多长时间地考虑才能在事务处理邮件底部添加互补产品。如果你已经做足了功课，并且已经准备好了模板（如图 13-1 所示），就立即行动吧！

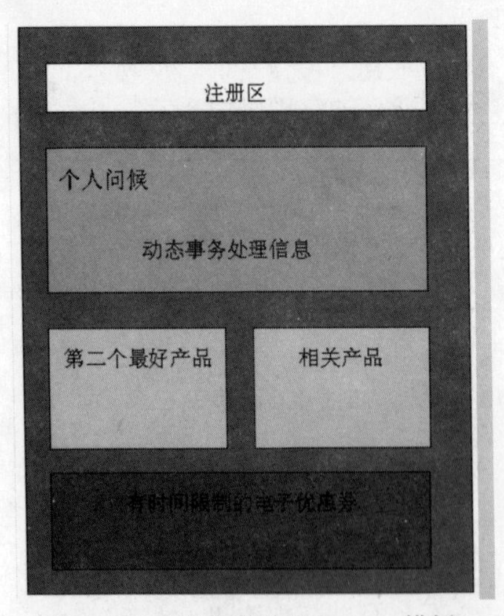

图 13-1 动态事务处理 E-mail 模板

当你在为交叉销售做准备时，你可以使用这样的模板。可以凭直觉将产品（皮带、鞋子或搭配连衣裙的外套）进行分类或是根据客户的相同购买经验分析来做更加复杂的分类。

无论你怎样做，都需要一个查找表，列出你所销售的每样产品以及互补产品的形象定位。将互补产品的形象自动插入到所有事务处理信息的底部。该模板为相匹配的文字留出了空间，例如：“这是其他客户购买过的黄色巴劳木平台饮料服务车。点击任何产品了解更多信息。”

4．与相关网站页面的链接

你曾读过多少份邮件建议你登录公司的主页，甚至让你自己将网址复制到浏览器上？如果你接受第一种建议，你可能会登录到一个与你所买产品毫无关系的网页；如果你将网址复制到浏览器上，该公司将永远不会知道你是否访问过他们的网页。

E-mail 营销的每个细节都应该进行测试。不要要求订阅者在浏览器上粘贴什么，或是访问一个给出的网址，这说明你不是一个优秀的 E-mail 营销人员，而使用链接就是一个好方法。

如图 13-2 所示，如果订阅者点击“A Face in the Crowd（人群中的脸）”或“Recommendations in Classics（经典推荐）”，他会到达一个页面，在那里他可以通过数百个附加链接了解更多的相关产品。如图 13-2 展示了“经典推荐”的登录页面。

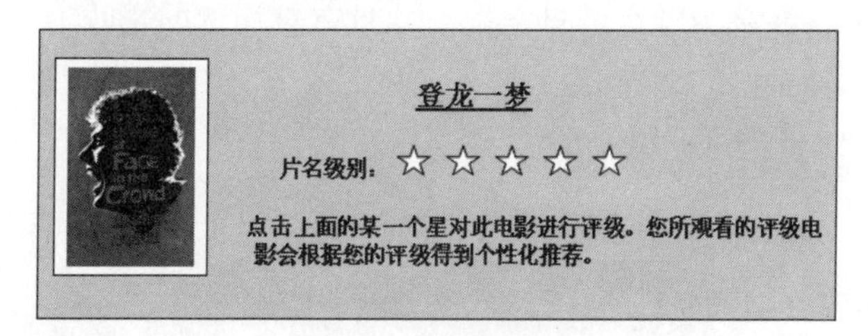

图 13-2　连接例子

图 13-3　Netfix 的“经典推荐”登录页面

5．包含动态内容

除了订阅者的名字外，还应该充分利用订阅者数据库中的信息，从而使邮件的内容更加鲜活。例如：

苏珊，感谢您定购了黄色巴劳木平台饮料服务车。我们将会尽快按您的订单发货。发货后我们会通知您。

您可能正在考虑其他的补充产品。为帮助您选择，我们冒昧地给您一些建议。这些建议是以购买了这款产品的顾客的其他产品选择为依据的。这些产品如下所列，您可以通过点击所显示的图片了解更多，或是订购某一件产品。

这个是亚马逊和 Netflix 公司在事务处理信息中所使用的。为什么他们能够实现交叉销售呢？

“动态的内容是营销的未来”Listrak 的梅根韦莱说，“消费者变得越来越精明，但却被大量的毫无价值的促销信息所包围。下一代的 E-mail 营销会将更少的信息发送到更大的数据库中，但每一条信息都是为顾客量身定做，并且有着高度的影响力。”

13.2 操作注意事项

1. 让订购者知道收到的是什么

一封优秀的事务处理邮件应包含三种信息：感谢信息、订单装运信息和产品调查信息。使客户在开始便知道他们会得到这三种信息，以及这三种信息包含的内容。让他们知道为什么你会要求他们为产品进行评价。

2. 提供一个名字、一个 E-mail 地址以及一个电话号码

事务处理邮件可以以对话开始，通过重复销售建立长期的关系。与一家公司进行交流很难，但与一个人进行交流就容易得多。如果可以的话，你的事务处理邮件应来自一个人，并附有 E-mail 地址和电话号码。这个人可以是一个真正的个人，或者是由客服人员所支持的一个虚拟人物。目的是让你的顾客感觉他是在和一个真正的人谈话，而不是电脑——他可以识别出那个人并可以和他取得联络，尽管事实也许并非如此。

3. 事务处理 E-mail 使顾客的生活更加便利

在设计一组事务处理邮件时，你应该想一想这些信息会对顾客产生怎样的影响。它们会使顾客为难吗？它们会让顾客获得信息吗？如图 13-4 所示是微软的事务处理电子邮件。

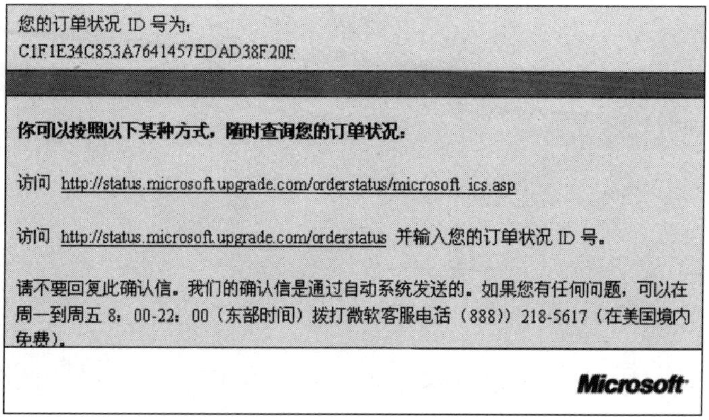

您的订单状况 ID 号为:
C1F1E34C853A7641457EDAD38F20F

你可以按照以下某种方式，随时查询您的订单状况：

访问 http://status.microsoft.upgrade.com/orderstatus/microsoft_ics.asp

访问 http://status.microsoft.upgrade.com/orderstatus 并输入您的订单状况 ID 号。

请不要回复此确认信。我们的确认信是通过自动系统发送的。如果您有任何问题，可以在周一到周五 8：00-22：00（东部时间）拨打微软客服电话（888））218-5617（在美国境内免费）。

Microsoft

图 13-4　微软交易信息

这个信息的用户界面是友好的吗？看一看微软要求顾客怎样做。如果顾客没有点击任何一个链接，顾客则不得不输入非常复杂的订单状态ID代码，这对于不熟悉复制和粘贴功能的顾客来说是一个很大的麻烦事。试想，如果顾客认为其订单发生了错误，他所能够做的，就是通过电话向微软的员工读出那串很难的 ID 代码，因为他是不允许回复邮件的。

4．向自己发送事务处理 E-mail

事务处理E-mail通常是按照收到的订单或事务自动生成的信息，但有时结果却不如意。如“你以 0 分赢得了 2008 年 6 月 3 日的飞行奖，你正向着下一个飞行奖进军”。向自己自动地发送邮件能够减少令人难堪的事务处理邮件发生的可能性。

5．为什么那么多的事务处理 E-mail 是以文本格式发送的

与 E-mail 营销人员交谈时，我们都会一致认为 HTML 格式的信息比文本格式的信息更有益。但为什么他们的公司却使用文本格式呢？通常是由于大型公司复杂的组织问题。

如果你研究一下如图 13-5 所示的事务处理 E-mail 传输系统模板，就可以看出问题所在了。例如，目录电话销售软件与运输部直接连接，这样可以发送订单。运输部发送一封事务处理邮件（通常是文本格式的，不利于产生交叉销售）。处理订单的另一种方法是通过信息技术部门到达 ESP，这样便可以发出 HTML 格式的 E-mail。但在许多情况下，信息技术部门有数据库更新计划，这样便降低了邮件的发送率。信息技术部门通常每月或每周更新其数据仓库，很少会每日更新或更加频繁地更新。

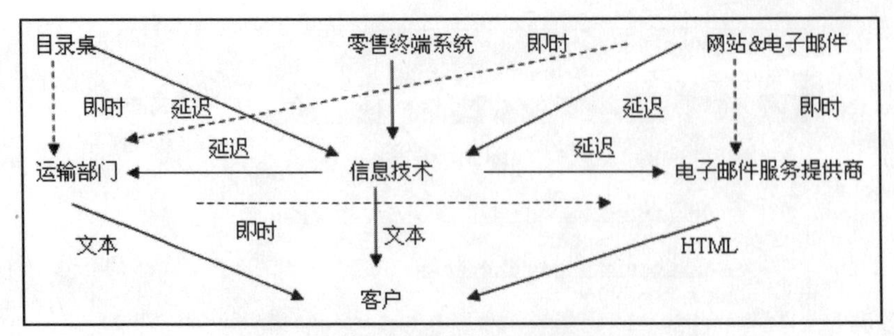

图 13-5 事务处理 E-mail 传输系统模板

同样的问题发生在通过 E-mail 或网站实现的在线订单上。这些订单渠道通常要经过信息技术部门到达运输部。这样产生的是文本信息而不是 HTML 信息，并且有不可回复邮件的警告，因为运输部不可以接收和回复邮件。

要想使用包含相关促销副本的 HTML 格式的 E-mail，并能接受客户的回复，通常需要在组织内部进行文化和政策的调整。信息技术部必须能够接收源源不断的信息，并且所有的信息都来自 ESP，而不是信息技术部或运输部。

听起来简单，做起来却很难。个性化的、动态的和交叉销售的事务处理 E-mail 需要营销部门的领导。在很多公司中，E-mail 的功能在组织结构中的地位很低，这样便使各方，特别是信息技术部很难接受调整。本书中记载了在营销部门的有效领导下，一些公司能够正常运作事务处理邮件。

幸运的是，情况发生了改变。很多大型公司意识到了 E-mail 营销的重要性，并开始使用高水平的资源对其进行监测。成功的零售商简化了整个过程。运输部向 ESP 发送电子信息，这个信息是 HTML 格式的，能够回复客户的要求。如图 13-6 所示。

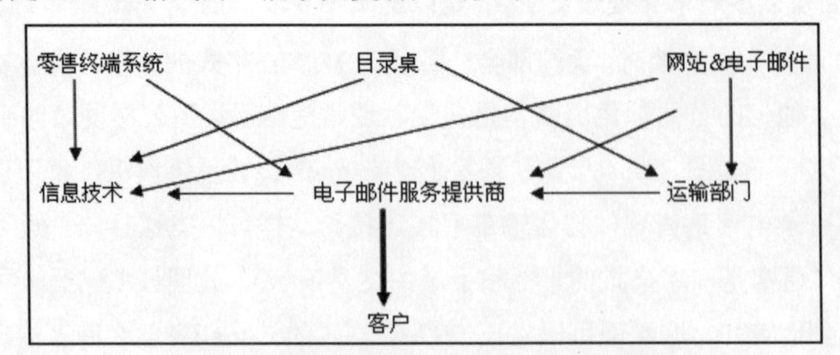

图 13-6 理想化的事务处理 E-mail 传输系统

开始时，所有的事务处理信息都应该由 ESP 发出，使用 HTML 格式或多用途互联网邮件扩展（MIM）格式，可以在 PC 或手持设备上查看信息。完成时，很多公司会重新安排与图 13-6 相似的 E-mail 处理程序。信息技术部仍会在此循环中，但不会导致延迟发送了。运输部将不再向客户发送 E-mail，而是向 ESP 发送 E-mail 通知。

为保证所有的事务处理 E-mail 都能包括 NBP、标准管理部分以及其他功能，E-mail 营销将会建立交易处理 E-mail 模式。

6. 离线事务处理的 E-mail

既然你知道了怎样创建受益颇多的事务处理 E-mail，你就应该尽量多地去使用它。如果你有离线销售（零售、批发或目录），那么尽量从每次交易中获得 E-mail 地址。你店铺的 POS 系统应该设置为可以接受客户的 E-mail 地址。应鼓励店铺职员和呼叫中心人员向客户索要邮件地址，理由是："这样我们便可以与您保持联系，如果您的订单有什么问题，我们便能及时通知您"，或是其他有效的、对客户有所帮助的理由。如果每一个离线销售的 E-mail 地址能够产生 11～26 美元的增值收入，你就有足够的能力奖励取得地址的职员了，或者奖励客户。

13.3 用事实说话：糟糕与优秀

13.3.1 糟糕的事务处理 E-mail

1. 糟糕的事务处理 E-mail

既然你已经知道了规则，那么让我们测试几封真实的 E-mail，从而分析使用的正确方式和错误方式。这是一封包含了本书中所提到的差不多所有错误的特别糟糕的 E-mail。它来自一家大型零售商，只有零售商的名字被改过。信息中的错误用带有括号的数字表示，如下。

> **亲爱的有价值的客户：（1）**
>
> 感谢您使用 BillBracket.com 下订单。我们正在处理您的 64854019 号订单。7～10 天内有现货（2）。因为我们会在美国西部标准时间下午三点后下订单（3）、包装礼物（4）以及产品内接缝（5），所以请给我们一个工作日的时间。
>
> 有交织字母的产品：如果您订购了刺绣产品，请在您的运输时间表中多增加一天工作日（6）。

若是雕刻产品，请再加8～9天。(7) 更多信息请点击这里

您的产品状况如下所列：

品名数量尺寸颜色状态

卡彭特牛仔裤，适合普通身材1 34/30中号。有现货OES

休闲斜纹棉布裤纳米布料公司——适合普通身材1 34卡其色。07/07/12

如果您今天还没有注册个人BillBracket登录账号，你可以跟踪此订单，以及未来所有的订单！(8)（请注明：一天后订单才有效）

我们期待您的下次访问。

客服，(9) Bill Bracket，Inc. BillBracket.com

在BillBracket.com查看我们的新产品，发现更多优惠。(10)(11)

错误分析

(1) 这是一个实际订单，Bill Bracket知道客户的名字，所以应该使用客户姓名。另外，E-mail是文本格式的，不是HTML格式。

(2) 客户怎样才能知道产品有没有现货？Bill Bracket 使用计算机和数据库建立事务处理E-mail。利用计算机可以查询在发送邮件时哪些产品有现货，如果没有现货，所发邮件应该说明这一点，并且告诉客户什么时候到货。如果有现货，就不必提到“请勿担心”这样的话语而让客户担心了。

(3) 为什么客户要知道并担心下订单时的美国西部标准时间是多少呢？Bill Bracket 的计算机知道那时的美国西部标准时间，它应该在邮件中自动加入时间。

(4) 该产品没有要求赠送礼物，所以这句话应该省掉。

(5) 什么是内接缝产品？为什么客户要知道？

(6) 没有订购刺绣产品，为什么要提到这个事？

(7) 没有订购雕刻产品，为什么要提到这个事？

(8) 客户已经注册了网站的个人账号。这暴露了Bill Bracket 不知道这一点，这不利于建立良好的客户关系。

(9) 这是一个用发送信息的客服人员的名字使信息个性化的机会。客户可能会确认此人，并且与其取得联络。

(10) 这里提供了一个网址。为什么不感谢他使用此网站呢？不要暗示他没有注意到这

个网站的存在。

（11）交叉销售建议在哪里？这里没有很好地利用这个机会。另外，这封邮件建议客户拜访网站去购买更多的商品，但却没有网站的链接，也没有提到可以在网站上下订单。

一封好的事物处理 E-mail 用计算机早早地做好了计算：将每件事算清楚，不会将有用或没用的都告诉客户，客户不必为他们没有订购的产品费神。最后，事务处理邮件应该用来进行交叉销售。

2. 优秀的事务处理副本不能产生收益

下面这封邮件信息包含了各个必须部分，包括保险公司和服务公司的电话号码。甚至为客户到达服务公司提供了地图。然而，该信息是文本格式，而不是 HTML 格式。没有 Liberty Mutual 或 Safelite 应该提供的其他参考。这封邮件的交叉销售几乎为零。

Williams 女士
LIBERTY MUTUAL 保险公司
服务确认

感谢您不久前在 Safelite Solutions 的服务下，打电话给 LIBERTY MUTUAL GLASS SERVICE。该邮件是用来确认您提交了要求。您曾要求提供 GIANT GLASS 的服务。

您的确认号码为 116653，您的申请号码为 0092348300001。

GIANT GLASS 将为您提供2002 本田奇契克 4 门轿车的挡风玻璃。服务期间不收费用。

如要改变之前的要求，请与我们的客服代表联系，24/7，电话 800-567-5568. 在电话中请给出您的确认号码 116653。

很荣幸为您服务。

LIBERTY MUTUAL 保险公司和 Safelite Solutions

客户信息——请更正错误信息

如果您需要更正，点击这里更新您的记录。

顾客姓名：Jane Williams

邮件地址：jane.williams@company.com

家庭电话号码：444-444-4444

工作地点电话号码：555-555-5555

地址：131 Hartwell Avenue

城市/州/邮编：Lexington.MA 02421

服务信息

店铺：GIANT GLASS

店铺电话号码：555-688-8211

地址：1000 OSGOOD ST（地图）

城市/州/邮编：NORTH ANDOVER，MA01845

车辆信息

保险索赔：是

服务区：02021

型号：HONDA CIVIC 2002

服务类型：车间

玻璃：挡风玻璃

3. 危险：ID 和密码

E-mail营销中最恼人的方面之一就是客户ID和密码的使用。每年都有很多订阅者消失，因为他们在再次访问网站时不记得自己的ID。更多的订阅者是因为密码问题而无法访问网站：订阅者点击“忘记您的ID或是密码？”的链接，然后等待E-mail的到来。如果他们不愿意等待了，你将永远失去这些订阅者。这个问题的原因在于：他们的E-mail客户端安装在其个人计算机上，因此他们不得不离开您的网站，去查看您的回复邮件。你怎样处理这个问题呢？

其中一个解决方法就是，找到一个可以立即向忘记ID或密码的订阅者发送回应信息的途径。但你首先应该问问自己：“为什么我们一定要有ID和密码呢？我们从ID和密码上得到了什么？”要么想出一个好答案，要么就放弃这个想法。你已经知道了ID和密码让你失去了什么——大量的订阅者。

如果你必须要有一个ID，最好的ID就是订阅者的E-mail地址。只使用他们的E-mail地址，就不会出错了。如果你必须要有一个密码，要保证你能在接到“忘记密码”提问后几秒钟内回复他们；如果你让订阅者等了两分钟，那就可能会永远失去他们。没有什么比等密码却又怎么都等不到更让人恼火的事了。

4．E-mail 地址的更改

每年，E-mail 营销人员会失去 30%～50%订阅者的邮件地址。一部分原因是邮件地址的变更，但大部分原因是糟糕的地址更改程序（或是没有此程序）。如果你不能为订阅者提供方便的更改邮件地址的途径，你就会失去很多订阅者，损失掉为获得订阅者而付出的费用，以及订阅者带来的未来收益。

目前，很多 E-mail 通讯者没有为订阅者提供更新邮件地址的明显方式。一些通讯者只是简单地说："点击这里取消订阅"，而没有为邮件地址更改提供服务。

在每封邮件上增加一个链接，写道："更新您的个人倾向或更改您的 E-mail 地址"。当订阅者点击此链接时，他们会看到当前的 E-mail 地址、个人倾向，以及对其中之一或是两者的更改。

他们点击"提交"按钮后，会到达一个页面，通知更改已被接受，并会通过 E-mail 发送确认信息。然后，邮件通讯者应在几秒钟内向新的邮件地址发送确认邮件，以确认新地址运行正常，并确认订阅者更改的其他细节。此时，要感谢他们进行了更改，如果可能的话，送他们一些折扣券或是下载奖励。

13.3.2 优秀的事务处理 E-mail

1．卓越的事务处理信息

一些营销人员在使用事务处理信息方面做得非常好。以下是 W 酒店用 HTML 格式的邮件与客户沟通的例子。

入住前两星期：酒店经理发来 E-mail 询问是否可以为即将到来的入住做些什么，从而使入住更特别。邮件提供了一系列服务，包括预订晚餐和室内按摩，语气很激昂。

入住前一星期，酒店发来了房间各个角度的照片。

入住期间，发邮件询问顾客是否需要帮助。

离开酒店后，酒店经理发来邮件道谢，并请求为整体服务的改善给出建议。邮件中包含一项调查，要求给出满意程度。

德尔塔航空公司为乘客提供航班服务所使用的方式也很有效。该邮件带有很有帮助的链接。以下为邮件的副本。

想知道田纳西州纳什维尔的天气情况吗？

我们已在 delta.com 添加了一个新的飞行通知服务——德尔塔信使——来更新您的任何航班更改或取消。现在您可以在旅途中与我们保持联系。

选择渠道：您倾向于使用哪种渠道进行联络——E-mail、电话、手机或三种皆可。

省去个人资料：您只需在德尔塔信使注册一次。如有航班变化，我们会使用您倾向的方式联系您。

感谢选择德尔塔；我们期待与您相见。

怎样改变订阅：点击档案。

怎样取消订阅：点击取消订阅。

以上是一份很好的副本，带有很有用的链接。不幸的是，德尔塔没有为此而得到 A+，因为邮件的最后一行写道："这是一封只发邮件，请勿回复。"真是犯了大错！为什么不设置一个链接让乘客与德尔塔的人保持联络呢？

最后，给您看一个事务处理信息的好例子，比较完善，包括行动呼吁和再次下订单的途径。

亲爱的简·史密斯：

您的产品尺寸我们已收到：

MBT M Walk 银网/合成革 39 2/3（美国女子 9）中号

请注意，因为此通知邮件会同时向其他顾客发送，所以适合您尺寸的产品可能会脱销。立即购买请点击这里。

另：如果当收到这封 E-mail 时，您的尺寸已脱销，只需点击这里，当有适合您的尺寸时我们会通知您。

2. 领先的 E-mail 营销人员是怎样使用事务处理邮件的

2008 年，JupiterResearch 对 200 名领先 E-mail 营销人员做了一项重要的调查。其中一个调查问题是，他们所使用的事务处理信息的特点是什么，以及他们计划怎样使用。结果如表 13-1 所示。

表 13-1　使用和计划的事务处理策略

策　　略	当 前 计 划	不久后计划	无 计 划
HTML 和图像	71%	15%	14%
交叉销售，增销	53%	31%	16%
IP 地址	50%	28%	22%
传送，效果报告	45%	33%	22%
动态内容	45%	33%	22%
购物车放弃触发器	41%	35%	24%
事务处理信息报告	39%	36%	25%
A/B 分别测试	36%	37%	27%
审定	36%	31%	33%
信息验证	31%	38%	31%
赞助式广告	30%	31%	39%

问题：您当前在使用哪一种事务处理 E-mail？你计划在下一年部署哪一种？

StrongMail E-mail 营销行政调查　2008 年 9 月

事实上，只有 36%的人因为警告才进行 A / B 分割测试。这种测试不需要任何成本，但却受益无穷。只有 45%的人展示动态内容——天啊！这些营销人员都在做什么？他们总是忙于发送 E-mail，但却不去花时间和精力测试是否劳有所获。

经验分享

- 事务处理 E-mail 有很高的打开率。
- 它们是交叉销售的理想载体。
- 事务处理 E-mail 应该使用 HTML 格式。
- 事务处理 E-mail 应该使用个性化、动态内容、快速传递、整合性文本、购物车链接、灵活性，并且可以应用垃圾邮件防御系统。
- 能够计算交叉销售价值。
- 使用订阅者的 E-mail 地址作为 ID，立即回复丢失密码的客户提问。
- 让订阅者能够方便地改变其 E-mail 地址或住址。

第 14 章 怎样发送触发 E-mail

触发 E-mail 的惊人之处在于，它解决了一个庞大的执行问题。建立并发送有针对性的邮件消耗了太多的时间和精力，如果你能够使这一过程自动化，你就可以集中精力于实际的营销了。想象一下吧，通过“实际的营销”，我们可以专心致力于测试、内容调整以及正确答复这样的创意性工作。触发邮件并不是让你建立程序、设计 E-mail，然后再忽略它们。自动化的通讯能够让你从繁琐的执行过程中解脱出来，从而可以专注于通信的营销工作。

14.1 触发 E-mail 的定义及类型

14.1.1 触发 E-mail 的定义

触发 E-mail 之所以被发送，是因为在接收者的生活中发生了一些特别的事情，他可能知道这些事情（如自己的生日），也可能不知道（如他的航班被取消）。例如，在顾客与杂货商的对话中，杂货商可能会以这样的话题开头："您儿子可好？"因为他知道这位顾客的儿子刚刚升入高中；但如果以这样的话题开头"我们今天出售熏火腿"，效果则将不一样了。这两种都是很好的交谈话题，但第一种是由杂货商所知道的顾客的情况所引发的。第一种交谈的方式会提高顾客的忠诚度，而当今的E-mail营销人员却倾向于第二种方式。这些现代的交谈方式可能对出售熏火腿有帮助，但却不能建立忠诚度。

你可能会问："现在，我们能知道一百万个订阅者的此类信息吗？杂货商只需了解200个客户就可以了，但我们是一个大型企业，不是杂货店！"

其实，这并没有看起来的那么困难。使用现代E-mail和数据库营销技术，我们就可以像杂货商那样建立相关触发的信息：倾听消费者。营销人员可以设置一个系统，用来跟踪网络访客、注册、偏好表格、下载以及事务处理信息。这些事件都可以储存在订阅者的数据库记录中。

收集大量的顾客事件信息并进行研究。有了经验，你就能够用与事件匹配的合适话题开始对话——如同杂货商对他的顾客所做的那样。然后你就可以利用软件建立商业规则——能够利用任何事件开始对话，正如航空公司对航班离港业务的操作。

14.1.2 触发类型

1. 事件处理触发

弄明白对于你的业务来说什么样的事务处理值得发送一封邮件。让客户对产品评级并留下购买经验是十分重要的。

英国的苹果商店为客户提供纸质的或E-mail式的发票。这是获取E-mail地址并发送触发信息的绝妙方式，这些邮件一定会被打开的！商店员工询问你的E-mail地址是为了给你发送收据，而收据也就自然属于获取客户信息过程的一部分了。

2. 事前触发

若他们买了球赛、研讨会、音乐会或是百老汇秀的门票，活动还有三天开始，那么一封附有地图的提醒邮件一定会被打开。"到时候活动的赞助商会出售T恤衫或CD吗？"若通过E-mail进行在线销售的话，就可以节省他们的时间了，并且确保了他们得到想要的。如果你知道顾客正要开始一次旅行，那么一封"一路顺风"的E-mail通常会获得80%的打开率。

在B2B中，会议组织者通常会向赞助商提前提供一份与会者名单。如果此名单中包含

E-mail 地址，你就可以知道来参加会议的商界人士的信息。发送信息询问与会者是否愿意从你那儿接收 E-mail——提供你所能提供的商业服务——这是合乎情理的，并且能够产生回复。

3．事件触发

此种信息会提醒与会者们即将乘坐的航班、预定的在线研讨会、网上现场教学以及其他的公众活动。你可以提前对这一系列的信息做规划。

如果你已为客户设立了身份级别（例如，银、金、铂金），那么针对不同的级别提供不同的服务，并奖励升级的客户。你还可以在邮件中提及客户的级别，这会促使他们打开你的邮件。比如当客户升级时，你可以给予提醒。例如，Harrah 提示其客户“您还仅需一次访问就可获得钻石级别奖励。” 航空公司每年也对那些即将成为黄金级别的客户采取同样的做法。

4．交易事件后调查触发

在任何一次事件或购买后，满意度调查问卷几乎总会被打开。了解一下消费者是否喜欢那件产品以及购买的过程，如果可以的话制定一份鉴定书，将它放在网站上以及将来的 E-mail 中（见第 11 章关于更多的消费者评级）。你的第一个目标是得到继续发送 E-mail 的许可（如果你还没有得到许可的话）；第二个目标是推荐与消费者所买产品相关的另一种产品。

5．操作性触发

操作性触发信息包括双向确认通知、密码通知、档案更新、软件更新、信用卡过期通知、运输通知以及客户服务回应，其他功能还包括新客户的欢迎信息。大部分操作性触发信息总是会被打开的，所以要保证你在信息中使用个性化的促销。

如图 14-1 所示是一个会员资格的更新通知。会员资格触发也可以与其他的会员状态绑定，例如月结单、忠诚度规划信息和客户身份时长等。

6．提醒触发

这些事件触发是以关键日期或是客户档案为依据的，它包括生日提醒、纪念日提醒、婚礼提醒以及朋友生日通知等。

生日通常是高打开率的触发器。很多公司在订阅者的生日的时候提供免费礼品：点心、25%优惠或过生日的人自己去索取的适当的礼物。Baskin Robbins 提供冰激凌，这就和 Safeway 所做的一样。很多餐馆为过生日的人提供一份免费餐——如果过生日的人带有至少一位付费客人的话。

这应该成为所有零售商的标准触发器，因为它一定会被打开的。生日信息一定要使用个性化，并且提供识别信息，如图 14-2 所示。

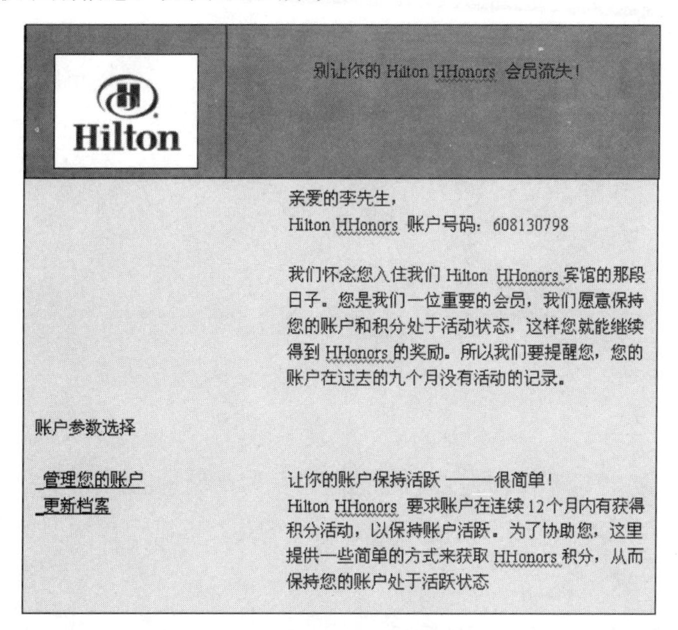

图 14-1　会员更新触发

图 14-2　生日触发 E-mail

生日触发不必仅限于订阅者的生日。以下是 Woot 的例子。

本月 Woot 祝您生日快乐！不，这并不是您常规的生日——而是您注册了 Woot 账户的日子，这个月是周年纪念。可能您的朋友们都没有意识到这个情况，更别说带给您什么礼物了。而在 Woot 有您真正的朋友，他们为您准备了礼物来抚平您的伤痛！

在这一个月里——仅仅是这个月，您可以输入优惠券号码 NEMATIC，可以让您的 Woot 葡萄酒订单的运费减免$4.98。只可使用一次，所以要明智地使用它！不要等太久才用，一旦到了下个月，您将不能再使用它了。

7．销售循环触发

这些事件触发信息是以产品为开头的。触发器可以是跟进信息、产品通知或信息请求。这些 E-mail 通常都会被打开，因为它们与销售过程和消费者的需求有关。例如，消费者已经拥有了产品 X 4.0 版本，若你刚刚进了 5.0 版本的货，你就可以向消费者发送一条信息，告知他 5.0 版本已到货。

8．票据跟踪触发

许多互联网上的旅游网站提供了一种系统：当票价符合你的要求时，这些站点就可以追踪你的飞机票并发送信息给你。Fare Alert 公司允许用户追踪多条旅行路线并接收 E-mail 通知——在票价符合或低于他们的指定价格时，Orbitz.com、Expedia、Travelocity 和 Kayak 也采取了同样的做法。

这些提醒能够替代自己花时间在多个网站上寻找合适票价的做法吗？Carol Sottili 测试了五个网站，发现没有一个网站"能够完全替代自己花整整几个小时的直接寻找"。但是他们是触发性 E-mail 的好例子。在这些网站上花时间是值得的吗？这取决于你是否认为花时间寻找合适的票价是值得的。

9．编目前触发

编目员了解到，发送一封触发 E-mail，用来告知即将到达的文件目录，会比单单发送目录多增加 18%的销售额。E-mail 可以特写目录的封面，可以使用这样的标题："看看你的邮箱：似曾相识的目录。"预先编目的 E-mail 的作用早已在几年前就已经成为公共知识，但只有不到 5%的编目员采用这个方法。为什么？或许是因为大多数的公司，编目和呼叫中心与网站、E-mail 隶属于不同的部门，这真是太糟糕了。

10．行为触发

你的目标是将一系列定制的通信与行为、购买、行动以及订阅者的档案相匹配。这虽然很复杂，但可以产生较高的打开率和转换率，所以还是值得去尝试的。如果消费者只买了一副滑雪板，你应该发给他一封关于滑雪全套装备的邮件。

14.2 应用举例

14.2.1 欢迎 E-mail

给新的订阅者发送一封即时的跟进信息。这是一个很明显的步骤，你可能会认为我们告诉你这个是在浪费你的时间，但很多知名的、信誉好的公司却在向新订阅者即时回复邮件方面做得很糟糕。EEC 的“2006 年零售 E-mail 订阅基准研究”表明，13%的零售商在订阅者订阅的那天起，三个星期内不会向订阅者发送 E-mail。这些失策的零售商包括：iTunes、CDW、Sears、1800flowers、Walgreens、Drs. Foster & Smith、Snap-On、QVC、Sam's Club、Shop.MLB、NFLshop、Niketown 和 Reebok。

欢迎 E-mail 属于打开率最高的 E-mail 之一，仅次于和购买相关的 E-mail。尽管如此，很多公司并没有有效地利用它们。2008 年 Return Path 的一份研究表明，60%的公司根本不会为其新的订阅者发送欢迎 E-mail。更糟糕的是，在研究结果公布 30 天内，三分之一的公司并没有因此而向新的订阅者发送任何种类的 E-mail。正是因为交流的失误，当订阅者收到邮件时，他们中的很多人可能会忘记自己曾经订阅过；他们可能会点击“举报垃圾邮件”按钮。如果时隔太久才联系订阅者，你可能会失去商机。订阅者会忘记他们曾经注册过，就会去其他地方购买。

Return Path 在研究中还发现，虽然 70%的公司在注册时不仅要求填写 E-mail 地址，还要求填写一些额外的信息，但 3/4 的公司都没有很好地利用那些额外信息去制定个性化的、量身定制的 E-mail。

“这样真的有损你的品牌建立，因为你没有达到你所定下的期望目标。”Return Path 的战略服务经理 Bonnie Malone-Fly 说：“您已表示了要使邮件更切合用户需求的意向，但没有好好执行，这太令人失望了。”

当各种邮件到达订阅者时，欢迎邮件是打开率和点击率最高的，如表 14-1 所示。

表 14-1 各种类型的 E-mail 的打开率和点击率

	打　开	点　击
欢迎 E-mail	58%	18.0%
获取 E-mail	20%	6.0%
新闻通信	31%	3.5%
激活 E-mail	9%	1.8%
促销 E-mail	9%	0.5%

14.2.2 航空公司的触发 E-mail

1．航空公司和触发 E-mail

你最近有没有乘坐飞机呢？如果看一看身边的人，你会发现，有很多乘客的登机牌是在个人电脑上办理的。航空公司在他们搭乘航班前给他们发送 E-mail，建议他们采取这种在线办理的方式。乘客可以迅速地办理登机手续，并且可以挑选座位。他们不必排队等候领取登机牌，可以直接接受行李检查，更好地是如果没有行李的话，他们一进入机场就可以进行安检，这样可以节省 5～15 分钟。这是节省乘客和航空公司时间的好办法。

同时，乘客在家办理手续也减少了纸张成本和人员成本，为航空公司节省了开支。美国航空公司为在线办理手续的人提供 1000 英里的航行奖励，它希望每个人都在线办理手续。

触发邮件的一个好例子就是，在旅客启程的当天发送 E-mail，让他们提早查收。这是一种真正有价值的 E-mail 服务，这类 E-mail 的打开率高达 90%，而行业平均打开率仅为 16%。如果能够使订阅者打开邮件，你便成功了一半。

2．手机办理登机牌

休斯顿的大陆航空公司的乘客可以通过手机或是 PDA（掌上电脑）登机。大陆航空公司和运输安全管理局（TSA）让乘客出示以 E-mail 形式发送到其手机或是掌上电脑上的编码，就不需要再使用登机牌了，然后 TSA 的筛分人员用手持扫描仪确认条形码的真实性。TSA 说，电子安检可以更好地检测出欺诈的登机牌。

加拿大航空公司也通过手机发送无纸登机牌。自从加拿大航空公司推出此选项后，每周使用此程序的乘客都会增加一倍。Delta 和全美航空也随后发展了该业务。

3．航空公司是怎样使用触发 E-mail 的

一项航空公司触发邮件的调查显示了他们是怎样使用这种媒介的。Delta 按照 Crown Room 的方式，使用了一系列 E-mail，提供一天的试验会员资格以及年度会员价信息。美

国航空公司允许重新激活失去的旅客，从而恢复由于不活跃或其他原因而导致冻结的里程。美国航空公司还向那些购买新里程以“开始下一次旅行”的乘客发送信息。

这些触发 E-mail 的目的是增强航空公司与乘客之间的联系，要让每位乘客认为每封 E-mail 都是唯一的针对个人的信息。

4. 航空公司的欢迎触发邮件

亲爱的 Lloyd，

感谢您乘坐 JetBlue 航空公司 2008 年 5 月 6 日于 Buffalo 起飞的 #1218 次航班。直播电视在航行中不能使用，对此我们感到很抱歉。

出于道歉和祝福，我们在航行中为每位乘客赠送 JetBlue 航空公司 15 美元的电子代金券。代金券不可转让；使用期为一年，可以在预定 JetBlue 航空公司机票时使用。

当您打算使用代金券时，请登录我们的网站 www.jetblue.com，然后您就会看到一个使用代金券的选项，在付款过程中可以参照下面的信息。若您想了解行程，可以拨打 1-800-JETBLUE（538-2583），并输入确认号码 D1IJCF。若想查看更多关于代金券的使用信息，请登录我们网站的“帮助”部分。

这是一个很好的建立持久客户关系的 E-mail 例文。它是经过个性化处理的，它承认所提供的服务并不是完美的，但它提供了真正有价值的礼物，而不仅仅是道歉，并且鼓励乘客再次乘坐。

14.2.3 成功触发 E-mail 的技巧

1. 建立相关性

触发 E-mail 对建立相关性很重要。触发性占相关性总评分的 20%，如图 14-3 所示。因此，搞清楚如何根据用户的生活方式和活动来触发 E-mail，对提高相关性大有帮助。第一步，开展一次集思广益的会议，列出可能会导致订阅者进行评级的可能事件；第二步，搞清楚怎样才能容易地获得所需信息，并把这些信息储存在数据库中来支持你的触发器；最后，制定业务规则并每晚扫描数据库，从而产生自动的触发器。

触发电子邮件权重　20%	
3	复杂的多分支触发
2	基于商业规则的单线触发
1	单个商业规则的自动触发
0	手动执行

图 14-3　触发器测量

触发器是需要根据个人生活来制定的，我们不可能有时间一个个地建立。我们制定一些业务规则，就可以使其每天自动地进行了。但要确保你有足够的每日触发材料，才能保证你不会发出荒谬的触发。

2. 认真倾听

你的订阅者已经注册了 E-mail 地址。接下来呢？就到了认真倾听的时候了。你可以发送邮件询问一些重要信息，用来日后可以发送触发邮件。你要问哪种问题呢？Sears 有当今网络上最好的一些问题。

我怎样看待品牌：

（1）我通常买顶级品牌的产品。

（2）我买中等价位的名牌产品。

（3）我总是去买便宜货。无论什么牌子，只要便宜就好。

我怎样看待技术：

（1）我买含有最新功能和技术的产品。

（2）我买含有主流功能和技术的产品。

（3）我对技术不感兴趣，简单点就好。

这些问题的答案能够为你接下来几个月的触发邮件给出提示。大多数的 E-mail 是营销人员为促销打折产品而创建的，他们假设每个人都是 Sears 例子中的第三种情况。其实错了，只有一些人是这样的，对于这部分消费者，就用你的低价位吸引他们。

但是也有很多属于第一种情况的消费者。他们是赶时髦的人，有足够的财力，可以追求最新最好的产品。想要让那些消费者打开邮件，你就要设法让他们知道，你的邮件里包含新颖、有趣的名牌产品信息，但不要在邮件标题中提到价钱，也不要包含副本。

那么该如何处理第二种情况的消费者呢？这些人想随大溜儿。邻居对他们所买产品的看法甚至比他们对产品的花费还重要。他们倾向于买别人买过的产品，所以，他们对那些产品会有大量的需求。如果你的库存中还有一两件产品，那他们就很幸运了。这就是 iPod 几百万销量的哲学道理所在。

3. E-mail 的自动触发

一旦消费者打开了 HTML 邮件，你就可以在他阅读邮件的过程中跟踪他的动态。他打开并点击了吗？他点击了哪个标题？你可以建立一个系统，让它根据消费者在网站上的行为自动发送 E-mail。例如，当顾客将一些产品放入了购物车，然后又放弃了购物车时，你便可以向他发送即时的邮件，为产品的选择提供一些建议。电子贷款就是使用自动的 E-mail，在访客完成他们的在线抵押贷款申请或汽车贷款表格时给出提醒。和对照组相比，这两种自动的 E-mail 产生了 300%的回应率。通过这种方式，电子贷款重新获得了巨大的贷款额。

越来越多的营销人员将网站分析和自动触发信息相结合，以吸引正在考虑是否购买的潜在买家。在这种情况下，E-mail 收件人就会在他们认为恰当的时间里选择产品。这种触发信息的其他例子包括。

（1）不完整的行动：当收件人已经点击—进入了，但尚未购买任何产品，那就给他发送一些广告，宣传仅在本星期内可以免费送货。

（2）再激活：当注册过的用户几个月没有打开邮件时，发送一封“我们打扰你了吗？”的信息，并附上一个激励，促使他们再次打开邮件。

（3）交叉销售：当人们在一两天之前购买了某个产品，那就吸引他们去关注互补产品（查看第 19 章了解更多 NBP 方面的内容）。

触发 E-mail 营销并不是很复杂，关键是要提前想清楚，什么样的跟进促销是相关且有效的。例如，一个销售礼品的零售商为每一位三天内选购了产品却又放弃了购物车的顾客建立了一种跟进信息，取得了可喜的效果：打开率达 50%，网站点击率达 50%，转化率达 53%，整体销售率达到了 13.25%——每个 E-mail 营销人员都可以实现这个高水平。被遗弃的购物车的 E-mail 产生的投资回报率，使这种营销方式成为最重要的营销方式之一。

4. 提前传输信息：手机连接

Radicati Group 希望，在 2011 年移动 E-mail 营销能够达到 270 亿。移动网络运营商正努力推进互联网服务，从而提高收益。虽然现在使用移动设备的人中，只有不到 10%的用户使用互联网，但使用互联网的用户中 47%的人会接收并回复 E-mail。

JupiterResearch 预计，到了 2011 年，54%的欧洲移动用户将能够定期连接到互联网。美国消费者中的互联网使用率仍很低，但这个差距将很快被缩小。为什么？因为消费者发现，当他们在旅途中时，手机中的E-mail真的很实用。在旅途中最好能够接收邮件信息，以免旅途结束后才发现错过了重要的事情。

因为手机与PC有很大的不同，所以营销人员应该发送MIME 格式的信息，以确保在PC和手机上都可以正常使用。问一问你的订阅者是否通过手机接收到了E-mail，对情况有所了解后，就可以进行细分市场，并对信息进行个性化处理。专门为移动用户设计一种信息，如下文所示。

亲爱的威廉姆斯小姐：

当你被忙碌的生活围绕时，很容易就会搞不清应在何时、何地做什么事情。幸运的是，有了我们最新的文本信息提醒，你就不需要担心Ocado传输了。

在你所购买的商品到达的几小时之前，我们会为您发送一份文本信息，提醒您它正在运输途中。为了让您放心，我们还会告知您货车车牌号和司机的名字。您也不必担心会在清晨时被打扰，因为我们会在上午8点后发送文本信息。

我们可能不会帮您记住您姐姐的生日，或是什么时候该倒垃圾，但可以保证的是，您再也不会忘记购物。

可以向demandmore@mailocado.com发送邮件告诉我们您的想法。

为了避免移动用户产生愤怒情绪，务必要控制发送信息的频率。

一旦你建立了移动E-mail方案，就应该让你的品牌有特色。如果你做得正确的话，便能使那些对手机触发信息有所渴望的用户成为你的订阅者。

5．检查触发准确性

在E-mail被发送之前，总是会检测其准确性，但触发却是另一回事。这些个人邮件每天被自动地发送，没有人去检查它们。久而久之，错误就会悄悄混进触发邮件中，却没有人觉察。例如，E-mail可能会提供不再生产的产品或不再提供的服务；链接可能已经无效；副本可能会提到一个已经过去的事件。

怎样才能保证几百万封触发邮件都是正确的呢？当触发邮件刚刚建好的时候，建立一个订阅邮件客户列表。确保邮件收件人都会在收件箱中看到邮件，并且检查信息的有效性。因为触发邮件的打开率几乎比其他任何邮件都高，所以你务必保证它们是正确的。

 14.3 对比：糟糕的触发邮件和优秀的触发邮件

1. 糟糕的触发邮件

亚当·托什收到一封 E-mail，提醒他波特兰大学的男子篮球队的比赛安排。有趣的是触发邮件提醒他购买一场比赛的门票，而这场比赛在邮件发送之前已经结束了。更糟糕的是，他从两个不同的地址收到了相同的邮件。

托什也从票务专家公司收到一封邮件，告知他“您于 2008 年 3 月 1 日订购的西雅图水手队门票已经被打印！它们将会通过美国邮政很快送达给您。”托什说：“这看起来像是一封为客户量身定做的友好的提醒 E-mail，并且告知了我一件令人欣慰的最新情况：‘自 2008 年 3 月 24 日起，该 E-mail 将为您提供订单的最新状态’。”这封 E-mail 有问题？他已经在 E-mail 到达的两个星期之前就收到了门票。“我不得不问一下，”托什说，“票务专家公司打印并尽快送达给我的到底是什么？”

2. 优秀的触发 E-mail

接下来是三封优秀触发 E-mail 的样本。

> 斯威彻尔先生，您的 340 次飞往旧金山的航班将晚点 4 个小时。造成您的不便，对此我们向您表示诚挚的歉意。但我们有一些早些的航班，并且还有一些座位。点击这里自动重新订票。
>
> 体斯先生，这是一封提醒邮件。您订购了今晚 8 点芝加哥抒情歌剧院《威尔第的茶花女》演出的 13～16 号席位。点击这里打印门票，或是您可以使用 E-mail 在前厅的订票窗口取票。
>
> 斯威彻尔先生：您手机中的预付通话时间只剩 16 分钟。点击这里使用我行信用卡自动增加 200 分钟通话时间。

这些触发为什么好呢？因为它们是针对个人的、及时的，对于订阅者来说很值得一读。它们提高了订阅者的忠诚度和邮件打开率。如果你所有的 E-mail 都如此优秀，那你就肯定

能够保留订阅者，并且使他们阅读所有的 E-mail。

经验分享

- 触发 E-mail 是以推测的事件或订阅者的偏好为基础的。
- 你需要大量信息来触发 E-mail。
- 直接信息来自于消费者的偏好表格。
- 间接信息来自于对各种购买、网站访问以及能反映出消费者想法的交易的检测。
- 触发 E-mail 打开率达 90%，而促销 E-mail 的打开率仅为 13%左右。
- 欢迎 E-mail 应该在订阅者点击“提交”按钮后几秒钟内送达订阅者。
- 其他有用的触发 E-mail 包括放弃购物车、商店收据、身份级别改变、满意度调查、事前提醒、生日、编目到达、航班登机手续办理以及礼物提醒。
- 如果触发邮件没有对事件密切关注，很可能会导致发送过期事件的邮件。
- 触发邮件是最有威力的信息之一，虽然数量少，但却能产生巨大的投资收回率。

第 15 章

互动：让 E-mail 成为探险

在面对面的谈话中，你可以知道自己是否吸引了对方的注意，以及你的听众赞同你的观点吗？他们在不时地看时间吗？或是热情地点头微笑吗？E-mail 互动能让你拥有同样的洞察能力，这种跟踪能力是明信片或电视所不具备的。更棒的是，通过 E-mail，你的客户只需要点击回复按钮，便可以给你回复信息。你最后一次语音回复是什么时候？没错，你甚至可以通过增添表格和调查而使 E-mail 互动到达更高一级的水平。

营销 E-mail 是直接邮件的补充和替代品。多数情况下，E-mail 比直接邮件要好：它们的成本比直接邮件少得多（每一千份邮件花费 6 美元，而直接邮件是 600 美元）；传输速度是直接邮件的四倍。你还可以知道人们对你的邮件做了哪些操作（打开、点击、注册、投票，还是购买），这是传统的直接邮件所不能做到的（当然，除了购买）。有了多媒体，E-mail 变得更加有趣，并且由此可以产生互动和参与。通过 E-mail，读者可以进行调查、研究、购买产品、提出问题、得到答复，以及对回复做回应。正确操作的话，营销邮件真的会令人惊叹。但很少有公司能发掘他们的全部潜能，本章将告诉你该怎样做。

15.1 互动 E-mail 的定义

1. 什么是互动 E-mail

互动需要双方面的交流。交流可以是数据、视频和音频的形式。它不是被动的，读者在这一体验过程中是主动参与者，而不应该是被动的，它会让读者做一些具体操作。此过程有助于保持读者的兴趣并获得读者的意见。互动指的是一个人在 E-mail 中做的各种选择所能达到的程度，这些选择取决于 E-mail 所含的规则。它也是一个对用户影响力的测量。互动的程度越高，用户受 E-mail 的形式和过程的影响就越大。

一封优秀的互动 E-mail 是高度个性化的，并且与收件人有很大的相关性。如果读者已经被记录在你的客户数据库中，当他打开邮件时，所看到的部分内容应该来源于他的数据库记录或是档案。当营销人员使用档案数据时，应该在合适的地方使用读者的名字——而不仅仅是最基本的问候。

2. 你可以通过互动做些什么

在 E-mail 中，你可以让读者：

- 下载一篇报导、产品白皮书或是指南。
- 将邮件推荐给朋友。
- 回复邮件。
- 在 E-mail 中了解任意主题的定义或背景信息。
- 看到并完成一张订购产品或订阅 E-mail 的表格。
- 看与主题有关的视频、照片或文章。
- 访问一个网站。
- 针对某件事情做测试、倾向性调查或是投票。

15.2 技术应用

15.2.1 使用链接，事半功倍

1. 测量互动

正如第 5 章中所解释的那样，互动占总相关分数的 15%。链接越多，你的 E-mail 和订阅者就越相关，如图 15-1 所示。

互动描述权重 15%	
3	客户提供偏好，调查，病毒
2	局限于购买和简单问题的点击
1	至少一次点击
0	没有客房参与的互动

图 15-1　互动相关性的测量标准

2．链接的重要性

可能我们应该把这一章叫做“怎样使你的 E-mail 看起来短一些”，因为这是优秀互动 E-mail 的特点。在直接邮件副本中，6～12 页的信比一页的信得到的利润要少。E-mail 似乎是相反的情况，但此种情况除外：想要说服一位读者，你确实需要很多的内容，但大部分的内容应该放在网站上，或是登录页面上。当一位读者第一次打开邮件时，他就会想到：“哦，这封邮件这么短小易读，我要看看里面写的是什么。”当他读这封简短的邮件时，如果有疑问或是想了解更多的话，可以点击一个链接，把他带到一个网页，里面含有其他的内容。在一封优秀的互动邮件中，90%的内容是从链接中得到的，而不是直接显示在邮件中。链接是通向互动的秘密途径，是一种绝妙的方式，使用户积极地参与到你的 E-mail 中来。现在读者不仅仅是阅读，还会点击链接了。

在邮件中增加链接的另一个原因是点击与销售之间的直接联系。收件人点击邮件次数越多，就越容易转换和购买。为什么会这样？谁知道呢，这只是一个事实而已，就像你与顾客有一场谈话一样。为什么杂货商要与他们的顾客聊天呢？因为他们知道聊天能够建立信任，从而产生销售，这一点在当今仍然适用。所以，请在你的 E-mail 中添加有趣的链接和有价值的、相关的内容，从而吸引客户点击。

然而，太多的链接是会产生问题的。适量是关键！消费者是聪明的，他们知道自己什么时候被强迫点击了，或是否参与了一些自己不想参与的事。链接可以增强互动，但应该谨慎地保持在合理的范围内，让消费者自己做出是否参与的决定。就好像杂货商每天与他的顾客聊天一样，但每次他都会提到他认为顾客可能需要购买的产品。做到这样就足够了！

你怎样才能让读者知道那是一个有价值的链接呢？除了按照惯例加下画线外，还可以使用这样的语言：“点击这里查看客户列表。”

3．多链接的作用

MailerMailer 发现，链接多的 E-mail 比链接少的 E-mail 更受读者欢迎。2007 年，一份针对 3200 个广告所发送的 3 亿份 E-mail 的研究表明，带有 20 个链接的 E-mail 比几乎不带有链接的邮件打开的次数更多，如图 15-2 所示。

链接个数	点击比例
1-5 个链接	1.82%
6-10 个链接	1.46%
11-20 个链接	2.18%
超过 21 个链接	3.84%

图 15-2　带有多链接的 E-mail 的点击比例

在 E-mail 中添加链接是需要花时间的，并增加了整体的复杂性，但却吸引了读者的兴趣，因为这毕竟是我们发送营销邮件想要达到的结果：吸引别人关注并给予回复。

互动媒介其实只是关于一个问题：互动。设计好的媒介应该允许人们进行操作，并从那些操作中得到结果。"每一次点击都是一个愿望。"这是一句多么精彩的话啊。它提醒我们，客户每一次点击鼠标，都希望在他们面前能出现一些极好的事情，优秀网站就是其中之一。

4．维护链接数据

纸质目录可以在客户家中摆放好几个月，但客户不可能从六个月前的目录中订货。然而，营销邮件的保存期限只有几天而已。我们的收件箱会很快被旧信息填满，所以我们需要将旧信息删除，以便接收新的邮件。然而，邮件营销人员是没有理由将其网站上的链接内容删除掉的，除非那些内容已确实失效了（例如，价格已经改变）。可以鼓励 E-mail 读者将有趣的内容发送给他们的亲朋好友，将有趣的视频、照片或产品白皮书在收件箱中停留数天、数星期或数月，不要删除这些内容。保留这些旧的文章、产品白皮书或视频需要多少成本呢？如果你做过一些调查就会发现，你只需每月花费一美元左右，就能够保留网站上大部分旧内容。这为什么很重要呢？让我们来看一个例子。

假设你组织了一次年度会议。会议后，你将 50 个产品白皮书链接到会议网站上，并将链接发送给 E-mail 列表中的客户，大量的参与者下载了这些文件。一年后，你要准备一次新的会议，为清理你的网站，你删除了去年会议白皮书的所有链接。这是一个多么严重的错误啊！搜索引擎已经建立了去年会议的材料索引，你不需要动一根手指的。一年后，网站访客会通过 Google 查询，找到那些产品白皮书的参考资料——除非那些文件在网上已经不存在了，或者你的 E-mail 设置了可以阅读白皮书的链接。每个人都有可能阅读这份文件，然后看到了旧的会议，就决定注册新的会议。你在会议注册上至少花费 1500 美元，保留旧的可用数据的投资收回率是多少呢？大概是 1～150 美元。

15.2.2 使用 Cookie 与消费者互动

Cookie 只是一段文字而已，它不是一个程序，不能做任何事。它通过网站放置在你的个人电脑的中，只有那个网站可以检索到它。一个网站不能使用其他网站的 Cookie 来得知你的任何信息，因为它没有与其他网站存储系统相匹配的查找表格。

网站可以用多种方法来使用 Cookie。例如，它可以在网站上用你的名字向你打招呼，能够准确地确定有多少人访问了网站，还可以查出净访问率是多少，有多少是新访客以及某位访客的访问频率。

当访客第一次进入网站时，网站会在其数据库中建立一个新的 ID，并将此 ID 放入 Cookie，然后将 Cookie 放入访客的电脑中。当用户第二次访问网站时，网站会更新与数据库中的 ID 相关的计数器，从而得知此访客访问网站的次数。网站也可以在 Cookie 中储存用户的偏好，这样便可以为每一位访客提供个性化页面外观。

当你将商品放入购物车时，Cookie 能够追踪你所做的事。你放入购物车的产品与你的 ID 一起储存在网站的数据库中。当你结账时，网站可以从数据库中检索你的所有选择品，从而获知你的购物车中的商品。Cookie 是网站建立方便的购物体系的关键。

当一位多次访客收到你的邮件，并且在你的网站上点击—进入了一个偏好或订单表格时，他会发现表格中的很多数据已经被填到了适当的位置，如姓名、地址、电话号码以及 E-mail 地址。怎么会这样呢？因为他在之前访问你的网站时填写了那些数据，而你则聪明地使用了 Cookie。有了 Cookie，就能够做到：当读者在填写表格时，由于中途受到打扰而去访问了其他网站，当他返回表格时，他会发现之前所填的数据都还在。要怎么才能做到这样呢？当他输入信息时，将信息全部存储在数据库记录中，并将 Cookie 放入他的电脑中。

每次读者向表格中填写数据时，你都需要将数据储存在他的数据库记录中。这样他之前的记录和新输入的记录都会在打开邮件时就出现。

15.3 怎样进行互动 E-mail

15.3.1 互动 E-mail 现况

1. 互动 E-mail 在行动

Amazon 和 Netflix 算是世界级的互动通讯的专家了。在他们的网站上，如果你点击了一部电影或一件产品，网站会立即推荐由你的点击而触发的其他电影或产品。优秀的互动 E-mail 能够通过收集到的数据源记录你的所有点击。当你收到下一封 E-mail 或再次访问类似的网站时，营销人员会记得你的兴趣所在。但却只有极少数的营销人员掌握了此种技术。

在现实生活中，回顾最近的谈话是很正常的。假设你和你的朋友正在谈论你看过的一部电影，如果他在 5 分钟后忘记了谈话的内容，那你一定会很吃惊。然而，当今 95%的网站和 E-mail 出现了这种情况，它们的短期记忆和长期记忆通常是不存在的。由此可见，设立适当的内存或测量-追踪程序对成功的互动邮件和网站通讯战略来说是非常重要的。

2．规划互动 E-mail

当你规划互动 E-mail 广告时，问问自己你想要让读者做什么：

- 购买产品。
- 寻找一些能够转发给朋友的东西，从而增加你的订阅者列表。
- 完成一项调查问卷。
- 时事通讯注册。
- 对你的产品、品牌、公司和服务等做更多地了解。
- 下载产品白皮书或程序。
- 做某一方向的研究。
- 分享产品或服务的看法。

一旦做好了规划，就应该按此规划设计 E-mail。当你完成了 E-mail 设计时，把自己当做读者去阅读和体会，看看是否能够达到预期的效果。换句话说，就是对你的邮件测试、测试、再测试。

从根本上说，每封 E-mail 都应该是一次探险、一次经历，会让读者产生这样的想法："哇，很高兴我能读到它。"想要每次都达到这样的效果是很难的，所以应该把它设为你的目标。如果那不是你的目标，你将不会在 E-mail 营销方面处于领先地位。

3．互动的读者评论请求

REI 在吸引用户积极参与、鼓励在线互动和在零售店互动方面做得很好。例如，它每周都会在一封 E-mail 的底部提供抽奖，用来鼓励用户输入产品评论。产品评论对销售产品是很有效力的。因为有这样一个小部分（如图 15-3 所示）以及一个小小的抽奖活动，REI 完成了如下目标：

- 点击—进入 REO 网站能够增加销售额。
- 鼓励 E-mail 列表中的客户进行产品评论，用来提高 E-mail 方案的互动性和订阅者的整体参与度。
- 增加网站上的产品评论数量，以达到在线和离线销售的双赢。

在 REI.COM 写一条好的评论：您可以赢得 100 美元的礼物卡！
对于您提交的每条评论，我们会在我们的每周 REI100 美元榜上输入您的名字。 分享您的产品体验赢取奖品 ☆☆☆☆☆

图 15-3　REI 的产品评论鼓励

4．获得互动倾向性

你的读者在寻找什么？最简单的办法就是询问他们。但不要问太多，否则会适得其反。每封邮件中只问一两个问题，如果你希望订阅者回答你的问题，那就让问题简单一点。为他们提供一些选项，并让他们知道有多少人点击了那个选项。

要想让这个过程继续保持互动的话，就需要向读者发送一封个性化的 E-mail，感谢他们回答了邮件中的问题，并且告诉他们你将如何处理他们的信息。举个例子，如果订阅者说他喜欢靠道座位，那就告诉他，你以后会将靠道座位首先安排给他（当然，你就必须根据你的承诺设计相匹配的方案！）。一份调查加一份感谢邮件能够使你与你的客户建立起很好的关系，并使你的 E-mail 真正地具有互动性。

提高互动性的一个方法就是，在你的 E-mail 中标明之前调查问卷中的反馈信息，这会显示出你在倾听客户的评论、反馈信息，以及你的回复能够鼓励读者参与进来。根据客户的反馈信息采取行动，能够使你在众多的竞争者中脱颖而出。

15.3.2　互动 E-mail 技巧分享

1．一次点击订货（One-Click Ordering）

要让 E-mail 具有互动性的一种方法就是，在你的网站上设置一个一次点击订货系统。你可以从之前的订货中获得并存储用户的姓名、地址、E-mail 地址及信用卡信息（需经用户同意）。当用户想通过你的网站或 E-mail 订货时，他只需要输入密码后点击一次就完成了，不需要再次输入信息（当然，你不能称其为“一次点击订货”，Amazon.com 已有此术语的版权）。你的 E-mail 应尽量简化订购过程。

2. 互动会话头像

SitePal 为我们提供了一个优秀的互动案例。它开发出了一个头像，是一个出现在网站或互动 E-mail 中的虚拟人物形象，它能根据鼠标的动作来讲话。为了增加小型业务时事通讯的注册率，SitePal 还根据通讯编辑的照片创造了一个头像，并让她/他的眼睛和嘴巴能够摆动，这样就可以与访客交流时事通讯方面的话题了。在 11 000 位网站访客中，对随机选择的 50%的访客应用了这个头像。看到头像的比没看到头像的访客的注册率要高 1.4 倍。

3. E-mail 中的视频

在 E-mail 中添加视频能够增加销售额。互联网视频有大量的观众：2008 年上半年，有 1.16 亿的美国消费者观看了互联网上的视频。视频不只是为年轻观众设计的，YouTube 吸引了各个年龄段的视频观众：18%为 18 岁以下；20%为 18～34 岁；19%为 35～44 岁；21%为 45～54 岁；剩下的 21%为 55 岁及以上。

FirstStreetOnline.com 的目标消费群体是老年消费者，它销售礼品、小机械以及家居用品。它每周都会介绍一种名为 FirstStreetReports 的视频，视频中一个成年人会对产品进行非技术性的解释。据 InternetRetailer 的报告，那些产品的销售率和转换率上升了两位数的百分比。

HavenHolidays.com 在游乐园的促销邮件中进行了一次成功的视频测试。在检查订阅者列表以除去反弹地址后，在线营销执行主管 Carolyn Jacquest 推出了一个 5 分钟的视频，展示了游乐园的特色。为了找出最佳时长，她将剪辑的片段发送给了英国 10 个最流行的网络邮件服务提供商的内部账户。从这个测验结果中，她得知了 20 秒的片段可以使传输最优化。HTML 顶端的副本设计是："充满乐趣的 Haven 复活节"。当信息被打开时，一个 320×180 像素的视频开始自动播放。如果订阅者的系统不支持视频，她则会看到一个微型网站的链接。

带有视频的 E-mail 是很有效的。复活节广告产生了 3.38%的转换率——高出之前无视频广告的 50.2%，之前的转换率为 2%～2.5%。这个 20 秒的片段获得了 96%的发送率，27%的 CTR。包含"视频"字样的标题能够产生 14.6%的打开率。

不幸的是，大量的订阅者不能看到视频，因为他们的邮件客户端或者邮箱不能用令人满意的方式展示视频。那些订阅者只有点击 Haven 微型网站才能观看视频。尽管如此，转换率的增长还是很惊人的。

4. 互动 E-mail 的几点想法

- 不要总说“点击这里”，而要显示出按钮的作用：“发现更多”或“现在下载”。
- 让链接看起来像标题，让它们尽量明确具体：“进入这里查看文章档案”。
- 使链接在点击后变换颜色，行业标准是：蓝色代表未点击，紫色代表已点击。链接必须加下画线，除非它是图表的一部分。

15.4 互动 E-mail 案例

1. 案例学习：Sears

Sears 公司在其“哥伦布销售日”的促销通讯上创建了“Sears 足球挑战赛”，获胜者将赢得昂贵的索尼家庭影院。注册者每星期收到一封 E-mail，里面含有代码，可以输入那个代码向他们的团队添加更多的玩家。玩家越多，你获得的分数就越高。每星期获最高分数的用户可以获得奖金。他们为促销而建立了一个微型网站，这个网站十分有趣。他们利用这个网站实现了很好的商品销售，但绝对不是强迫购买。我的团队很蹩脚，但我每个星期都坚持玩下去（访问 Sears 网站），希望自己可以做得更好。Sears 在推广方面的优点：

- 有趣、互动的微型网站。
- 大量的用户参与。
- 吸引用户再次访问网站的方法——查看他们的级别。
- 良好的产品定位——Debra Hultberg。

2. 互动 E-mail 中博客的作用

大多数老练的 E-mail 营销人员拥有为订阅者创建的博客，那些博客是公司发布新闻和信息的网站，读者可以公开地进行回复。例如，Netflix 公司创立了 Netflix 社区博客。在主页上，Netflix 给订阅者的欢迎词为：“欢迎来到 Netflix 官方博客！在这里，博客的作者是 Netflix 团队的每个成员。我们同样也是狂热的电影迷，我们希望这将成为一个伟大的论坛，不仅能让我们讨论我们所做的事情，也能让您告诉我们您的想法。”论坛上有订阅者发布的很多帖子以及数百条评论（想了解有关博客的更多信息，请参考第 10 章）。

3. 竞赛和抽奖活动

戴尔有一种有趣的互动 E-mail，用于销售它的家用笔记本及台式机。它是这样开始的：“节省费用高达 350 美元。”在信息中，读者会收到一个神秘的优惠券代码。想要使用它，读者需点击一个按钮，然后在登录页面输入优惠券代码，才能知道能够节省多少钱。大多数为 15%的折扣，但有少数人可以获得 75%的折扣。优惠券代码不可以转让给其他人。这种互动的 E-mail 比普通的戴尔促销方式产生更高的回应率。

美国航空公司也推出了一种创新型的 E-mail：与其网站的价格和附表捆绑在一起的抽奖活动。若想进入抽奖活动，读者需要点击 E-mail 里的链接，在进入抽奖活动前登录到一个动画页面，这个动画页面会对此活动进行演示（同时提供了合作伙伴 Alamo 的信息）。动画内容很有趣，读者并不介意看完动画示范后再进入登录页面。抽奖活动通过新功能的动画演示吸引用户，产生的结果就是：读者的浓厚兴趣以及高互动性。

4．“一天一个包”游戏

Piperlime 在其 E-mail 中有这样一个创新性的互动：“一天一个包游戏”，它是这样的：

（1）订阅者通过 E-mail 中的链接点击进入一个登录页面。

（2）通过点击日历链接，查看游戏结束之前每天赠送的包。

（3）注册后登录到游戏页面。

（4）点击“开始”，然后格子上的包便逐渐消失。如果最后剩下的那个包与当天所赠送的包是同一款，他就赢了。

（5）接下来，订阅者会有机会登记他所喜欢的包，这样，他就会在他喜欢的包被赠送的那天收到游戏提醒。

（6）他能够在页面上将邮件推荐给朋友。

一位订阅者说：“我非常喜欢这个游戏！特别是能够看到赠送包包的日历，这样我就可以决定哪天要参加游戏了。同时，即使我并不是每天都关注这个游戏，我也不必担心是否每天都能收到这个游戏的邮件。”

5．动画能取得成功吗

时尚零售商 Bluefly 公司进行过一次 E-mail 营销的测试，测试了在营销邮件中动态文本对 E-mail 接收者的行为产生的影响。此文本为“Shhhhh”，在信息中横向滚动。这是向 Bluefly 上等的客户促销私人产品的轻松方法，那些客户占邮件列表的 35%。

根据 Coremetics 的网络分析显示，使用动画版邮件的 CTR 比未使用动画的高出 5%，更重要的是，与收到非动画版邮件的顾客相比，收到动画版 E-mail 并点击-进入的顾客在每千封 E-mail 的花费上高了 12%。

由于有了这次的成功，Bluefly 的营销经理 Joellen Nicholson 决定在更多的邮件中使用动画。Nicholson 计划：“增加动画的比例，为更多的人发送动画邮件。我们会分析此种方法在更大范围人群中的效果，我们想知道动画是否总是有效，是否是一个绝对的赢者等。

我们大量地使用网络分析，通过查看每天、每周、每月、每季度的报告追踪邮件的效果。”

6. 隐藏的互动价格

由于地区和产品的不同，互动偏好也会有所不同。奢侈品客户可能并不在乎产品的价格，他们想要的是最好的产品。这就是 Lancel Paris 的理念，它所发送的 E-mail 不会提及所展示的奢侈品的价格。在最近的一封 E-mail 中，在一款奢华的抗污包的图片下面写有：“询问此产品的价格”。点击图片，就会弹出一个文本框，询问订阅者的名字和 E-mail 地址，如图 15-4 所示。

几秒钟后，你会收到另外一封邮件。这封邮件给出产品的图片、价格以及几个链接：

- 查看产品详细信息的页面
- 找到最接近的精品
- 注册时事通讯
- 浏览 Lancel 网站

这将排他性上升到了一个新的层次——但却很有效。Lancel Paris 是 E-mail 营销的耕作者，它了解它的客户。

7. 专家是怎样做互动的

Kraft Kitchen E-mail 程序公司是互动的专家之一，它将令人垂涎的照片和大量的互动选项结合在一起，如图 15-5 所示。

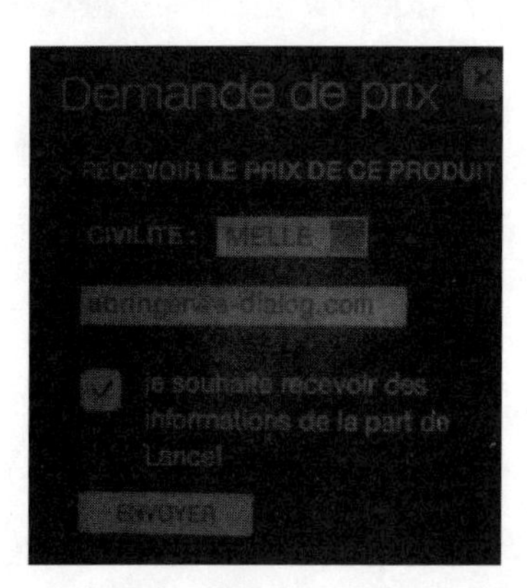

图 15-4　询问订阅者的名字和 E-mail 地址

图 15-5　Kraft 厨房的互动 E-mail

E-mail 中包含八张食品的图片。要注意的是，你如何才能将配方添加到你的菜谱中并打印出来，或查看慢炖锅烧烤排骨食谱的链接，从而提高互动性呢？

当月图书俱乐部（BOMC）有一项与 Netflix 类似的网络服务，它始终免运费。当您订阅时，所有的畅销书都是 9.95 美元，并且订阅者可以建立个性化的阅读清单。这样，BOMC 的 E-mail 就有着高度的个性化和互动性。例如："由于您的阅读清单是空的，您近期会收到两次预付款……如果您的阅读清单中的第一本书已经脱销或还未出版，那我们就会给您寄出清单中的第二本书。如果您的阅读清单中没有可邮寄的书，那您就会失去此次的预定选择，并收到预付款。"

8. 不要浪费读者的时间

如果你阅读一篇 19 世纪的书信，你一定会惊异于它的长度。但现在不一样了（当然，公司会给我们发送长长的正式信函），人们在电子信件上写的字不会超过写在明信片或圣诞卡上的字。我们通过电话或短邮件交流，每天从电视、收音机、报纸、杂志、横幅广告及 E-mail 中获得大量信息，几乎没有一刻喘息的时间。我们都知道自己的时间是宝贵的，所以都讨厌别人浪费我们的时间。

所以，给客户发送 E-mail 的一条准则就是：绝对不能浪费他们的时间。如果他们需要信息，就为他们提供大量信息，但要放在你的网站上；还要确保你的邮件会在 2～3 秒钟内被打开，绝对不要超过这个时限。想要做到这一点的话，就要保证被打开的部分所占的空间很小，让读者在几秒钟之内就能浏览完文本内容。

经验分享

- 成功的 E-mail 对读者来说是一次探险。
- 让你的 E-mail 尽量简短，但添加网站上相关内容的链接，以保证每一个读者都能对某些链接有兴趣。
- 使用资料/偏好数据，使 E-mail 个性化，并且根据消费者的行为、偏好和兴趣制定内容。
- 读者完成一份调查问卷后，发给他一封跟进邮件，感谢他完成了调查，并告诉他你将如何处理这些信息。
- 当读者在偏好中心输入了个人资料数据（姓名、地址、E-mail 地址和信用卡等）后，请存储这些数据（需经读者的许可），并在将来的交流中（无论是在线还是通过 E-mail）找机会使用它们，以改进并缩短整体购买周期。
- 互动意味着大量点击，也意味着收益。

第 16 章 测试提高您的营销

几乎任何问题都是可以回答的，能够通过一个测试广告而便宜地、迅速地得到答案，这便是回答问题的方式，而不是围着桌子进行争论；答案取决于最后的判决者——产品的买家。

16.1 测试起步

16.1.1 关于测试

1. 测试的作用

如果没有测试，你将永远不能改进你的营销方式。你可以发送一百万封促销性 E-mail，并得到一定的打开率、点击率以及转换率。效果是好是差呢？知道这个答案的唯一方法，就是拿现在的结果与之前的促销结果（促销对象是同一组）做对比，看看这次的效果是否比之前的效果好。

但那是测试的原始做法，更好的方法是以之前最佳的促销结果作为参照标准，设法超越它。

2．测试作用的相关性

如果你回顾第 5 章的内容，就会发现，各种不同要素在相关性中所占的比重是不同的。测试是很重要的，但在所有相关性要素中占的比重最少（只有 5%）。不幸的是，只有极少数的邮件营销人员充分进行了测试。他们总是忙于发邮件，却不想为测试操更多的心。他们有时候可能会测试标题，看它是怎样影响打开率的。这当然比不测试要好，但很多人是凭直觉来判断他们是否做得足够好，而不是根据统计的有效测试。

如果你要经营一个成功的 E-mail 营销方案，就必须进行测试，在办公桌的显眼位置放一个标志，写上“在进行有效测试前，不能发送促销邮件”。

测试和测量权量 5%	
3	每个测试元素的投资回报率
2	多个测试中的多变量测试结果
1	对单个分类客户的单一元素测试
0	没有测试或结果测量

图 16-1 怎样为测试打分

16.1.2 测试规则

1．使用曾经最好的促销结果作为参考

使用最好的通讯作为你的通讯参考标准，选择最好的欢迎邮件作为第二个标准，找出最好的交易信息作为第三个标准。换句话说，也就是找出每种广告类型的最佳版本，然后努力超过它。

2．定义出标准 E-mail 的最优点

是打开率还是点击率？是低退订率还是高转换率？确保你有一个关于“最好”的定义。

3．创建测试组

这并不像它听起来的那么简单。测试组中的人能够代表全部客户，你要根据他们的反应来判断其他人对这封通讯或是促销邮件的反应。你需要一些标准来定义一个测试组，比如：

- 买家 VS 非买家
- 作为订阅者的时长

- 订阅者的来源
- 人口统计信息（稍后将详细介绍）

如果没有测试组，你可以使用简单的A/B分割测试法：将版本A发送给邮件列表的一半人，将版本B发送给另一半人，并且要记住每组人收到的是哪一个版本的邮件。这是一个很好的方法，应该会带给你有效的结果。它不需要任何成本，因为每人都会收到一封E-mail。

然而，当你想要进行更复杂的测试时，你就需要测试组了。为什么呢？假设版本B产生4%的转换率，版本A产生2%的转换率。版本B明显要好得多，你打算今后就使用版本B了吗？你有必要测试一下别的，你不会想要冒这样的风险的：由于限制了收到最好版本E-mail的收件人数，而失去了大量的销售额。若你想只对数据库中的一小部分人测试你的新想法的话，就要拥有一个小型的测试组，这样每个人都会在你的掌控之下了。

16.1.3 怎样进行测试

1. 在E-mail促销中，你需要测试多少事情

最好的测试是进行单变量测试，每封促销邮件只测试一项内容。有些人会犯测试多项内容的错误，这是一个极大的错误！我们都忙于E-mail营销业务，可能每天都要发送E-mail。我们确实可以建立多个测试，但要到什么时候我们才能有闲暇来研究测试结果，从而确定哪种效果最好以及我们现在应该做什么呢？

2. 你应该首先测试什么

第一个需要测试的是标题。标题是大多数人在删除邮件前一定会看到的，如果标题不好，大多数订阅者将不会继续阅读。无论你的某个标题在过去产生了多好的效果，记得一定要在一个小型测试组中测试一下其他版本。你的竞争者在关注着你的E-mail，他们也许正在模仿你，你要能够领先他们一步。

3. 做快速的标题测试

你有六个可选标题，哪一个是最好的呢？让你的读者告诉你。方法是：在档案中挑选10%，创建一个随机组，然后把它们分成六个部分，对每个细分群体测试一个标题。六个小时以后，查看每个组的打开率，然后将获胜的标题发给档案中剩下的90%。这是获得最佳标题的快速方法。

16.2 测试须知

16.2.1 你需要知道的

1. 应该知道你想证明什么

在测试前，写下你想通过测试证明什么或是反驳什么。例如："我们的假设是，显示折扣以上的产品价格能够产生更高的转换率，胜于现在的系统——只显示在结账过程中的价格。"

在测试前，确定你的判断度量和实施计划。例如："如果新的 E-mail 页面安排能够比原来的标准提高至少 10%的转换率，我们就使用它。"在测试后，写下你的数值结果，你对他们含义的分析，以及你的下一步打算。

留有一个测试笔记本电脑。让它成为你营销部门的共享记忆（应该保存两份副本）。

例如，Motorcycle Superstore 发现测试的经常性改变能够使利润上升到 120%。接下来的列表分组是根据产品利益进行的，每一个组接收到的 E-mail 的内容是个性化的，新的基于分组的内容产生双倍的打开率和三倍的点击率。

2. 区分噪声和有意义的结果

所有测试都有一定的随机统计噪声元素。要想知道它是怎样的，请随机将一份一万人的邮件名单分为各 5000 人的两个单元，并且在同一天向两个单元发送同样的 E-mail。这两个单元中一定会有一个拥有更高的打开率、点击率和转换率。让我们假设打开率相差 15，也就是说一个单元比另一个单元多 15 个人打开。统计上，这种差异为 0.3%。一旦你知道了这一点，就建立了统计噪声等级。如果要在将来的测试中运用这一知识，你可能就会使用概测法："一项测试能够增加统计噪声等级 1.5 倍以上的转换率或 CTR。"低于 4.5%不应被认为有很大的差异。

3. 邮件代码的唯一性分配

要想更好地分析测试，给每一个邮件单元一个唯一的邮件代码。建立一个系统，并且在你的测试笔记本电脑上记录该系统。在电子数据表上写下每一个代码的意思。该电子数据表应该让你的营销团队能够共享并进行维护，这样你就可以在之后返回并检查工作。

4. 不要期盼令人惊异的结果

如果你在进行多个测试，但很多测试不能够产生有意义的结果，没有关系，耐心点，再试一次。你的管理部门应该理解，大多数的测试不会产生惊人的结果。即使你已经做了很多次的测试，当前的E-mail项目也已经经过一步一步地调整逐年改善了，接下来的每次测试也可能不会是惊天动地的。你的测试越成功，接下来的测试就越难有所超越。

这是一些值得做的测试：一个狩猎产品零售商测试图片内容的价值。他针对全图像设计和包含图像但所有主要信息是以文本格式显示的两种情况进行了测试。这位零售商发现第二种E-mail能够产生差不多四倍的收益。为什么？因为它依然可以向那些屏蔽了图片的订阅者显示内容。

Quality Paperback Book Club在其邮件中测试了两个不同的标题。一个是：“点击这里查看……”，另一个是：“得到……”。结果，“得到……”比“点击这里查看……”高出47%的转换率。只有你进行了测试，才知道为什么会这样。

16.2.2 测试技巧

1. 同时测试多个概念

每次只测试一件事的原则与同时测试多个不同概念并不相悖。假设你的富有创意的员工开发了5种使用E-mail销售产品的方法，不必召开全体会议来讨论哪一种是最好的，将你的订阅者列表分成5部分，同时对它们进行测试。结果可能是令人吃惊的——其中某一部分可能会比其余4部分的效果好很多，这个结果可能是你的会议成员永远不会猜到的，也许会立即排除它，因为它看起来不该是这样。

2. 你的测试组有多大

这是一个普通的问题，并且我们已经有了一个很好的答案。为了确保统计的准确性，你应该有一个测试组，测试组中的一组订阅者能够产生大约500个答复。“答复”是什么意思呢？就是你可以根据不同情况将它定义为打开、点击或是转换。

假设你现在的打开率为12%，你想在一个测试组中测试一个新的版本，因为你希望在测试组中也得到12%的打开率，如果500人打开过，那么你的测试组的人数至少是500除以12%，约为4167人。

3. 个性化测试

假设你想在邮件的称呼中通过使用订阅者的姓名来测试个性化的作用。在一次案例研究中，客户收到没有称呼或个性化的信息。在测试中，改用“亲爱的消费者”开头。只是这一点很小的改变，就能产生比之前版本高出 4.1%的点击率。

因为很小的改变所产生的好结果，你决定得到订阅者的名字，在同样的邮件中用“亲爱的××（名字）”进行测试。然而，整个订阅者列表已经习惯了“亲爱的消费者”的称呼，不得不对邮件进行了少许的修改。就算是用之前的邮件，个性化的称呼还是比原版本增加了 13.0%的点击率。这个例子展示了不断测试的重要性。

4．报价测试

EVO Gear 对 Wake Packages 的同一个报价进行了测试：一个版本是 50 美元的折扣，而另一个版本是 15%的折扣。就价钱而言，两种版本差不多是一样的。然而，50 美元折扣的 E-mail 产生了高达 170%的收益和 72%的转换率。结论：很多人不懂百分率，但每个人都懂美元。

5．花时间研究每一个测试的结果

E-mail 营销人员的另一个很大的失误是没有很好的研究之前测试的结果。那要花时间，并且需要一定的创造力，还要有持之以恒的精神。我们与一家大型公司的 CMO 共事，每周发送 2500 万封 E-mail。一开始的时候，我们询问第一项测试是什么。她答道：“哦，我们不需要浪费时间进行测试。我们知道该怎样做。”因为我们是委托人，所以不能与她争论。然而后来，我们推荐了一些测试，比她所使用的版本好 15%。她开始明白了测试的价值。

E-mail 营销的好处在于，通常在 24 小时内，测试结果可以知晓。如果使用直接邮件，结果要几个星期后才能知道。因为好的分析软件能够迅速地给出结果，你应该及时设置此软件，从而能够研究那些结果，并将它们应用于其他 E-mail 中。明天你可能又会忙于发送其他的 E-mail，可能就没有时间弄清楚昨天的测试结果了。

6．点击到打开率（CTO）

在测试中，我们必须知道，我们拿什么作为测量标准。有三个标准测量值：打开率、点击率和转换率。这里有一个应用这些数字的另外的重要标准，它能够产生积极的结果。它是 E-mail 专家珍妮·詹宁斯建议的：点击到打开率（CTO）。CTO 的计算方法为打开数除以点击数。如图 16-2 所示提供了一个例子。

	控制组	测试组
传送数量	1 000 000	1 000 000
净打开	300 000	250 000
净点击	80 000	80 000
点击率	8%	8%
点击到打开率	26.70%	32%

图 16-2 点击率 VS 点击到打开率

在这个例子中，点击率在控制组和测试组是相同的，但 CTO 在测试组中更好一些，因为更少的打开率产生相同数量的点击率。打开很不错，但点击更好。

16.2.3 在测试中会犯的错误

为了成功地运行测试，避免如下错误。

错误 1：同时进行太多的项目改变

当你在同一个 E-mail 版本中改变多个项目，并且参照你的标准对它进行测试时，你不会有太多收获。假设在两个版本中，其布局、宣传、副本，甚至产品都是完全不同的。任何一项的改变都可能会帮助或是损害到答复，但这些后果放在一起，你不能区分出哪一种后果是由哪一项改变造成的。一项改变可能会提高 10%的打开率，但同一封 E-mail 中的另一项改变可能会降低 10%的点击率。因此：一次只测试一个元素。

错误 2：只看转换率

对于 E-mail 读者来说，存在一个逻辑顺序：他们被题目吸引，然后打开信息。他们喜欢打开邮件时的打招呼方式。他们被副本所吸引，被报价所激励。他们打开多个链接，最后订货。如果有一点做得不好，你的邮件将会被宣告失败。糟糕的标题、糟糕的招呼、糟糕的报价、功能不佳的链接、低劣的产品和很高的定价，或者是令人困惑的订货单，哪一种导致了低转换率？如果你自己查看转换率，可能永远都不会知晓。

单独测试每一部分。首先，选择一个比其他标题都好一些的标题。然后加上你最好的招呼语。现在你可以测试副本的不同版本了。你也需要测试定价，然后是订货单。绝不要认为测试很简单，特别是分别测试每一个要素的时候。

错误 3：提供太多的选择

在直接邮件业务中有一句俗话：“选择扼杀选择”。直接邮件营销人员一次又一次地测试为读者提供两个及两个以上选择的直接邮件，以及提供一个可能答案的邮件：拿走还是留下。只有一个选项的邮件总是胜过多个选项的邮件。例如，一家公司推销一种分时度假的低成本旅游。有两种选择：一种选择是："69 美元在佛罗里达州的劳德代尔堡的家庭周末度假。任意选择以下六个周末，假期将属于你"；另一种选择为："69 美元在佛罗里达州的劳德代尔的家庭周末度假只有一个名额：3 月 12～14 日。请立即致电。"第二个信息总会大大地胜过第一个信息。

虽然你在从事 E-mail 营销，但不要以为你不会在直接邮件那里获得经验。关于营销早已经有很多基本的真理，扼杀选择就是其中之一。不要犯给读者太多选择的错误。

错误 4：不知道领域

有一首很好听的歌《The Music Man 》："哪一天谈一谈，哪一天谈一谈？……你知道这领域。"在 E-mail 营销中，如果你知道你在向谁发送 E-mail，你会得到更好的效果。他们是富裕的老年人还是大学生？他们是已婚女子还是单身男人？他们住在大城市还是农村？他们是之前注册过但未购买任何商品的买家吗？

你所测试的新元素可能会吸引一些人，但也可能会让一些人取消订阅。如果你对读者一无所知（如同一个猎人不知道他的狩猎领域一样），那么你的测试需要更大的变化，例如大家都感兴趣的导航或促销方面的重大改善。

如果你真正地了解某个领域（例如：你是一个农场主），这样你就可以向阅读你邮件的不同群体展示不同的内容了。为不同的群体进行不同的测试，你所进行的测试越频繁，得到的结果就越精确。

错误 5：通过全体成员进行测试

最糟糕的 E-mail 项目，是在你公司中不同部门的全体成员全部参与下完成的。一些人喜欢这个点子，其他人可能喜欢别的点子。你采用了折中的办法，使用了一封人们并不是非常喜欢，但也很少有人反对的邮件。好想法从讨论的过程中产生，在测试前它们可能是糟糕的想法。结果需要由 A/A 测试产生——可能有一点别扭，但两个版本的确是相同的。

更好的办法是让你的订阅者来驱除糟糕的想法，鼓励好的想法。让充满创意的人们大胆尝试新的想法。你能通过一封邮件，建立群体的一致认可吗？或是建立消费者的忠诚度吗？或是完成销售吗？毕竟，这只是一封 E-mail。邮件中的某一个字不会对公司的声誉造成很大影响。放松些！尝试新的想法。

错误 6：在标题中运用个性化

既然 E-mail 正文的个性化能够提高点击率和转换率，为什么不将个性化应用在标题上呢？这曾经是个好想法，但却被垃圾邮件发送者毁掉了。现在，数百万的人们从自己不认识但却知道自己名字的人那里收到 E-mail，他们从网络钓鱼探险中得到个人信息。如果你在标题中使用订阅者的名字，你的邮件可能会被认为是垃圾邮件而不能被发送。

16.3 实用测试方法

1. 保存你的邮件统计日志

一项测试必须要与其他的测试结果进行对比，从而得知此次结果是否更好一些。16%的打开率是高还是低？它比此行业的平均水平 13%要高一些，但如果你去年的邮件打开率为 28%呢？你需要知道这些数据。

建立一个所有 E-mail 统计的系统日志，在每封邮件发出去后生成，按 E-mail 的类型进行组织，如表 16-1 所示。

表 16-1 E-mail 统计日志

E-mail 类型	促　销	促　销	备　注
名称	燕尾服/A	燕尾服/B	
日期	2009/06/03	2009/06/03	
发送数	1 172 839	1 172 839	
送达数	1 129 444	1 138 827	
送达率	96.3%	97.10%	发送的百分比
打开	242 830	268 763	
打开率	21.50%	23.60%	送达的百分比
净点击	44 681	54 559	
点击率	18.40%	20.30%	点击的百分比
点击打开率	18.4%	20.3%	点击/打开
转化	1 385	1 582	
转化率	3.1%	2.9%	点击的百分比
总销售	$169 551	$190 498	
每次送达价钱	$0.15	$0.17	
平均订单	$122.41	$120.40	
发送成本	$10 555.55	$10 555.55	

续表

E-mail类型	促　销	促　销	备　注
每次打开成本	$0.043	$0.039	
每次点击成本	$0.236	$0.193	
每次销售成本	$7.621	$6.671	
转化百分比	3.30%	4.10%	转化占送达数的百分比
退订百分比	1.20%	1.10%	占发送数的百分比
不可发送百分比	2.50%	1.80%	占发送数的百分比
新的病毒名称	4 877	6 120	
病毒百分比	0.43%	0.54%	占送达数的百分比

表16-1所显示的是单一邮件的分析结果，它能够在实际发送后的几天后创建。记住，E-mail的保存期限通常不到一个星期。在这个例子中，我们对两个不同的标题进行了对比。如果测试是有效的，这两个邮件中的每个部分都应该是相同的。通过此次测试，你可以知道标题B要比标题A好。

接下来，我们可以使用标题 B 测试不同的招呼语。一种为“亲爱的有价值的客户”，另一种为“亲爱的××（名字）。”我们可以打赌“亲爱的××（名字）”会胜出，但却不能预测胜出多少。如果“亲爱的××（名字）”胜出了，你便可以使用获胜的标题和招呼语来测试正文中的不同报价。

这个例子似乎让人觉得执行过程很简单，但实际上并不简单。如果你有230万个订阅者，若想保持相关性，你不能向他们发送同样的E-mail促销同一款短裙，每一封邮件都应该是不同的。这种差异性会影响你的打开率、点击率和转换率。但那并不代表你长期以来什么都学不到。你会学会怎样建立一个富有成效的标题，你会完善你的招呼语，最后，你会知道销售产品的最好方式。

表 16-1 显示了为什么我们说你发出去的每封 E-mail 都是一次测试。因为每封 E-mail 只测试一件事，你需要很多次的测试，才能成为E-mail营销专家。

记录每次的测试结果是一项大工程吗？的确是，但对你来说不一定是。如果你有E-mail投递外包（我们大力提倡这样做），可以让你的 E-mail 服务商为你所发的每份邮件自动准备这样的表格。让你的ESP来做这种苦差事，你就可以专心于E-mail的营销方面。

2．通过分析读者进行测试

我们曾讨论过的测试是关于E-mail对读者产生的作用，没有对读者进行界定，只说它包括自愿注册的人。E-mail 分析很精密，要比直接邮件营销精密得多。因为我们知道的太多，我们知道邮件是否被接收、打开、点击，以及是否产生购买。在直接邮件中，我们只知道接收者是否进行了购买。

直接邮件营销者在其读者分析方面已变得很老练，E-mail 自己可以做相同的事。然而，总的来说，E-mail 营销者并没有做太多的读者分析。他们对能够从 E-mail 分析（狩猎）中迅速地得到结果感到兴奋，所以他们不愿意采取下一步（耕作）。他们中的许多人对他们的读者除了邮件地址外一无所知。

然而，大丰收来自于第二步的执行。我们可以基于一些元素将读者细分：

- 所购产品的类型和价值。
- 最近购买日期、频率，以及购买的钱数（RFM）。
- 人口特征，包括：
  - ◆ 年龄、性别、收入、财富、婚姻状况、子女。
  - ◆ 住房类型、价值、私房 VS 公房、居住时间。
  - ◆ 职业、民族、生活方式。

因为 E-mail 要进行测试，所以，必须为订阅者列表设置细分码，通过细分来研究测试结果（关于细分的内容，请参考第 7 章。）。

如果你想用人口统计数据进行测试，从那些为你提供家庭住址的人们开始测试，可能是因为他们曾购买过产品，或是在你的 E-mail 登记表中有地址字段。假设你对带有附加数据的 12 万消费者进行了测试，那些数据花费了你 6000 美元。例如，你正试图向现有的汽车客户群出售人寿保险，目标是让 E-mail 读者填写一份人寿保险申请。如表 16-2 所示展现了你向不同年龄群体发送了完全相同的 E-mail 后得到的结果。

表 16-2　不同年龄段的 E-mail 效果

年龄段	送达数	打开数	点击数	申请量	打开率	点击率	申请率	成　功
20 岁以下	3 305	264	58	5	8%	22%	9%	0.16%
21～40	24 331	4 136	745	171	17%	18%	23%	0.70%
41～55	31 882	11 478	3 214	996	36%	28%	31%	3.12%
56～65	28 774	6 330	2 785	1 114	22%	44%	40%	3.87%
66 岁以上	29 773	8 634	3 195	1 757	29%	37%	55%	5.90%
总计	118 065	30 843	9 996	4 044	26%	32%	40%	3.43%

这张表格展示了你的信息在 66 岁及以上的的订阅者中引起了共鸣，在 41 岁以下的人群中没有得到预期的结果。如果用直接邮件，我们可能会得到结论，向 41 岁以下的人发送邮件就是浪费钱。但在 E-mail 营销中，我们能够得出不同的结论：我们继续向那些 66 岁

及以上的人发送这种信息，但对 41 岁以下的人或 41～65 岁人改变信息内容。我们可以进行控制：得到 5.9%的成功率。

让我们看一下发往同样收入人群的同一封邮件的情况，如表 16-3 所示。我们不需要再发给他们一遍，只要用不同的方式编辑统计结果就行了。

表 16-3　不同家庭收入的 E-mail 效果

收入范围	送达数	打开数	点击数	申请量	打开率	点击率	申请率	成功
少于 20K 美元	35 664	9 629	2 359	873	27.0%	25%	37%	2.45%
$21K～$40K	35 663	8 238	2 065	558	23.1%	25%	27%	1.56%
$41K～$75K	20 859	5 006	1 652	661	24.0%	33%	40%	3.17%
$76K～$125K	16 774	6 877	3 439	1 685	41.0%	50%	49%	10.05%
大于$126K	9 105	1 093	481	269	12.0%	44%	56%	2.96%
总计	118 065	30 843	9 996	4 044	26.1%	32%	40%	3.43%

由此可见，E-mail 主要吸引收入在 76 000～125 000 美元之间的人。对于其他的收入范围，应该在某种程度上改变出价或 E-mail 内容，以提高成功率。我们有针对 66 岁以上、收入为 76 000～125 000 美元之间的人群发送的邮件。

我们看一下性别的数据；男人和女人对人寿保险有不同的反应。我们还可以对不同地域、不同居住时间的人们进行研究，能够得到另外一个表格。短期居住的人们比长期居住的人们更可能接受人寿保险。对于邮件的发送可以有六种及六种以上的读者划分。你会从每张表中学到一些东西，但你必须实际地进行邮件发送。

根据人口特征对某一种产品、服务进行测试的效果是强大的。一旦我们知道如何写作成功的标题、招呼语、E-mail 正文，便能对读者分析进行更深刻的研究，即耕作——一个获益颇多的过程。

经验分享

- 每封 E-mail 都应该经过测试，不幸的是，很多 E-mail 营销人员没有做足够的测试。
- 每一次测试只测试一件事，这样你就可以知道那件事是怎样对结果造成影响的。
- 首先测试标题。
- 研究每次测试的结果，并将你所学到的应用到未来的邮件中。
- 个性化测试，使用订阅者的名字。

- 一般性错误包括：同时有太多的改变，为读者提供太多的选择，在主题行使用订阅者的名字。
- 你的 ESP 为你提供每封邮件的完整报告了吗？保存那些报告。
- 一旦你知道怎样设置好的标题和个性化，对读者细分进行测试，你便可以得到了不起的结果。

第 17 章
顾客保留率和忠诚度

忠诚度是我们营销努力的结果，它是我们整个营销工作是否取得成功的风向标。我们永远不要忘记，忠诚不是消费者的义务，是我们为消费者提供一如既往的愉快的购物体验的结果，因此他们选择与我们合作。

17.1 建立消费者的忠诚

17.1.1 怎样建立订阅者的忠诚

1. 建立订阅者的忠诚

什么是忠诚的消费者？那就是喜欢你的产品和服务，当需要购买此类产品时第一个会想到你的这类顾客。忠诚的消费者常常与你的客服人员成为朋友。与其他消费者相比，忠诚的消费者有以下特点：

- 保留率更高

- 消费率更高
- 转介率更高
- 生命周期价值更高
- 服务费用更低
- 购买更高价位的产品

每年，更多的消费者变为经验丰富的网络顾客。据 Forrester Research 的调查显示，2007 年，32%的在线顾客已经在网上购物超过 7 年，2003 年为 18%。新的网络顾客的数量在减少。Forrester Research 报道还说，2007 年只有 9%的网络顾客在线购物少于一年，与 2006 年的 16%相比有很大的降幅。这些新的顾客是越来越多的女性，根据 Forrester Research 的调查，2007 年 55%的新顾客是女性。

这些数据对你来说意味着什么？它们意味着获得新的订阅者越来越难了。你该做的是保留住那些曾经的顾客，并将更多的客户转换为忠诚消费者。

真正的顾客忠诚就像成功的婚姻，双方都对彼此间的关系感到满意。他们不会担心他们的伴侣不再爱他，或是跟其他人走掉。他们可能经历过误解和争论，但关系依然无恙，甚至更好些。在你和顾客之间建立忠诚是 E-mail 营销的目标。

顾客的忠诚度是可以进行测量的。最普通的测量是保留率：今年在你那里购买产品的人占去年购买产品人数的百分比。如表 17-1 所示，老客户的保留率，即数据库中顾客忠诚度的信息。

表 17-1　老客户的保留率

顾客年限	1	2	3	4	5
购物一年后的保留率	40%	50%	60%	70%	80%

表 17-1 显示，每一年都保留下来的顾客比前一年的整体顾客更忠诚。60%的第一次购买者在第二年会停止购买，其余 40%继续购买的顾客则会成为更加忠诚的顾客。他们中的一半人则会在第三年继续购买，原来的购买者占 20%，这 20%的顾客会更加忠诚。到第四年，真正忠诚的顾客数下降到 12%。

忠诚可以成为一个让订阅者到达你网站的功能。2008 年年初，48%的在线商业网站流量和 67%的在线销售额来自于零售商在 URL 上的记录，以及书签上的点击顾客。

2．你能推荐我吗

Frederick Reichheld 有测量顾客忠诚度的好方法。它建议公司问顾客这样一个问题：你会将我推荐给你的朋友吗？这个答案更能够表明忠诚度，而不仅仅是满意度。拿汽车为例，大部分的满意度为 80%～90%，但同一个牌子的再次购买率约为 35%。运用基本的提问，Frederick Reichheld 创建了一种净推荐值。为了得到此值，从那些愿意推荐的人数中减去不愿意推荐的人数，但这个数值常常是负的。很多公司曾使用这个数值来确定他们的工作做得如何，如果是负值，他们会考虑该怎样处理这种情况。

这样的问题在邮件中很容易提出，SmartBargains.com 就做得很好。它发送给买家一封邮件，附带一张表单，用以测量用户的购物体验，如图 17-1 所示。

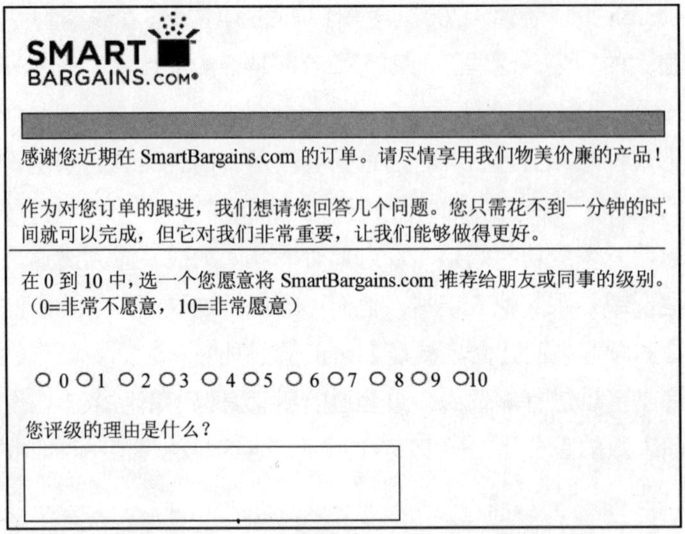

SMART BARGAINS.COM®

感谢您近期在 SmartBargains.com 的订单。请尽情享用我们物美价廉的产品！

作为对您订单的跟进，我们想请您回答几个问题。您只需花不到一分钟的时间就可以完成，但它对我们非常重要，让我们能够做得更好。

在 0 到 10 中，选一个您愿意将 SmartBargains.com 推荐给朋友或同事的级别。（0=非常不愿意，10=非常愿意）

○0 ○1 ○2 ○3 ○4 ○5 ○6 ○7 ○8 ○9 ○10

您评级的理由是什么？

图 17-1　SmartBargains.com 推荐 E-mail

3．增加忠诚顾客的数量

这里有增加顾客忠诚度的四个基本方法：

- 拥有高品质的产品和服务。
- 提供极好的顾客服务。
- 拥有友好而忠诚的员工。
- 提供极好的、高度个性化的、相关的、快速的交流。

如果你不能达到前三项，你的交流也不能拯救你。但如果你将前三项做得很好，然后进行交流——特别是进行 E-mail 交流，很大程度上能够建立忠诚，并获得利润。

4．忠诚建设交流

你的网站和 E-mail 是顾客忠诚计划的生命线。建立忠诚建设交流：

- 创建个性化的、成熟的 HTML 事务处理信息，并且迅速将其发送。
- 在几秒钟内对顾客的注册表示感谢，并在几个小时内回答他们提出的问题。
- 询问顾客的倾向，并根据这些倾向修正你的交流和服务。
- 建立触发信息，将每一个顾客看做一个个体，而不是芸芸众生。
- 感谢顾客的购买，并使用评论使 E-mail 个性化，例如：他们成为你的顾客的时间。

在进行忠诚建设交流时，你应该想着杂货店老板是怎样培养顾客的忠诚度的。当顾客来到他的店中，他用顾客的名字与他们打招呼；用顾客感兴趣的话题与其交谈，那些话题是从之前的购买和谈话中得知的。杂货店老板知道他的顾客住在哪里，并知道他们从家到店中要走多久。他记得他们对他说过什么，并可以在将来的谈话中提到。他知道他们所指的商品在店铺的什么位置，将他们所要的商品放在一起，帮他们换掉残次品，还会帮他们搬运很重的物品等。他在顾客生日或纪念日中送出祝福；记得多久之前某位顾客就开始在他这里买东西，以及为他带来了多少收益；记得每位顾客的家庭成员，并据此向他们推荐产品和服务。

正如你从以上清单见到的一样，一个细心、聪明、有爱心的人可以为另一个人做很多事情，从而建立友谊——用商业术语来说就是忠诚度。我们的数据库能够存储很多顾客数据，虽然不如杂货店老板知道的那么多，但我们要尽力做到和他知道的一样多。

本书很多章节都深度剖析了建立顾客忠诚度的交流类型，包括：

- 交流的相关性（第 5 章）
- 倾听消费者（第 11 章）
- 频繁交流（第 12 章）
- 事务处理 E-mail（第 13 章）

接下来让我们看一下 E-mail 信息是怎样被用来建立忠诚度的。

17.1.2 获得顾客忠诚的方法

1. 根据消费者注册的资料作出行动

如果你的工作进展的很顺利，每天都会有来自订阅者的大量注册信息，甚至比规则的订单还要多。那些资料包括偏好和个人资料、抱怨、报告书、提问、特别要求以及各种询价等，你处理这些资料的方式决定了客户忠诚度的水平。

第一步是让某个人去做一份关于在过去的三个月时间里，消费者所注册的各种类型的资料的索引，并且用各种方式进行分类，如表 17-2 所示。

表 17-2　客户加入与流失

	每 100 个客户的频率	1 到 10 级别	自动回应	回应时间（分钟）	解决方法	解决方案是否满意
偏好调查						
地址更改						
姓名更改						
降低 E-mail 频率						
产品退回						
不能送达						
账单错误						
次品						
个人问题						
回应延迟						
退订						
忘记 ID 或密码						
不满意						
在网站上找不到产品						
找不到客服						

根据消费者的实际登记资料，建立自己的分类，需要花一些时间来填充这张表格。可能会花更多的时间来设置商业规则，包括软件和人的行为方面，从而为每个问题得出一个满意的解决方案。这张表格告诉你要建立顾客忠诚度需要怎样做，至少一年两次地审核这张表格，确保你制订的解决方案仍然可行，并且没有需要解决的新问题。

2. 顾客登录

实现顾客忠诚度的第二步是吸引大量的顾客登录你的网站、进行购物，并且接收 E-mail 以得知你所发送的邮件在接收端的效果如何。应该对那些登录者进行测试，从填写如表 17-2 的分类列表开始，从而得知测试效果如何。

他们是否查看了收到的每封 E-mail 以确定得到了所有需要的信息？他们能够通过文字聊天或电话与客服取得联络吗？他们能够轻松退换产品吗？他们的 E-mail 的确是个性化的吗？他们的偏好受到重视了吗？在每封邮件中都可以清楚地看到反馈信息链接吗？有没有人每天核查所发邮件的地址、阅读并回复收到的所有反馈信息呢？

3. 动用专业的和兼职职员

每封 E-mail 都应该有到图像、注册表格和显示页面的链接。你的 E-mail 越复杂，登录页面就越复杂。一名质量控制职员应定期测试每封发送出去的邮件的所有链接，以确定它们运作正常。但你也应该设立一项 E-mail 核查服务，让专业的和兼职的职员来检查他们收到的 E-mail。

Freed Seeds 是一家专业的职员分配公司，对你所发送的全部 E-mail 提供综合的报告。你不用花很多钱，就能建立一个兼职职员的网络。只需为每次邮件的发送付很少的费用，人们便能打开每封邮件、点击链接、完成你设计的 E-mail 效果表格，从而告诉你每个步骤的执行效果如何。最妙的是，每位兼职职员对 ISP（AOL、YoHoo 和 Hotmail 等）来说都是一位订阅者，设置一些人使用宽带，一些人使用拨号，一些人收到 HTML 格式，至少有一个人收到电话信息，其余人收到文本格式。

为什么各种情况都应该有呢？这样可以确保你的 E-mail 达到建立顾客忠诚度的效果。你可能拥有世界上的最佳动机，但如果你的邮件在订阅者那里不能正常使用，那么可能会不明原因地失去很多订阅者。

4. 经过认证的 E-mail

当发送给订阅者的 E-mail 是申请认证服务（如 Goodmail Certification）并且付费时，ESP 可能会允许发送者绕开垃圾邮件过滤器。AOL、AT&T、YoHoo、Comcast、Cox Communications、Road Runner 和 Verizon 使用 Goodmail，作为他们过滤服务的一部分。Goodmail 要求来自一个专用 IP 六个月的发送史，才可以取得认证，这也是使用外包 ESP 的一个原因。如果你在尽力建立消费者的忠诚度，让你的 E-mail 得到认证是一个重要的步骤。

5. 吸引合适的顾客

顾客的忠诚度是从其购买过程开始的。Reichheld 在他的书《忠诚效应》中指出“一些顾客天生便是循规蹈矩并高度忠诚，无论他们与哪一家公司打交道。他们只是倾向于稳定、长久的关系。”

这本书提供大量公司的例子，这些公司能够识别出忠诚顾客的特征。他们创建了一些简单的规则，目标是吸引合适的顾客，并避免不合适的顾客。以下是其中一些例子。

- 一家保险公司发现，对他们来说，已婚的人比单身的人更忠诚；美国中西部人比东部人更忠诚；拥有私人住房的人比租房子的人更忠诚。自他们发现了这一规律后，就能运用它指导他们的招揽战略。

- MBNA 发现，通过亲和力团体（如医生、牙医、护士、教师以及工程师等）所传达到的人，比通过直接邮寄业务传达到的人更容易成为忠诚的信用卡持有者。
- 很多公司通过他们的数据库发现，被折扣商品吸引的顾客更不容易成为忠诚顾客，而被无折扣商品吸引的顾客会更忠诚，购买折扣商品的顾客会在发现更低价格的产品时离开。难道是因为这些顾客与众不同吗？还是因为他们更在乎商品的价格而不是价值？折扣并不是吸引忠诚顾客的好办法。

多年来，零售商在辩论：具有规则广告、低额折扣价格的商品能够吸引价格敏感的顾客；几年后，这些顾客会转变为老主顾，并且能够为店铺带来利益。

零售战略中心公司对南卡罗莱纳州格林维尔做了一项调查。调查显示，大众观念是一个神话。很多这样的顾客的确能转变为“很好的”老主顾，但是大多数人实际上却在 12 个月内就“叛变”了。还没有发现在这种类型顾客上投资的零售商能够有很高的收回率。

17.2 区分并培养你的顾客

17.2.1 交易买家和关系买家

有两种基本类型的顾客：交易顾客和关系顾客。了解他们的不同点对于提高顾客保留率、销售和忠诚度上很重要。

1. 交易买家

交易买家倾向于对每件商品进行比较购买，他们看广告、查询网络、打电话询问，以及去逛出售商品的店铺。他们毫无忠诚度，不会考虑你曾为他们做过什么，你今天的价格是多少，他们会因为别的商家的价格更便宜而转向。

交易买家通常不会得到任何服务，但服务对他们来说不重要，价格才是最重要的。不要试图获得他们的忠诚，他们不会给予。E-mail 营销对此也无计可施，只有打折。他们是不会带来利益的顾客，即使他们购买了很多的商品，并且代表了某一个重要的市场细分群体。对于交易买家，特别是 B2C 买家，应该忽略他们曾经的购买承诺。这些买家看重价格，你对他们可以没有任何营销费用和客服费用的支出。

2. 关系买家

关系买家是很忠诚的一类顾客，他们寻找可以信赖的供应商：

- 关心他们的需求和留意他们的供应商。
- 记得他们曾经购买的商品，并且为他们提供特别服务作为奖励的供应商。
- 对他们的购买感兴趣，并且将他们当做独一无二的个体看待的供应商。

关系买家知道，在多家店铺选购可以省一点钱，但他们也知道，如果改变供应商，会失去很有价值的东西：他们与可信赖的供应商建立起来的关系。那些供应商认识他们，并且关心他们。他们中的很多人也意识到，为一件商品去多家店铺选购会有情感和经济上的成本存在。他们想要开心的购物，而不是锻炼他们讨价还价的能力。

3. 细分买家

通过将你的顾客细分为两类，可以针对能够带来利益的那一类顾客进行营销工作：关系买家。你的数据库中记载了那些买家购买的商品，这样可以为他们提供个人认可和特殊的服务。你能够认出你的黄金顾客，与他们交流，与他们合作。

你该怎样区分交易买家和关系买家呢？这里是某一个零售商的做法。发给新顾客一封E-mail，要求其填写一份倾向性调查表格。提出的问题是："请按对您选择购物店造成影响的程度，对下列元素进行排序：（1——最重要，7——最不重要）"。

- 价格
- 服务
- 制造商的声誉
- 朋友推荐
- 公司政策
- 之前的经验
- 客服

那些选择价格是最重要选项的人很可能是交易买家，其他人可能会成为关系买家，这可以用其他方法来测试。

你的管理人员可能会坚持认为你的大多数顾客是交易买家。他会指出当你开始销售时，你会有更多的销售；当销售没有开始时，销售量会递减。将会发生的情况如图17-2所示。公司A、B、C、D都有一些稳定的关系买家，也有一些跳来跳去的交易买家。这些交易买家永远不会付全价，没有人从他们那赚得太多的钱。每家公司都会认为，大多数的顾客是价格敏感型的，但实际上却很少。

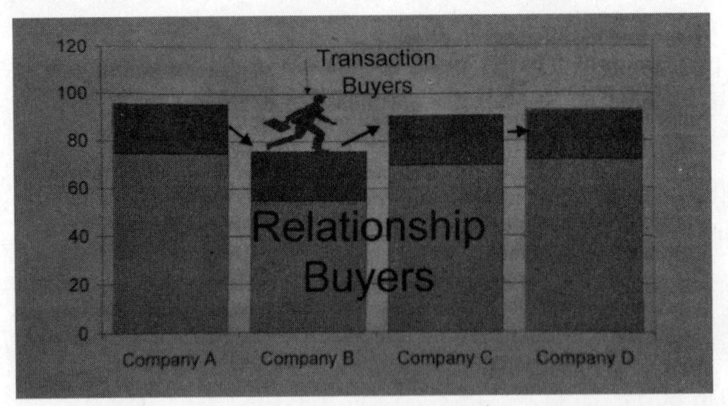

图 17-2　交易买家从一家供应商跳到另一家供应商

17.2.2　培养你的顾客

交易买家并不是天生如此，是环境和他们受到的对待方式让他们变为交易买家的。作为供应商，我们可能会认为这个世界本来就是这样的，但实际上并非如此。我们可能会扼杀想与我们建立关系的一群客户，从而将他们变成了交易买家。我们是怎样做的呢？一直与顾客谈价格，而不是谈服务和长久的关系。

例如，你用折扣来吸引顾客。一旦你获得了这部分顾客，就能够拥有定期销售，并且发送邮件宣传你的低价位吗？真是大错特错！你在培养你的顾客认为你的产品和服务只是一种商品，其价值只靠价格来衡量。一旦这种思想在你的顾客心中扎根，他们就会去别的店铺转转。也许很快，他们就会发现价格更低的相同的产品或服务。Brian Woolf 在其见解深刻的书《顾客的忠诚性：第二行动》中，写道：

价格降低销售总会上升。不幸的是，我们现在知道，被这种促销吸引的新顾客通常会展示出低忠诚度，并且总是要求“价格供养”来保证继续购买，这导致了持续较低的毛利润。价格的重磅出击并不是建立顾客忠诚度的好策略。向现有顾客提供消费奖励在完成目标上更有效……七年前，一家美国零售商就遭遇了销售低迷。为了解决这个问题，他在其每周报价中降低了价格。正如所希望的那样，产生了较高的销售额和更多的交易，但同时也降低了顾客的忠诚度。他最好的顾客数量比前一年减少了 10%，在促销阶段则继续下降，尽管顾客流量在增加。这次促销只获得了较低的销售利润，并且削减了顾客的忠诚度。

1．你应该为关系顾客做些什么

- 描述你的产品，适用人群，产品的材料以及你所在行业的新发展。

- 将你的顾客细分，并发送给他们不同的信息。
- 获知他们的生日，并为他们发送贺卡（当然，是 E-mail 发送的电子贺卡）。
- 定期为他们发送感谢购买的 E-mail，此时不要再推荐产品。
- 询问他们对产品和服务的看法，将评论放在你的 E-mail 和网站上。
- 创建顾客可以发表评论的博客，这能够帮助公司建立一个顾客社区。

2. 更好地对待顾客

很多 E-mail 营销人员太忙于发送促销邮件，以至于向每个人发送相同的 E-mail。当然，如果你每天都发送邮件，不可能做到每天都是不同的。

如果你在猎寻销售，就像大部分 E-mail 营销人员所做的那样，那么你的订阅者中的大部分人不会购买任何产品，一小部分的订阅者会购买一些产品，只有极少数的订阅者会购买大量的产品。最后极少数的订阅者代表了你的忠实顾客，这些人你应该保留住，因为他们为你提供 80%的收益。那么，你该怎样做呢？

为了保持他们的忠诚度，你可以为他们提供个性化的产品，对他们的购买表示感谢。为他们提供奖励，如免费送货。虽然你不愿意失去他们中的任何一个，但这样的事情时有发生。所以将忠诚顾客分为两组：一个测试组，一个控制组。在测试组中做所有的实验，向他们发送你所有的新想法。在控制组中，墨守成规：向他们发送与非买家同样内容的 E-mail。向你自己和管理人员证明，更好地对待买家——生命周期管理，能够帮助你保留住忠诚顾客。如图 17-3 所示为生命周期管理对相关性的贡献。

生命周期管理权重 20%	
3	生命周期中的一部分应用到所有 E-mail
2	基于一个生命周期的独立 E-mail
1	单一用途的 E-mail，欢迎 E-mail
0	没有进行客户的生命周期认定

图 17-3 生命周期管理对相关性的贡献

从第 5 章中你已经知道，生命周期管理是相关性的组成部分。本章将告诉你，生命周期管理是怎样记分的。生命周期管理中，基本的忠诚度认可，加上相关性的 E-mail，占总分的 20%。

3. 在年长的订阅者中建立忠诚度

高收入的年长网络使用者会在线购买更多的产品。Media Audit 在 2007 年的调查表明，65.6%的 50 岁以上的、收入在 50 000 美元及以上的顾客表示，他们在过去的一年中至少进行过一次网购，这比 2004 年的 50.2%有所上升。你是怎样吸引这些人的呢？

（1）记住他们的需要。Shop PBS 为其网站增加了图标，允许访客在产品页上让字体变大。Elderluxe.com 将很多特色项目的细节放在了产品主页上，这样顾客就能更容易地找到它们。

（2）知道他们所关心的。保护隐私是对老年顾客的关心。一家白沙瓦网络&美国生命计划调查显示，82%的 65 岁及以上的老年人表示不愿意向网站透露信用卡和个人信息。同样情况的 50～64 岁的占 79%，30～49 岁的占 74%，18～29 岁的占 71%。白沙瓦研究表示，减少提供在线的个人或支付信息能够增加 66%～73%的成人网络购物。

FirstStreetOnline 将 HackerSafe 和 VeriSign 的安全证明标志放在每张页面上，并且允许获知公司的隐私政策、使命声明和管理档案。尽管有这些步骤，25%左右的 65 岁及以上的顾客是通过电话进行订货，而不是在网站上注册信用卡信息。

4．建立正式的忠诚计划

除了通过服务和交流保持顾客的忠诚度外，你应该建立一个正式的忠诚计划。所谓的正式，是指顾客需要填写申请表，并且成为会员。基本上，有两种顾客忠诚计划：打折和积分。这些计划对注册者来说都应该是免费的。

17.2.3 建立忠诚顾客的策略

1．折扣奖励

这个计划是被超市开创的。他们在会员购买了一定的产品时为其打折，非会员不可以打折。他们面对所有的人，特别是那些低收入群体，人们会为得到优惠而注册成为会员。

对于零售商来说，打折计划为他们提供了会员每日所购产品的信息。会员所购买的产品反映出他们的倾向性。如果有一位会员买了很多商品，但从来不在熟食店买东西；你可以通过 E-mail 向他发送熟食店的优惠券，引导他在新的分类开始购买。

一些零售商采取跨越定价：持卡人在你的竞争者的部分产品中获得低价，而你在其他的产品上保持一定的利润。当一位竞争者店铺的老主顾停止购物时，你会立刻知晓，因为他停止使用他的卡。你可以向他发送 E-mail，在他将变换零售商成为一种习惯之前把他拉回来。这样，你就可以一个接一个地将他们变为自己的忠诚顾客。

2．积分

这个计划是由航空公司开创的。与折扣不同，会员积分是针对将来购买的，如旅游、住店和汽车租赁。他们也为积分较多的会员提供福利，这些会员会变成黄金卡或铂金卡会员。这些计划主要面向收入较高的参与者，对他们来说，得到奖励比给予折扣更重要。

通过积分得到的奖励包括：

- 归属感。
- 更好地招待，如服务升级、俱乐部楼层、俱乐部休息室等。
- 会员身份的认同。

发送给积分会员的营销邮件包括如下主题：

- 会员的积分有多少，以及这些积分可以为他们做些什么。
- 要达到一个更高等级，他应该做什么（例如：从黄金到铂金）。
- 鼓励朋友和家人从活动主办方购买产品能够获得的利益。
- 他为什么加入一个相关的社团。
- 询问他的档案和倾向性信息，这样就能收到他喜欢的福利和奖励。
- 邀请他在博客上发表看法。
- 邀请他参加病毒式营销计划。
- 购买T恤、行李牌、帽子和其他品牌产品的能力。
- 关于公司和品牌历史的信息，包括公司的成立、产品的制造和演变的细节。

3. 会员资格申请

所有的忠诚度计划都是由会员资格申请开始的。顾客回答一些问题，例如提供他们的名字、地址、E-mail 地址。你要求他们阅读关于忠诚度计划的利益和规则的材料，给他们发送欢迎信，从而让他们确认自己愿意继续接收你的 E-mail。

拥有忠诚计划的公司发现，使用申请表，可以从中获得很多顾客信息，这样有利于对价格、产品和服务进行调整，从而提高销售和客户的保留率。另外，使用数据、计划的管理者能够创建 E-mail 营销计划，有利于建设忠诚度、增加销售和客户保留率，以及使不活跃的顾客活跃起来。

如此看来，忠诚度计划对于顾客和公司来说是一个双赢的局面。今天大多数的忠诚度计划，如常旅客计划，是在因特网和 E-mail 营销出现之前开始的。很多计划的负责人还没有真正意识到 E-mail 营销为忠诚度计划提供的可能性。

4. 社交媒体计划

工作、生活中速度更快的互联网连接让数百万人更轻松地互动，他们开创着自己的在线生活。2007 年 12 月，白沙瓦调查发现网络用户中的 48%的人观看网络视频；39%的人阅读博客；30%的人发布在线评论；16%的人加入如 MySpace、Facebook 和 Friendster 这样的社交网络站点。社交网络和社交处理正在成长中，现在，顾客之间联络的更多，他们也更加彼此信任。

作为回应，一些 E-mail 营销人员在其网站和 E-mail 中加入了社交元素。像 MySpace、Facebook 和 LinkedIn 这样的社交媒体网站，已经变得很受欢迎，特别是在青年使用者中；同时，E-mail 也扮演了很重要的角色。社交媒体是吸引新的订阅者的好方式，其他方式可能难以办到这一点。

如果你想跟上年轻人的脚步，跟上潮流，利用社交网络来宣传你的 E-mail 计划。例如：

- 为你的公司创建 Facebook 页面，并在上面取得 E-mail 地址。
- 使用社交媒体站点来交流信息。
- 测试信息、行动呼吁以及创造性的社交网站。
- 使用 E-mail 来驱动这些网站的初始流量，或是网站上的功能。
- 当你启用新的社交网络倡议时，通过 E-mail 通知订阅者。

当你为这样的申请花费大量的金钱之前，请谨慎考虑，因为很多顾客登录这些网络的主要目的是社交，而不是购物。目前，社交网络站点上的广告相对来说产生较少的销售额。2008 年，Forrester Research 报告，社交网络站点上的广告的平均订单成本为 50.11 美元，相比之下，付费搜索广告的成本为 19.33 美元，E-mail 成本为 6.85 美元。

如表 17-3 所示是一份有趣的图表。请注意，一般邮件会胜过 E-mail，但不是很多，E-mail 要胜过其他方式。直接邮件的成本为每一千封 600 美元，E-mail 的成本为每一千封不到 10 美元。所以，对于任何年龄组来说，E-mail 营销比其他任何直接营销方式都划算。

例如，美国航空公司为其常旅客计划的成员提供很多信息资源，包括：

- 附有乘客里程累计计划账户结余的 E-mail，显示了所发布的旅程。
- 个性的 E-mail 展示了美国航空公司的产品和服务信息、当前促销、独家折扣码、票价、旅行提示和特别优惠是为成员量身定做的。
- 旅行资讯，包括周末的票价优惠、特别里程优惠、票价出售的消息、游轮和假期。
- 里程积累合作伙伴促销、合作伙伴的信息以及发盘。

表 17-3　引导客户进行购买的信息（根据不同年龄段划分）

来　源	15～17 岁	18～24 岁	25～-34 岁	35～44 岁	45～54 岁	55～64 岁	65 岁及以上
一般邮件	58%	59%	72%	77%	82%	88%	92%
E-mail	42%	56%	65%	66%	69%	79%	73%
电话	23%	14%	26%	26%	35%	32%	32%
短信	13%	9%	10%	4%	2%	3%	0%
社交网络	12%	10%	11%	5%	3%	1%	1%
即时消息	11%	5%	7%	2%	4%	1%	0%
RSS	4%	4%	3%	2%	1%	1%	0%

调查对象为 1555 个持有手机的美国人，他们根据营销信息进行购物。

来源：ExactTarget 2008 渠道偏好调查，2008 年 2 月。

17.3　忠诚度分析

17.3.1　透过现象看本质

1．忠诚与财富

富裕的顾客更有可能加入积分忠诚计划。Parago 所做的全国性的调查显示，高收入的人群比平均收入的人群受忠诚计划的影响更多。胜过年龄、性别和地理因素的影响，家庭收入的提高更容易使人加入忠诚计划。总的来说，相对于 78%的消费者，94%的高收入人群承认，他们的忠诚、奖励或常顾客计划的会员身份，对他们的购买选择有很大的影响。

随着收入的增加，忠诚计划对顾客的重要性和影响也越来越大。在忠诚计划中，相对于 51%的成员，92%的高收入人群（年平均收入 125 000 美元及以上的人）更积极地加入航空公司的常旅客计划。旅店计划的会员资格也显示出同样的收入依赖结果：相对于 35%的总人数，78%的高收入人群注册了旅店奖励计划。

高收入人群在对获得奖励的类型上不同于其他人群。相对于总人数，高收入人群对折扣不怎么感兴趣；他们对收到奖品，以及对他们忠诚度的认可更有兴趣。在 Parago 的调查中，39%的高收入人群将从忠诚计划中得到的特别待遇当做最高兴的事。特别是对于男性旅行者来说，优先升级、奖金、更快地办理登机手续和登机比免费旅程更重要。

忠诚计划影响顾客的行为。根据调查，93%的美国乘客表示，如果能够乘坐他们喜欢的经常乘坐的航空公司的航班，他们愿意提前一小时到机场等候。67%的常旅客说，他们愿意多付 25 美元或 5%的票价，乘坐他们经常乘坐的航空公司的航班。

2. 忠诚计划是怎样影响对金融机构的态度的

Carlson Marketing 对 2000 多人进行了调查，他们在统计学上可以代表 200 万金融机构的顾客。他们的研究显示：

- 满足个人需求的合理的收益和奖励（65%），以及通信和信息（59%）是忠诚度计划中很重要的元素。
- 友好（73%）而专业（75%）的员工是影响顾客选择金融服务机构的主要因素。
- 23%的人在最后三个月中提出对于金融服务机构的疑问，但几乎是 45%的人使用机构网络进行处理。
- 在接收信息（39% VS 25%）和接受客服（44% VS 31%）时，顾客更倾向于使用 E-mail 和网络，而不是面对面地互动。
- 如果被要求，51%的人会在他们的首家金融服务机构注册 E-mail。

17.3.2 案例分析

耐克是怎样建设消费者忠诚度的

这是耐克对一位耐克消费者培养忠诚度的方式：

我的未婚夫上周收到耐克寄来的一封有趣的 E-mail。它是一份特别的邀请函——参加耐克 ID 店在曼哈顿的开业典礼。这次活动要求客户花 45 分钟的时间尽情地设计运动鞋，可以使用独特而高级的颜色和材料。当 Jason 打电话告诉我关于这份邮件的事时，我想知道他怎么会被选择参加此次特别的活动。市场细分，这是肯定的。

我的未婚夫是一个运动鞋迷。为了满足他的狂热，今年冬天我们会在婚礼上穿运动鞋。为此，我们前两个月在 NickID.com 买了 6 双耐克运动鞋。

我猜，我的未婚夫已经属于耐克的“最佳消费者”了。耐克并没有直接说：“嗨，感谢您上个月购买那些运动鞋”，而是让 Jason 知道他是一名有尊贵的客户，并通过给予额外的福利让他知道自己是一名热心的耐克 ID 顾客。这是一个双赢的局面。Jason 感觉到自己是特殊的、有价值的顾客；同时耐克继续与他保持联络，增强品牌忠诚度。耐克并没有提到这次活动面向的是购买一双鞋子以上的客户（Jason 又在制订他的购买计划了）。

经验分享

- 忠诚的顾客购买更多、更高价位的产品，并有更高的生命周期价值。
- 忠诚可以用保留率来衡量。
- 忠诚度可以因优质的产品和服务、优秀的员工，以及良好的沟通而提高。
- 忠诚度是通过对交流快速、有用的回应建立起来的。这一过程应该定期维护。
- 使用专业的和兼职的员工进行 E-mail 营销。
- 忠诚度通过吸引合适的顾客而起作用。
- 交易买家没有忠诚度，很难从他们身上获利。
- 关系买家是难得的忠诚顾客。
- 不要将你的顾客培养为只考虑价格。
- 有两种类型的正式的忠诚计划：折扣和积分。
- 忠诚计划的主要收益为，你能够收集到顾客的信息，在日后的交流中可以用到。
- 积分计划吸引富裕的顾客，他们想要附带福利，而不是折扣。

第 18 章 病毒式营销

推荐计划是威力最大但却奇怪地未被充分利用的工具之一。众多企业见证了获得满意的消费者将产品或服务推荐给别人的力量。然而，大多数公司并没有积极地寻求推荐，认为消费者支持只是一个自然出现的现象，并非人为所致。这种对推荐的不干涉方式已经过时了，因为出现了一种更激进的方法。在很多行业，通过传统方式营销的成本是推荐方式的四倍。著名商业创始人 Frederick Reichheld 认为，愿意推荐你的产品或服务的人很少，但那些人确实是决定一个企业是否能够成功的重要因素。他引用了 Enterprise Rent-A-Car 的 CEO Andy Taylor 的话；“业务增加的唯一方式是使客户成为回头客，并且让他们向朋友推荐。”

18.1 病毒式营销概况

1. 病毒式营销

口口相传向来是广告的最好形式之一。当进行 E-mail 营销时，口口相传被赋予了一个新的名字：病毒式营销。之所以称为“病毒式”，是因为它传递产品和服务的形式很像病毒在人群中传播的方式。

大家都熟悉我们从朋友那里时常收到的连锁 E-mail。这些 E-mail 就是病毒式营销的一种形式。公司已经学会了利用连锁信件的做法，鼓励消费者向其他人推荐产品，以及他们喜欢的 E-mail。病毒式促销也会采用录像剪辑、交互式比赛、广告、图像或文本消息的形式。

在一般情况下，E-mail 有很多有趣的、好笑的、不寻常的、有价值的东西，所以订阅者愿意将它与朋友分享。营销人员通过在 E-mail 中突出显示“将它发送给朋友”按钮，使这一过程变得简便。当点击这一按钮时，系统会建立一个发送信息，就像读者点击了“发送”一样。有些时候，营销人员会提供发送奖励：“如果你的朋友接受了此次发盘，他将在下次购物时得到 X%的折扣。”

2．你应该为你的拥护者提供奖励吗

通过奖励消费者来促销是一个错误，现在告诉你理由：如果你向他们收钱，他们会觉得你是肮脏的。一些东西本就不该用于出售，比如友情、某些好意以及你的劝告等。但你是否记得最初的 MCI 朋友和家庭推广？它是双赢的。当你告诉朋友这个项目时，你们都会减少电话费支出。你们都会平等地、共同地获利。它的动机是纯粹的；它崇尚利他主义，每个人都喜欢；它是分享收益，而不是一个人赚了其他人的钱；它依然是历史上最伟大的口口相传的程序之一。

3．你的病毒式营销的目标是什么

无论如何，对你来说最重要的事就是有一个能够实现的，并且可以和你的利益相关人分享的明确的目标。对于病毒式营销来说，这一点是很重要的。问题是，很多战略家将这种方法认为是目标。这种目标通过一两个方式来吸引读者：扩大和鼓吹。

18.2 病毒式营销的收获

1．收获 E-mail 地址

一旦读者向他的朋友发送邮件，可能会有两种情况发生：一是他的朋友可能会购买广告的产品；二是他的朋友可能会将此邮件转发给其他朋友。如果这样的事情实现了，你就会收获很多新人的 E-mail 地址：你的订阅者的朋友。但是要记住：你并没有获得向那些人

发送邮件的许可。但你可以很绅士地向每一个人发送附有这样信息的邮件："你近期收到的E-mail 来自于 yourfriend@ISP.com，邮件内容是关于我们的一件产品。如果你想在将来定期收到来自我们的 E-mail，点击这里。"

如果你向一百万个订阅者发送了邮件，他们中的 1%转发了你的邮件，你的邮件将会到达 10 000 个新的潜在订阅者或转发者。也就是说有你并不知道的 10 000 个人会登录你的网站，并购买产品。那花费了你多少成本呢？完全没有。一封真正优秀的 E-mail 能够这样快速传播，达到大量的新人那里。那些通过病毒式营销传播的信息通常更有可能产生购买，或是转发给其他人。为什么呢？因为他们收到的邮件来自于朋友，而不是一家公司。他们可能只想取悦于那个朋友，或是对朋友足够信任，所以他们更愿意转发此邮件。

2. 收益分享

转发邮件会产生共同利益。你可以向你的订阅者和他的朋友发送同样的交易，例如："如果你们都在夏威夷的希尔顿，你们可以得到平时报价的 10%的折扣，为了确保你们都得到此折扣，输入这个代码……"在这种情况下，不只会产生共同利益，而且可以产生一种友好关系，因为利益产生于口口相传。要实现这些，你必须提供独特的代码，并且将你的系统设置为可以承兑那些代码。另外，你会想要测量转发的数量，打开率、点击率、退订率和购买量。

例如，"你是一个潮女孩吗？"就是 Sephora 发送的询问 E-mail，他曾用它针对品牌迷发起一个引领项目。这次互动业务的目标是让女孩子在朋友中成为"潮女孩"，这样她们就可以得到免费的产品。这项业务是以 E-mail 发起的，面向 Sephora 已有的顾客。邮件接收者会通过他们的社交网络吸引更多的参与者。

向她们的朋友转发邮件后，订阅者会收到一份祝贺电子卡片，邀请她们参加聚焦潮流测试。一个例题为："你怎样描述你的美丽个性？a. 我不考虑这些事情 b. 你说吧，我已经描述过了 c. 就是唇膏、睫毛膏和润肤霜。"

每一个订阅者都被给予一个个性化的网页，含有 Sephora 的营销业务，他们能够看到自己得到了多少提名，获得最多提名的女孩将会获胜。"潮女孩"会收到 Sephora 的特定产品，并提供她们对此的看法。通过鼓励消费者推荐给他们的朋友，Sephora 获得了比其他营销方式高出三倍的反应率。要求朋友提名自己的 5%的女孩为该项目增加了 40%的流量。

18.3 怎样进行病毒式营销

18.3.1 正确进行病毒式营销

1. 怎样创建病毒式营销 E-mail

病毒式营销 E-mail 并不贵，经过编程，便很容易应用。设置一个系统，并在你的 E-mail 中显眼的地方放置“推荐给朋友”按钮。病毒式营销是测量成功的好方法，如果你的病毒式营销有效，说明你的邮件很有趣，读者愿意转发。如果运作正确，病毒式营销能够有效地增加你的订阅者列表。总会有这样的情况，你的 E-mail 很有创意，以至于造成全国轰动。就像买彩票：能够中奖的可能性很小，但也无须有多大的投入。为什么不试试呢？

Sernovitz 在他的书中总结了高效病毒式营销的要点：

- 确保它是可转发的。很多过度设计的 E-mail 在转发时变成碎片。
- 为第二接收者写些什么。确保你的 E-mail 让被转发到的读者知道是怎么一回事。
- 把握住新的信息源。每封邮件都应该有注册指导。
- 通知接收者告诉他的朋友。在顶部放置一个大的行动呼吁。
- 有趣些。将一些有趣的东西放在每条信息的底部，以得到转发。
- 告诉读者“不要”转发信息。这每次都有效，我的被转发最多的信息是以短语“绝密：不得转发”开始的。

2. 对人们的评论表示感谢

提供产品和服务评论的博客和网站可能会有成百上千个。如果你的网站是面向大众的，那么对你公司的评论可能会有很多。会有正面的，也会有负面的。对此你应该怎么办呢？

大多数公司忽略那些评论，但聪明的营销人员会好好地利用它。在 Andy Sernovitz 的《口口相传营销》书中，建议营销人员感谢那些人。营销人员可能会对此感到惊讶——一些人会阅读那些评论并且当真。

“为什么不招聘一个客户服务代表(最好是不认字的)来作为口口相传的服务代表呢？”Sernovitz 写道，“让一位低水平的前线职员去做对你的公司和产品口口相传的网络搜索工作。当人们赞美你的公司时，感谢他们；当人们有所抱怨、痛骂时，解决它。”

“每一个未解决的问题都会导致一个不满意的顾客，并且会产生负面的言语，”他继续说，“正确地解决它。每一个问题都会成为修复永久记录的机会，用一个正面的注释来结束你的故事。”

18.3.2 病毒式营销举例

1．几个病毒式营销的例子

➢ **WZ.com 的 PlayStation 比赛**

WZ.com 开创了病毒式比赛来增加网站流量。比赛会送出四台索尼 PlayStation，每一个新会员为他推荐的朋友获得一个额外的获胜机会。注册后，使用者会被要求重新输入他们的姓名和 E-mail 地址。然后他们在发送给朋友的 E-mail 上输入朋友的名字和 E-mail 地址。

病毒营销使这项比赛的结果增加了 96 倍。营销人员希望他们的朋友访问网站并推荐给朋友，这样总的 E-mail 地址的收集数量将是已有会员的 96 倍。这项计划的成功让 WZ.com 每月举行这样的比赛。

➢ **Subservient Chicken**

Burger King 的 Subservient Chicken 诠释了快餐连锁店的“让它成为你的方式”的口号。一个打扮成家鸡的人执行你在网站键入文本框中的命令，它是如此的有趣，所以几千人愿意点击“发送给朋友”，将邮件推荐给朋友，它创造了 Burger King TenderCrisp 鸡肉三明治销售的奇迹。

在此网站建立不到一年的时间里，已经拥有了 1400 万的访客。在 TenderCrisp 三明治创立以来，Burger King 宣布其销售每周有 9%的增长。结果，该公司看到了三明治意识的两位数增长，以及鸡肉三明治销量的极大增加。TenderCrisp 继续得到比最初的鸡肉三明治更好的销量。

病毒式营销的成功是一个令人高兴的意外，他们走出了自己的路。Subservient Chicken 具有娱乐价值、实用性、即时满意性，并且在同行业中独具一格。

➢ **你一定是在开玩笑**

Quicken 推出了“你一定是在开玩笑”的担保。不满意的顾客可以获得退款，而无须退还产品。成千上万的 Quicken 使用者把这个消息通过 E-mail 转发给别人，Quicken 的网络销售剧增。

➢ **Pepsi extras**

百事公司通过其忠诚计划中的贵宾计划，奖励 E-mail 转发者。如果一名订阅者进行了足够的广告转发和转换，他就能被列入百事的贵宾名单中。成为百事贵宾能够通过 E-mail 得到优惠券和其他的福利。百事将那些转发邮件的人委任为有影响力的人。这个想法是因为转发的邮件提供了一个与喜欢该公司、产品和 E-mail 的人建立深层联系的机会，他们愿意将公司和产品推荐给朋友和家人。

一项对于百事计划的分析给那些想照搬百事做法的人的建议：

第一，明智地选择你的主题行。你的 E-mail 主题行将会决定你的打开率，并对你公司的品牌公正产生影响。

第二，知道你的立场。魔鬼可能会藏在细节中，如果你的域名没有设置正确，你的 E-mail 可能会被垃圾邮件过滤器拦截，甚至声誉受损。

第三，只发送相关信息。只有当 E-mail 中的报价与你所发送的品牌或行业匹配时，此报价才最有效。如果报价与信息相关，你能够得到三倍的响应率。

2. 病毒式营销笑话

笑话列表能够带给人们乐趣和片刻的满足。人们读完一则笑话，笑过后发送给你。你笑过后发送给朋友，希望他也能笑一笑。在营销上也可以应用这个想法，把一些有趣的事放在你的营销邮件中。

很多人愿意将笑话发送给其他人。我对你的价值增加了，因为我给你可用的东西。我不要回报，只要保持打开我的邮件就可以，因为我还会继续做下去。

Chris Bliss 成为了一名社交网络的专家。到 2008 年，他的网站点击率已经过百万。他从未使用过列表、搜索引擎，以及太多的努力。他近来宣布，他曾和朋友讨论过网站上的浮动剪辑，可能会作为一个 E-mail 插件，但他一直没有时间去实现它。然而，它自动得到了实现，病毒式内容实现了自我推销。

3. 构件

构件是一个小型的程序，通常是为某件非常具体的事而设计的。构件存在于一个网站上，用户的桌面上，或者是作为操作系统的一部分。在 Facebook 和 MySpace 上，构件被用来定制页面。美国航空公司设置了一个营销构件成为 Travel Bag（旅行包），它使 Facebook 的朋友们能够分享个人提示和旅游经验。××公司与微软合作，在 Hotmail.com 和 Windows 的 Messenger 上，以及如 Digg.com 这样的站点上为控件做广告。此想法是将营销交给消费者，让他们评出最佳酒店、健身房和博物馆。他们可以发表旅行日志、张贴照片、分享故事并进行朋友更新。

此构件的病毒属性成为营销工具，因为美国航空公司希望了解关于消费者对于旅游目的地、酒店，以及休闲活动的偏好方面的更多信息。例如，如果有人与朋友分享了一份去巴塞罗那和西班牙的地点列表，××公司可能会向这位顾客和他的朋友发送关于去那座城市的服务和航班的信息，同时附送10%的折扣优惠券。

4．Web 2.0

没有 Web 2.0 病毒式营销就无从谈起。这个术语是 O'Reilly 媒体于 2004 年首先使用的。Web 2.0 是网站上的某种水平的互动，它包括一种社交元素，用户可以生成并发布内容，并且可以自由分享和循环使用。随着用户能够进行更多的在线活动，所分享产品的网络生意的经济价值也随之提高。

5．长尾是怎样实现的

Wired 杂志的首席主编克里斯安德森创立了长尾术语，用此来解释通过互联网，在网站上列出的低需求产品的总销售量，可以超过目前畅销书或大片的销量总量，如图 18-1 所示。

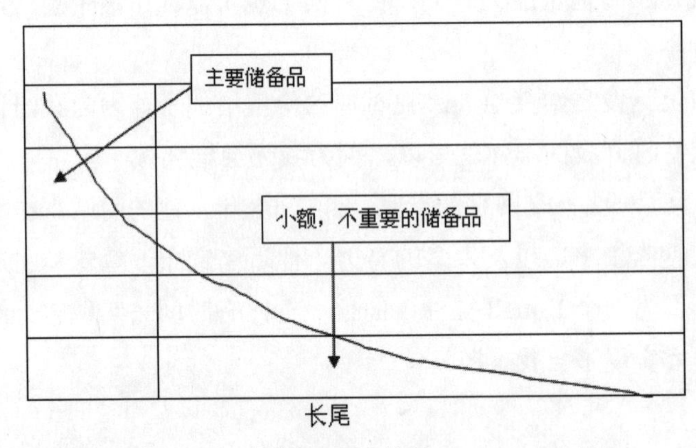

图 18-1　长尾

这里有两个原因来解释长尾的成功：第一，因特网的使用。一个零售商可以全国只有一个仓库，而不必拥有几百个实体仓库。中央仓库可以储存几千种冷门产品，这在传统的体系中是不可能实现的；第二，通过网站的链接和 E-mail，可以在合作伙伴公司的仓库中调货，合作伙伴公司可以通过从中心网站调货完成订单要求。

从长尾中受益的公司包括 eBay、Yahoo、Google、Amazon.com、Netflix 以及 iTunes。Anderson 说："商业的未来是以多卖少"。例如，亚马逊销售的大部分图书并非来自实体店。

冷门产品的总销量比热门产品的总量还要多。

长尾实现的主要原因是因特网的出现极大地降低了产品和服务的搜索成本。EBay 是第一个发现这一点的，接下来是亚马逊，Google 的投资使其成为当今的强者。在因特网出现前，消费者需要花费比现在更多的时间寻找想要的东西，所以，长尾对消费者来说大有裨益。但它也方便了商家，因为在因特网出现前，不出名的产品很难有顾客。

在 Netflix 之前，像 Blockbuster 这样的影片出租店只能在店内储备几千种影片。Netflix 可以在几家仓库中存储 9 万种影片。消费者可以有更多的选择，并不出名的电影制片人也可以有更多的观众。

经验分享

- 病毒式营销鼓励消费者将营销邮件发送给其他人，这样便可以认识更多的人。
- 你能够得到更广泛的认同，更多的销售，并且用相对低的花费增加 E-mail 列表。
- 病毒式营销是不确定的。但有时它能够造就您品牌和产品的公众意识，并且不需要花费额外的资源。
- 病毒式营销基本上是免费的。唯一的要求是在网站和 E-mail 中有一个“推荐给朋友”按钮，并且能够容易地将内容转发出去。
- 你可以向通过病毒式营销获得的新地址发送 E-mail，并且询问他们是否愿意从你那里接收 E-mail。

第4篇

E-mail 营销策略

美国 75.8%的广告主使用 E-mail 营销手段，2009 年美国 E-mail 营销 1 美元的投资回报率为 43.61 美元，超过其他任何网络营销手段。而在国内，E-mail 营销还只是作为一种辅助手段。我们应该相信顾客之间的差异是不大的，而最大的差异是我们的 E-mail 营销策略。

E-mail 营销的潜力仍非常巨大，只要你善于分析 E-mail 营销的反馈数据，然后制订最合适的营销策略，必然能带给你意想不到的收获。而且，当一个顾客在你的实体店里购买某个产品的时候，你可能并不知道他是从你的邮件中获取到相关信息的。然而如果你想要做得更好，你需要知道这些，希望通过本书的介绍，可以帮你挖掘到 E-mail 营销过程中更多的奥秘。

第 19 章 通过分析促进 E-mail 成功

19.1 邮件营销的分析

19.1.1 邮件营销的两种分析方式

通常有两种广泛的方式用来支持邮件营销：订阅者分析和点击流分析。两种方式都是具有很高的收益。

订阅者分析已经有 30 年的历史，本书中大部分谈到的营销方案也都是以订阅者分析为支撑的。如果你做过数据库或者直邮营销，你就会感到这种方式很熟悉。点击流分析则是仅仅应用于网站以及 E-mail 的一种新的分析方式。正因为它太新了，所以很多人总是从点击流分析来开始他们的邮件营销之路。完全错误，如果你想进行订阅者的耕作，你应该从订阅者分析开始。

为了分析订阅者，你需要建立一个数据库，跟踪你的订阅者，看他们喜欢什么、需要什么以及他们做了什么。另外，你还可以研究订阅者在他们收到邮件后做了什么，研究他们的人口统计以及离线习惯。通常，一旦你拥有了订阅者的邮件地址，就可以附加超过 100 个领域的数据，比如年龄、收入、是否有孩子、居住时间等。这些联合打开、点击以及购买的数据可以方便你对订阅者的细分，从而自定义或者个性化邮件，增加营销收益。

你可以使用以下分析技术：多元回归技术、CHAID（卡方的自动交叉检验：“卡方”是在分类模型中应用的一个统计量；“交互作用”是指进行成功预测所需要考虑的各变量之间的相互关系；“检验”是研究者想要完成的工作；“自动”则意味着这项指导性技术是可用的。）、LTV（终身价值）分析、RFM 模型分析。这里我们只讨论在回归以及 CHAID 背后的基本思想。

19.1.2 相关问题解答

1. E-mail 订阅者分析是必要的吗

有些人坚持认为订阅者分析对于 E-mail 营销没有效果。他们的理由如下：订阅者分析是从直邮营销中发展起来的，每封邮件需要花费的成本在 0.5 美元或者更多。通过针对那些更有可能购买的用户进行促销，就可以节约给那些不可能购买的订阅者发送邮件的成本。但是这种节约无法应用到 E-mail 营销中，因为每一封 E-mail 的成本是几乎可以忽略的部分。如表 19-1 所示，是对比的直邮营销与 E-mail 营销。在直邮中，我们需要一屋子的文件来存放一百万的名字。我们进行促销每一千份就要花费成本 500 美元（每封 0.5 美元），包括印刷、邮寄。获得 2%的回应率并且每个成功销售获取 30 美元的利润，那么净利润就是 100 000 美元。

表 19-1 直接邮件与 E-mail 的订阅分析结果

分析结果对比	总 体	发 送 量	每千封成本	促销成本	分析成本	销售比	总销量	单件销售利润	毛 利 润	净 利 润
未使用分析的直邮	1 000 000	1 000 000	$500	$500 000	$0	2.0%	20 000	$30	$600 000	$100 000
使用一万美元的直邮	1 000 000	500 000	$500	$250 000	$10 000	3.0%	15 000	$30	$450 000	$190 000
未使用分析的 E-mail	1 000 000	1 000 000	$10	$10 000	$0	0.5%	5 000	$30	$150 000	$140 000
使用 1 万美元的 E-mail	1 000 000	500 000	$15	$7 500	$10 000	1.5%	7 500	$30	$225 000	$207 500

然后我们将分析添加到邮件方案中，开拓一个可以应用于文件的预测模型。这个模型可以预测那些比较可能购买的顾客，减少往那些不可能购买的客户发送邮件的数量，降低半数的文件，而销售率可以从2%上升到3%，净利率则可以上升 90 000 美元。

在我们的 E-mail 方案中，同样拥有 100 万个名字。用批处理的群发方式发送这些邮件，成本是每一千封 10 美元（0.01 美元/封）。我们得到一个 0.5%的转化率，获得净利润为 140 000 美元。

最后，我们使用订阅者分析来看一下我们的 E-mail 订阅者文件，创建一个模型来确定订阅者对邮件有反应的可能性。使用这个模型，我们可以选择对可能有反应的订阅者进行 E-mail 发送。那么我们就可以采取一个在直邮营销中不容易做到的步骤：把订阅者细分为五个组，并为每个组设计对应的邮件样本。结果，我们的邮件转化率上升到 1.5%。我们每封邮件的成本从 10 美元上升到了 15 美元（0.015 美元/封），但是净利润却上升了 67 500 美元。

表 19-1 中还有一个订阅者分析的优点没有提及。因为我们已经消除了那 500 000 个不可能购买产品的订阅者邮件投递，因此，就减少了因为给订阅者发送他们不想要的邮件而出现的退订、发送失败，以及被举报为垃圾邮件的问题。对这些未发送邮件的订阅者可以采取一些他们相对喜欢的可用促销方式。

因此，E-mail 订阅者分析具有两个优势：通过我们自定义地向细分订阅者发送邮件可以促进转化率的提升，同时可以帮助我们避免发送邮件给那些与促销无关的人，保持提供他们认为相关的促销。

2．为什么直邮具有较高的转化率

有以下几个重要因素：首先，直邮邮件的保质期一般都有若干天，比如商品目录可以达到几周，但是 E-mail 的保质期几乎不会超过一天。直邮邮件、目录或者明信片在订阅者家里待的时间越长，他们就有越多的机会去看其中的内容，并且从中购买东西。它可以从一间屋子，被带到另一间屋子。E-mail 邮件几乎从来不会被打印出来，也不可能被带着四处走。它们只是在收件箱中和其他上百封邮件躺在一起，偶尔有那么一两个人才会看到它们。

同时，每一个人应该都可以收到直邮邮件。但是根据 2008 Parks Associates 研究表明，美国有五分之一的家庭依然没有接入互联网，也从未使用过 E-mail。尽管未接入互联网的家庭数量在逐渐地减少，但是年龄以及教育水平依然是这个鸿沟中的主要因素。在这些没有使用过 E-mail 的人中，有一半年龄超过 65 岁，56%的人没有读过中学。也就是说，在美国人中超过65岁的人对于直邮的反应比对E-mail更强一些。

E-mail转化率低的另一个原因是E-mail的群发形式的狩猎运动。人们不喜欢收到太多的E-mail，但是这种现象在直邮中就不存在，人们一般每天只会收到五六封直邮邮件。而平均每天会收到很多促销E-mail。轰炸式的群发会降低人们的注意力以及回应率。

最后，由于直邮的成本问题，目前所有直邮的目标已经只对准那些有可能购买的人。而E-mail由于其廉价的成本，却可以保证少于10%的目标对象下降。E-mail营销就像一场狩猎：你把陷阱设置好，然后等着看你能捉到什么。

19.2 具体实施

19.2.1 预测模型

1. 预测模型

预测模型是用来预测一个发送对应的回应拥有多么大一个订阅者团体。拥有一个好的预测模型你可以决定：

- 哪些订阅者更可能购买而另外一些则不行。
- 哪些订阅者有离开你的危险而另外一些则会保持下来。
- 订阅者更喜欢购买哪些产品。

E-mail营销预测模型背后的思想基于一些基本的原则：首先，在预测方式中细分订阅者的反应。这个预见性是非常重要的。如果你的服务或者营销效果的反应难以预测，那么模型就不能提供可靠的预测结果。

另外，行为预期的线索可以从订阅者以前的行为以及他们的人口统计看出来。这些用于预测的行为数据可以在交易表单的数据库中找到，人口统计则可以依赖外部的资源。然而，这一切并非总是有效的，因为你并不总能在你从数据库中搜索到的数据中预测订阅者的行为。

最后，预测模型一般都是从以前促销活动的反应中发展起来的。你很难建立一个成功的预测模型，除非你已经建立了一个面向订阅者的促销并且收到了订阅者的回应。你一般不可能仅仅通过一个名字或者地址的文件，就创建一个模型来确定哪些人会对你的产品更加感兴趣。比如，哪种类型的顾客更喜欢购买RV？你可以进行一些假设（比如超过65岁，中低收入者），但是在对订阅者进行RV促销的结果出来之前，无法建立一个给你可靠预测结果的模型。

一旦你建立一个模型并且开始工作，就可以用来提高打开率以及点击率。这个模型的基础应用是集中你的注意力在那些最有希望响应并且购买的订阅者身上，避免向那些基本不可能购买的订阅者进行促销。

例如，你发送一个产品促销邮件给100 000个订阅者，并且获得了2%的转化率。你可以使用这个促销结果，建立一个统计模型来成功地定义那些回应者与未回应者的特性。你可以使用这个模型对新一批的100 000个名字进行评分。如果你只向那些更有可能回应的50 000个订户发送邮件的话，那么你会获得超过2%、3%甚至更多的回应率。这对于你来说是非常有利可图的，并且可以避免发送邮件给那些对你产品不感兴趣的人。

2．预测模型如何工作

以下是预测模型工作的几个步骤。

首先，做一个促销活动或者以试用之前的促销活动作为数据。你需要在你的模型中对足够多的顾客进行统计有效结果。一个少于100个样本的模型很少被用来作为数据库。而一个典型的模型，至少需要500次转换。比如，如果你的转化率达到了2%，你就需要发送25 000封促销邮件（500/2%）。

其次，依靠你邮件接收者中回应者、未回应者的地域以及购物习惯的数据。你应该依靠哪些数据呢？从下面所有可能的测试数据开始，看一下哪些数据对你的销售贡献最大，其余的就没必要依赖了。你会发现真正值得你参考的数据不会超过20种，表19-2就列出了可能有效的数据。

表19-2　来自AmeriLINK的依赖数据

依赖区域	数据（百万）	依赖区域	数据（百万）
年龄	236	房产价值	123
收入	236	居住时间	185
汽车消费贷款	84	邮购买家	108
住宅类型	236	非营利性捐助	84
户籍	236	家庭人数	236
性别	236	职业	90
眼镜佩戴者	19	宗教	208
身高	61	学历	22
体重	55	健康	236
自置居所	153	婚姻状况	236

现在增加地理因素进来。上述列表中的一些因素是与人口相关的（年龄、收入等）。另外一些则是和行为有关（邮件购买者、非营利性捐助等）。你同样也可以添加地理数据：通过居民的居住地点，郊区、闹市区和社区等进行编码。你会发现住在北方、南方、西方和东方的人的差异，那些居住在靠近海洋或者湖泊的人可能和那些住在内陆的人有不同的反应。他们是否有一个列表或者未列表的电话号码？营销者发现，对于一些产品来说，那些没有电话号码列表的消费者的反应和那些有列表的人存在着差异。

对于这项依赖数据，可以添加你公司之前的购买历史。

下一步，将你的数据分为两部分：一个测试组和一个验证组，各有12 250个销售未转化者和250个转化者。每一个分组都应该拥有相同的类型以及种类的人群。

预留验证组，先使用测试组创建一个模型。丢弃异常数据，那些不寻常的购买顾客数据可能会扭曲结果。例如，如果顾客平均都是购买一两件产品，价值在200元左右，那么一个购买了482件产品花费了96 400元的顾客明显是离群的人。在你建立模型的时候应当抛弃这样的一些记录。

现在你手上拥有了丰富的依赖性数据，就可以创建一个预测模型了。第一步，通常使用多元回归模型（第19.2.2节我们还会讨论CHAID模型）。多元回归是一个用来描述一个因变量和多个因变量之间关系的方程式。单一因变量是你的促销活动对顾客产生的购买结果——这里是500人购买，而24 500人没有购买。多个因变量则是指消费者行为以及依赖数据。多变量之中的任何一个对于确定哪些人可能购买或者哪些人不会购买都有非常重要的价值，这就是模型设计要找出的东西。

这个模型通常借助一些软件，比如由SAS或者SPSS提供的软件在电脑上运行。当模型一旦启动，软件就会为各个变量适用权重。权重就是一个表明该变量对于预测模型结果的重要程度的一个数值。通常，权重为0的变量就意味着对于产品的销售等没有任何影响。而一个负值则表明对于产品的销售有负面作用。负值越高，说明人们购买产品的可能性越小。高权重意味着这个因素很可能影响到结果。收入的权重高达0.89说明它的重要性要远大于权重仅为0.52的年龄。

如表19-3所示是一个根据不同因素的权重创建的样本。

表19-3 回归样本的权重分配

变量描述	效果	贡献百分比	系数
最终产品=其他	–	15.87%	-0.8988
客户电子邮件旗帜	–	14.22%	-0.6856

续表

变 量 描 述	效　　果	贡献百分比	系　　数
LTD 产品销售额 0～100 美元	–	12.72%	–0.8494
最近一次注册 25～36 人	+	7.90%	0.5511
最近销售订单 0～6 个	+	5.13%	0.5330
最近一次注册 7～12 人	+	5.01%	0.5953
LTD 产品销售额 101～250 美元	–	4.87%	–0.5232
最近一次注册方式=宽带	–	4.06%	–0.4365
顾客类型=未知	–	3.66%	–4.8778
最近一次注册方式=拨号	–	3.57%	–0.4432
顾客类型=组织	+	3.35%	0.6922
最近销售订单 7～12 个	+	2.95%	0.3867
首次注册方式=书面	+	2.63%	0.2668
最近销售订单 61+个	+	2.35%	0.6308
最近销售支付方式=信用卡	–	2.32%	–0.2889
首次商品=其他	–	1.98%	–0.4011
最近销售订单 0～6 个	+	1.46%	0.6904
LTD 产品销售额 251～500 美元	–	1.22%	–0.2690
最近一次注册 0～6 人	+	1.15%	0.2837
LTD 产品销售额 1000+美元	+	0.96%	0.2885
上一次产品销售额 20～39.99 美元	+	0.77%	0.1655
最近注册 25～36 人	+	0.67%	0.2151
首次注册用途=贸易	+	0.61%	0.3022
首次销售支付方式=信用卡	–	0.57%	–0.1337

表 19-3 是一个根据回归模型创建的样本。其中包含了权重值从–4～0.69 的 24 个独立变量。其中一些效果为正，一些为负。如果顾客说他不愿意接受 E-mail，那么就说明他不太可能购买产品（–0.6856）。注意，所有的正值变量都是和近因效应有关的。这个表格告诉我们，针对这次促销，E-mail 制作者应当恰当地使用 RFM（Recency 近度，Frequency 频度，Monetary 值度）并且节省在模型上的花费。

使用这个模型确定的权重，你可能想要关注那些权重较高的独立变量，而忽略那些权重非常低的变量。所以不需要使用 30 个不同的变量（年龄、收入、宗教、学历等），你只需要在提供最强大预测的五六个变量的基础上建立模型就可以了。这可以节省你在以后必须依赖大量数据时候的花费。

模型的最终结果是算法。计算方式是一个用于执行计算的数学历程。在营销基础模型的事件中，这个算法通常包括为每一个顾客和产品创建的计算机代码评分。这个评分可能对于那些很想购买的顾客，以及那些很不想购买的顾客来说很不同。如表 19-4 所示是一个实际邮寄的十大排名。

表 19-4 大型测试文档

十分位数	邮寄数	回应数	回应率	指数
1	15 853	1 085	6.84%	297
2	15 853	640	4.04%	175
3	15 853	564	3.56%	154
4	15 853	390	2.46%	107
5	15 853	286	1.80%	78
6	15 853	279	1.76%	76
7	15 853	193	1.22%	53
8	15 853	142	0.90%	39
9	15 853	69	0.44%	19
10	15 853	9	0.06%	2
总计	158 530	3 657	2.31%	

使用出现在你的测试组模型中的算法，你能对变量组进行评分。记住，变量组是已经被推广的，你知道它的结果。如果将测试组的算法被应用于整个预测中的话，它应该能正确识别变量组中的大多数实际购买（高评分）以及没有购买的人。如表 19-5 所示，如果这个算法对变量组正确评分，你就拥有了一个可以在下一次促销中预测顾客回应情况的成功模型。

表 19-5 大型确认文档

十分位数	邮寄数	回应数	回应率	指数
1	15 984	1 092	6.83%	297
2	16 265	618	3.80%	163
3	15 528	524	3.37%	144
4	15 900	397	2.50%	107
5	16 391	339	2.07%	89
6	15 378	295	1.92%	82
7	15 812	217	1.37%	59
8	15 471	128	0.83%	35
9	18 258	89	0.49%	21
10	13 542	4	0.03%	1
总计	158 529	3 703	2.34%	

在例子中，看一下变量组的回应率和测试组的相近程度。这个模型是对于大量邮件回应率的一个精确的预测。从图表中你可以看出，十分位排行中的最低的那个可能是邮件未到达，原因是提供的东西和99%的邮件不相关。

3. 如果处理模型无法工作

如果变量处理失败，你就必须重新做模型或者作为一项糟糕工作而放弃整个进程。这可能包括你所有可用的数据，以及一个无法预测回应的模型。这是很经常的事情，模型并不总是正常工作的。

答案经常并不在可用数据中。比如，可能购买者并不能按照年龄、收入、有无孩子、或者其他标准的地理性因素。假设你销售感冒药，那么地理性的因素有很高的可能性可以来区分购买者和未购买者。如果这样，那么所有的模型都没有帮助了。

一个通常规则：如果一个解决方案看起来对你没什么作用，那就基本上不会对别人起什么作用。模型不是魔法，而通常只是一个直觉逻辑的量化。

一个好的营销分析能预测到某些事情什么时候看起来不对。在一般经验中，如果一些东西看起来怪僻，那就可能确实怪僻而非实际行为。趋势的突然转变、数据的跳跃、尖峰和低谷都是数据人工印象的潜在症状。如果这种现象不能用现实世界的情景来解释的话，那么就值得去深入分析一下是否有什么不测的事情发生，比如改变工具的配置、新站点检测工具安排到位和改变主机环境等。

获得一份完整性的好数据不是一次性的工作，而是一个持续的过程。对于那些可能潜在影响你已有的数据、相应的计划的网站以及跟踪环境的改变要保持警惕性。花点时间去定期地调整一下你的数据，看一下是否有什么不同的趋势。正确地借助这个基础的进程，你可以避免一些未来某些方面下沉的感觉。Neil Mason 说："分析的基础：保证该正确的数字正确。"

4. 你可以用模型来做什么

如果你有一个启动的模型，就可以把用户文件进行分类并且产生利润。使用预测模型，你可以判定谁会购买（或者不会购买）一个产品、服务或者该提供哪种产品、服务给特定的顾客。你同时可以判定哪些顾客最可能退订，以及什么时候可能离开。

开始使用模型之前，对于同一个产品的下一封促销邮件的地址文件进行评分，然后根据评分把邮件地址分成几个等级。最高级别的邮件地址包含的人群最有可能购买产品，而最低级别的则几乎不会购买。

排名在6～10的都属于表现较差的邮件分类，尽量避免给这些人发送邮件。尽管如此，你还是应该给每个这样的分组发送5%的邮件，来告诉自己以及你的管理者，这个模型能顺畅工作，并且证明你的预测是有效的。

通过只发送那些高级别的分类邮件，你可以获得较高的回应率并且避免困扰那些对产品并不感兴趣的用户。通过不给他们发送他们认为不相关的邮件，你的用户退订率也会下降。

19.2.2 其他模型

1. 使用 CHAID 的模型

CHAID 是一个树形分类技术，以易于理解的图形的方式来显示模型，以从顶部开始往下分散的方式代替从底部上升的模式。CHAID 对于挑选一个有前景的电子营销效果非常有效。但是如果我们希望来定义分类的价值，对于其他文件进行评分的话使用回归模型则更有效。

树形图表中的分类可以在收益表中显示。收益表显示你应该根据转化率的条件选择怎样的用户文件的深度。金融数据以及假设也可以注册到 CHAID 结果中。当想要的预测结果只有两个值，比如开启者和非开启者，这种情况就可以生成一个 CHAID 模型。

如图 19-1 所示是一个常规的 CHAID 树形图表的简单的小样本。图表从顶部代表整个接收到邮件营销的 81 040 个家庭的顾客样本的方框开始。同时第一个框中包括初步 E-mail 营销对每个家庭产生的平均利润（7.5 美元）。CHAID 分析确定家庭规模可以作为细分未来市场的最佳预测。

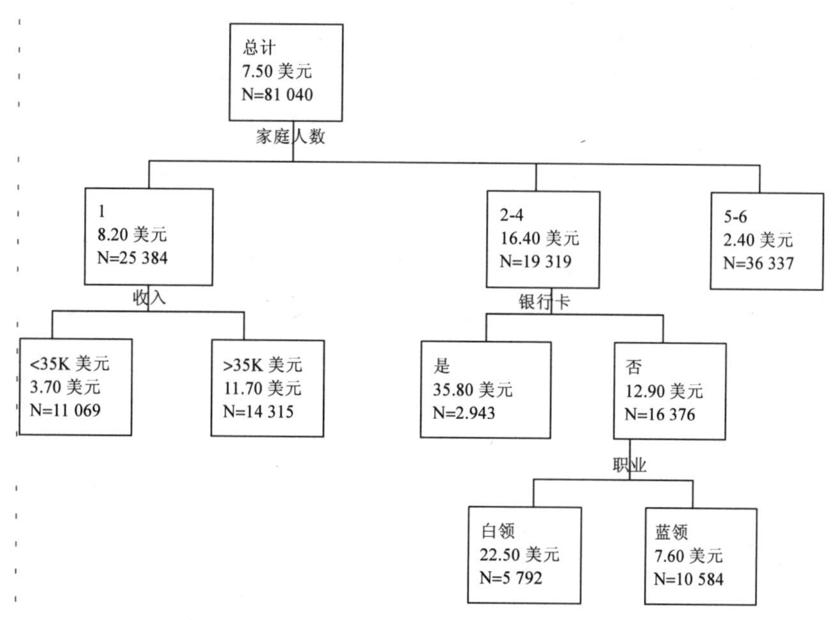

图 19-1 CHAID 树形图

我们看到一个规模在 2～4 个人的家庭可以返回 16.4 美元的平均利润，是规模为一个人的家庭的 2 倍还多，而 5～6 个人的家庭产生的利润则接近了 7 倍。

然后 CHAID 展示给我们拥有银行卡的 2～4 个人的家庭，平均利润跃升到 35.8 美元。但是如果没有人有银行卡，平均利润则只有 12.9 美元。当然在这个没有银行卡的组织里，如果户主的职业是白领工作，那么平均利润会上升到 22.5 美元。

如表 19-6 所示展示了根据 CHAID 图表决定的每个分类的收益。第 4 列显示的是对应每个分类的每个家庭的平均利润，第 5 列表示这是一个相对指标的利润数字，以 100 作为整个样本进行计算的平均值。最好的分类拥有的指数为 476，就意味着整个模型样本的每次的平均利润水平达到了 4.76，是最差的分类的 15 倍之多。

表 19-6　CHAID 分析得到的收益表

分类 ID	分类计数	总量百分比	平均价值	分类指数	消费计数	消费百分比	消费价值	消费指数
3	2 943	3.6	35.8	476	2 943	3.6	$35.8	476
4	5 792	7.1	22.5	298	8 735	10.8	$27.00	358
2	14 315	17.7	11.7	155	23 050	28.4	$17.50	232
5	10 584	13.1	7.60	101	33 634	41.5	$14.40	191
1	11 069	13.7	3.70	49	44 703	55.2	$11.70	156
6	36 337	44.8	2.40	31	81 040	100	$7.50	100

第 6 列是对于从第 2 列到第 5 列的数据累计：累计家庭计数、模型样本的百分比、每个家庭的平均利润和利润指数等。除了其他事情，收益表显示的最好的 3 个分类（分类 3、分类 4、分类 2）代表了样本总数的 28.4%，每个家庭的平均利润达到了 17.5%，是样本平均家庭赢利的 2.32 倍。

收益表是一个查看什么样的预期利润将造成增加深入用户文件的方便工具。

CHAID 帮助你创建市场分类，树形图表预测出每个分类的表现。这帮助 E-mail 营销者可视化地去定义市场分类。CHAID 模型算法用来评价主要数据。使用这个回归，一旦基础评价算法建立起来，添加到数据文件中的新纪录就可以快速得到评价。

2．描述性模型或分析

即使预测模型不为你工作，也可以基于描述性模型在你的用户中的实际顾客数据看出一些轮廓。令人吃惊的是很多公司对他们的顾客了解得很少。任何建模都能创建一个看起来和图 19-2 一样的有用的概况。在这个例子中，我们看到公司顾客的家庭收入，他们中相对全国平均水平的高收入人群占据了很大的百分比。

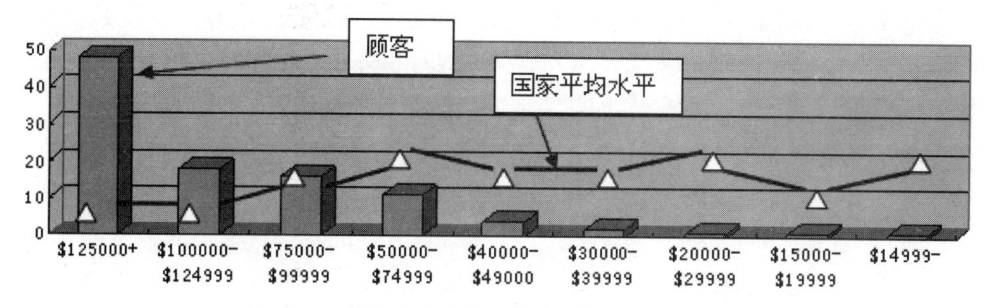

图 19-2 顾客的家庭收入与全国平均水平的对比

（1）用户分析的目的

哪些产品可以哪些产品不可以？哪些产品最适合和其他产品交叉销售？这个视角可以帮助你将更多的访客变成顾客。

哪些用户退订而哪些则不？在他们退订前消费了多少钱？你的什么行为导致了他们的退订？

哪些 RFM 细胞代码产生最多的转换？RFM 能否和 E-mail 相关联来创造有效的预测？

对比那些从未买过任何东西的用户，哪个 E-mail 地址资源创造了用户转化？

多次购买的顾客和一次购买以及从未购买的顾客需要区别对待吗？应该如何区别对待？

你的用户的终身价值是什么？

你的分类是否帮助你设计更好的 E-mail？一次性的分类今天已经很难取得好的效果。

（2）点击流分析

点击流或者网页分析是对于顾客在接收到你的 E-mail 并访问你的网站后做了什么的科学分析。目的就是使 E-mail 以及网站更加友好，以促进更多的打开、点击以及转化。这需要特殊的软件，也需要分析谁浏览了数据并且根据给出的结果确定方案来提高 E-mail 以及网站质量。网站分析是一项专业的工作，做起来没那么简单、容易或者便宜，这一进程最好是外包处理。当然做得好的话，相对于投入来说会获得巨大的回报。

3. 如何跟踪 E-mail

小的隐形网站信标嵌入到外发的 HTML E-mail 中。这些信标用来追踪邮件到达后发生了什么。用户什么时候打开邮件，信标都会返回一个数据包到发送邮件的服务器，这使得服务器知道哪封邮件被打开了。结果，运行服务器的组织就会被通知所有用户点击的链接。

4. 使用点击流数据

点击流数据是用户在阅读你的邮件或者浏览你的网站时的历史链接数据。使用点击流数据要注意隐私监督，因为很多公司已经在通过出售用户的点击流数据来获取额外收入。一些公司购买这些数据，一般是每个月0.40美元。但是这种做法可能不是直接识别个人用户，而是间接识别他们。大多数顾客对于他们隐私的潜在威胁都是无意识的。使用信誉良好的公司，如Forrester或者JupiterResearch外包邮件服务，他们从不将用户的点击流数据出售给其他人。他们在网站以及E-mail中刊登这一事实。我们不建议出售点击流 数据。

点击流的内部分析，已经成为可赢利电子商务的基础。他能告诉你，你的邮件是怎样被用户接收到的，同时你能提供一些用户行为的信息。你可以使用点击流数据创造或者增强用户概况。例如，你可以使用点击流数据分析来预测一个特殊用户是否会在你的网站购买东西，还能使用点击流数据分析来提升用户对于你的E-mail以及公司的满意度。

5. 使用点击流分析

一旦捕获你的用户在收到你的E-mail后的行为是可能的，你就能使用这些信息来了解你的E-mail是如何被收到的。弄明白这个数据的最好的方式之一就是创建仪表板来总结用户的活动方式，从而可以让你改变并且提升邮件质量。如表19-7所示为说明性点击流分析表。

表19-7　说明性点击流分析表

7月13日活动的点击流分析									
发送数：1 874 223	打开数：356 102		净点击：8 582		点击：24 682		转化：12 217		
点击分类	订阅者访问量	平均访问的网页	网站停留时间	新访问者百分比	购物车平均商品	平均丢弃量	商品检验	平均商价格	总收益
儿童	969	1.97	1.48	76.47%	1.2	48.0%	605	$37.44	$22 638
妇女	1 218	2.68	1.52	65.91%	2.2	31.0%	1 849	$108.33	$200 294
厨房	787	2.50	2.48	63.63%	2.4	11.0%	1 681	$18.01	$30 275
文具	484	2.24	2.22	71.43%	1.3	18.0%	516	$38.33	$19 776
特价商品	1 997	3.11	3.22	44.87%	2.8	12.0%	4 921	$18.32	$90 146
其他地方	3 127	1.88	2.01	44.67%	0.9	6.0%	2 645	$4.09	$10 820
总量	8 582	2.88	2.59	73.40%	2.16	25.2%	12 217	$30.61	$373 949
平均		1.97	2.01	44.60%	1.77	21.74%		$36.40	
年度更改百分比		45.99%	28.66%	64.57%	22.03%	15.92%		−15.91%	

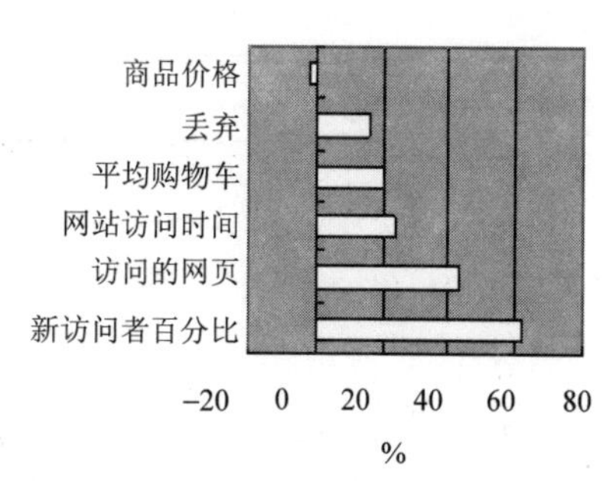

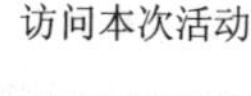

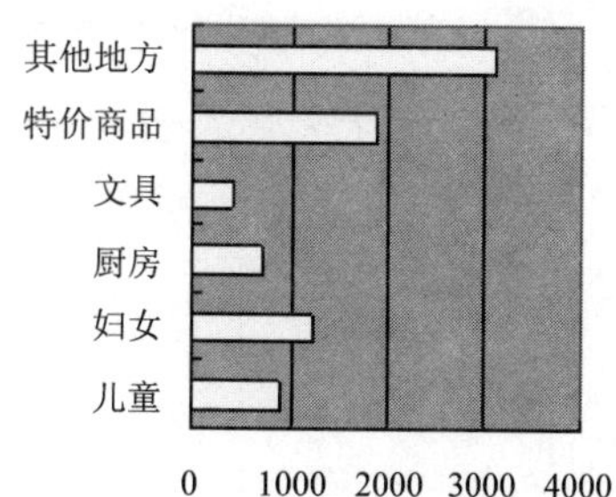

上表中显示了一个包含五种产品分类的 E-mail 活动：儿童、妇女、厨房、文具和特价品。营销者发送了 180 万封 E-mail 产生了 373 949 美元的销售额。表 19-7 将这封邮件和公司在 12 个月内平均发送的邮件进行对比，显示了哪个网站区段被访问的最多、网站停留时间、新访客、被遗弃购物车的百分比、收入以及平均销售。

你的 ESP 可以帮助你建立自己的仪表板 ESP。分析中重要的部分是使用数据提高未来 E-mail 的质量。如今很多 E-mail 营销者都是在这里失败的，他们忙着创建、发送新的 E-mail 以至于从不花费时间看当前 E-mail 有什么优点和缺点，从而创建更好的 E-mail。在这个例子中，女性服装的购物车丢弃率是尤其引人注意的。如果丢弃率可以从 31%降低到 21%的话，总的销售额就会得到明显的提升。为什么会有这么多的购物车丢弃，邮件营销者可以为之做些什么？发展并研究这样的图表板对于 E-mail 的营销成功具有重要作用。

6. 关键绩效指标

从定义关键绩效指标开始创建一个仪表盘对你的生意来说是非常重要的，然后添加包含 KPI 的如下报告到仪表盘中。哪个是最有用的 E-mailKPI？以下是一些来自不同行业的数据：

- E-mail 发送与交付
- 发送邮件打开的百分比
- 点击对比其他活动
- 点击后打开的百分比
- 流失率（退订或者未到达的百分比）
- 病毒营销率（E-mail 发送给朋友）
- 通过 ISP 域名的打开和点击

你还可能包括：

- 月度、季度、或者分类活动的总销量
- 每个分发邮件的利润
- 每个分发邮件的销售
- 每个分发邮件的成本
- 平均订单价值（AOV）
- 订单数目
- 打开或者点击的转化率
- 网站访客的数目
- 每个访客的成本
- 进入引导页面的数目
- 平均页面浏览量
- 来源网站的访客停留时间

如果你对产生销售力量感兴趣的话，你可能需要以下 KPI：

- 引导数目（通过产品/客户端类型）
- 下载量
- 网站访问量
- Google PR 值
- 每个引导成本
- 转化率
- 会员、用户、数据库增长

7. 使用点击流数据提高 E-mail 活动

下面使用我们本章中学到的内容。假设我们在周四和周五发送一个促销 E-mail 给 150 万个顾客，这已经被研究显示为最佳的时间。我们的 E-mail 营销项目可以外包给一个大的高效率的代理公司，比如 Forrester 或者 JupiterResearch。这些邮件代理公司拥有优秀的点击流分析专职人员。例如，他们在周三可以收到周二寄出的 E-mail 的报告。然后基于点击流分析所获取的信息花费一个周三下午的时间来分析重做首页上的素材。如图 19-3 所示为 E-mail 图表。

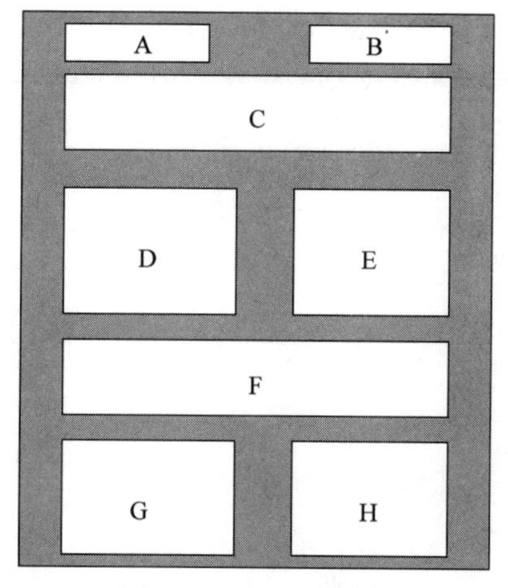

图 19-3 E-mail 图表

图 19-3 是一个拥有 8 个链接的 E-mail 的图表，A 是一个搜索框，B 是一个改变外观和轮廓的地方，C 是一个欢迎页面提供的主要信息，D 是提供下载的地方，E 是提供折扣的地方，F 是第二重要的主题区域，G 是链接到很多其他区域的产品目录，H 是一个病毒信息。点击这几个区块的任意一个链接都会引导读者到网站上的更多信息（一个精心设计的 E-mail 至少拥有一打链接，这其中的复杂性就是为什么 E-mail 营销这么专业以至于需要进行外包的原因）。

在我们将 150 万封 E-mail 发出去 24 小时之后，我们可以获得一个结果的报告。我们设计我们的仪表盘来提供关于在我们发送邮件后用户做了什么的信息。如表 19-8 所示显示了我们应当如何来安排统计数据。

首先，图表看起来似乎像一组数字并不能带给我们太多的故事。只有 3665 个用户（打开者的 0.7%）点击了 8 次链接。但是图标可以帮助你显示一些我们可能采用的有生产价值的行为。如图 19-4 所示显示了首次点击，而图 19-5 显示了第二次点击。

我们从以上图表中可以学到什么？用户首先到达页面中部右侧的折扣提供区域（E 区域）。然后，大多数用户喜欢去搜索框寻找商品，而不是通过产品目录（G 区）或者到 E-mail 中的其他区域。我们可以合理地推断他们在寻找 E-mail 中所没有的东西。

那么他们在寻找什么呢？我们的网络分析能告诉我们用户在搜索框中输入的是什么。如果你发现大多数人都在搜索一个类似的产品，那么这个产品就应该在下一封 E-mail 中出现，同时我们应该修改产品目录以包含该产品。除了修改目录之外，还可以在邮件的什么地方放置这个产品？我们应该展示什么内容？

图表同时告诉我们下载区域（D）也不是胜者，它占用左边折扣提供的宝贵区域——我们最受欢迎的点击，我们为了一些对这些内容不感兴趣的用户浪费了这块区域。让我们来找出在 D 区大多数人们搜索的特征点是什么。

如果你能让你的邮件代理给你这样的仪表盘图表，那么你就可以在家闲着了。获得这些数据，找出它们能告诉你什么，然后采取行动建议，创建有利可图的邮件营销。如果你正确地做了这些，你可以纠正固定使用的 90%的分析类型，而不去浪费钱去修改其余的 10%。

表 19-8　对 E-mail 单元的点击

4 月 15 日促销

发送：1 502 116 打开：501 223 净点击：335 819 退订：9 823

送达：1 437 223 百分比：34.9% 百分比：67.0% 不可送达：55 070

区域	总点击	第一次点击	第二次点击	第三次点击	第四次点击	第五次点击	第六次点击	第七次点击	第八次点击	点击
A 搜索框	291 219	210 004	35 700	27 801	6 300	4 200	3 360	1 680	1 260	420
B 注册	428 662	72 561	12 335	1 887	2 177	1 451	1 161	580	435	145
C 欢迎区	191 113	310 110	52 719	11 730	9 303	6 202	4 962	2 481	1 861	620
D 下载区	415 552	85 671	14 564	3 038	2 570	1 713	1 371	685	514	171
E 折扣区	82 222	419 001	71 230	14 858	12 570	8 380	6 704	3 352	2 514	838
F 第二个产品	290 884	210 339	35 758	15 414	6 310	4 207	3 365	1 683	1 262	421
G 产品目录	191 337	309 886	52 681	21 977	9 297	6 198	4 958	2 479	1 859	620
H 病毒邀请	291 338	209 885	35 680	12 900	6 297	4 198	3 358	1 679	1 259	420
总计			310 667	109 605	54 824	36 549	29 239	14 620	10 965	3 655

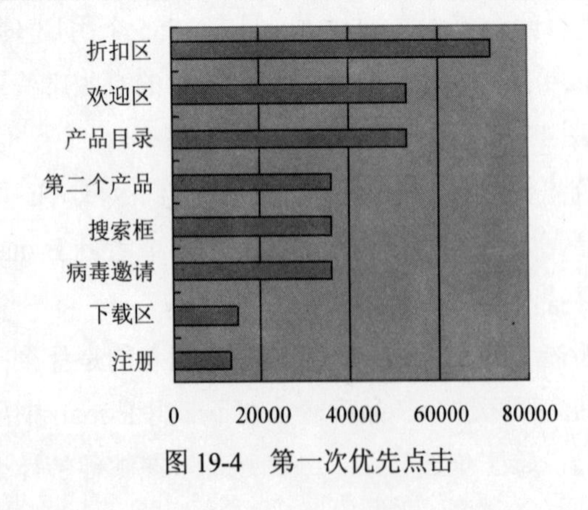

图 19-4　第一次优先点击

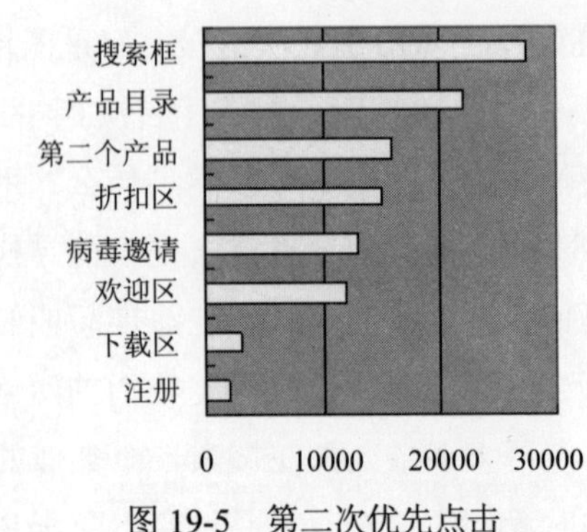

图 19-5　第二次优先点击

经验分享

- 一般有两种广泛使用的 E-mail 营销分析方法：用户分析和点击流分析。
- 用户分析使用多元回归技术以及 CHAID 模式。
- 你通常可以预测哪些用户会对你的邮件中的某个特殊产品感兴趣，而哪些则不会。
- 使用模型来保证你的 E-mail 和你的目标用户具有相关性。
- 通过 HTML 邮件中隐形的网络标签来分析跟踪点击流、网络、用户对 E-mail 的打开、点击情况。
- 网络分析使用点击流数据来告诉你哪些用户在寻找，而哪些只是在浏览。
- 点击流分析涉及大量的数据，一般需要由专业的外包代理来进行收集以及分析，然后为 E-mail 营销者生成定制的仪表板。
- 分析中最重要的部分是你如何利用这个结果改进你的 E-mail，用正确的产品瞄准正确的用户。

第 20 章

B2B E-mail 营销

20.1 B2B E-mail 营销分析

B2B E-mail 营销完全不同于 B2C E-mail 营销，主要原因是面向对象不同。商人一般对于自己的行业有着强烈的兴趣——无论行业是软件、宾馆、汽车配件或者保险，都很少去关注其他的行业。他们对于自己的行业有一种共有精神，而对于那些尝试学习他们的商业机密，挖掘他们顾客的其他行业则往往有怀疑态度。他们敏锐地、焦虑地想知道他们的竞争对手在做什么、想什么。他们相信竞争对手知道他们不知道的事情。

依赖于他们的工作，商人想知道产品是怎么生产和如何营销的，他们想了解新产品的细节。他们贪婪于他们行业的统计数据，并且尽管他们有一个强烈的愿望，不放弃关于他们公司的任何信息，但是他们真正感兴趣的还是竞争对手的细节——他们的客户是谁以及他们的价格如何。对于个案研究具有极大兴趣，特别是当他们解释如何做以及在数值改善产生结果（比之前的方案提升 20%）的时候，他们会在整个公司流传你的 E-mail。

你的读者由两类商业人士组成：消费者（包括潜在的）以及竞争者。你可以确定你的竞争者会阅读你的 E-mail，无论你如何想办法阻止他们。你的工作就是使消费者或者潜在消费者明确你的行业，并且提供可信的信息来源给他们。

不要用你的 E-mail 媒介来推广你的产品或者公司，而应该将你的读者作为你的业内人士；为他们提供关于趋势的独家内部消息（新产品、市场以及产品等），并且不要假设你的读者理解你做的任何事情。你可以重复或者再版过去的有效信息，或者提供一个项目的链接给他们。因为今天人们更换工作非常频繁，至少有三分之一的读者是一个新人而不了解你的项目是什么意思。让它变得简单，更容易理解，使他们想要阅读你的下一封邮件从而学到更多的东西。

你还应该保证你的读者可以方便地将 E-mail 转发给他公司的朋友，理想的 B2B E-mail 应该在任何公司的人群中拥有庞大的从属读者。你的读者应该能通过从你的邮件中获取信息，并且转发给周围的人增强内部人员的认可以及地位。

在你的邮件中，发送属于你行业内的词汇以及统计数据，可能会被翻印或者保存。它们可能是你发送的被阅读以及被分发最广泛的 E-mail。这会为你以及你的公司在读者心中形成行业内专家的印象。

你的目标是简单地提供给读者他们行业内最有趣的资源和灵通的消息。结果，你的读者就会渴望接收到你的邮件，然后将他们打印出来，再将他们转发给其他人。他们会将你以及你的公司看成他们行业内的专家以及领导者。如果你能做到这些，你就不需要在你的邮件中销售产品了。你的接受度以及名誉能做到这些，将提高你的销售能力并且带来大量的订单。

20.2 操作细则

20.2.1 管理提要

你需要以下适合于每一封 B2B 邮件的提要：

- 内容的表格化，这样可以让读者快速地阅读以及跳跃到他们感兴趣的部分。
- 一个综合搜索框，便于读者搜索任何产品或者新闻。根据这个搜索框中用户输入的内容不断地提升。
- 建立一个面向读者发布内容的博客——使行业内的任何人都可以阅读到。

- 邮件中应该包含一个“转发给朋友”功能按钮或者输入朋友邮件地址的地方。
- 一个存档框许可读者可以阅读以前发送的邮件。
- Cookie，可以根据读者邮件中的名字来向他们打招呼。
- 链接到公司历史的一个链接。
- 链接到公司目录的一个链接，可以链接任何一个想要进一步了解内容的读者，包括E-mail 地址、电话号码以及邮政地址等。
- 到产品列表的链接，便于读者寻找产品。
- 一个建议功能，读者可以建议关于邮件详情的主题。
- 一个读者可以发送短小文字内容到他们的移动电话的功能选项。
- 一个突出的、便捷的退订功能。

20.2.2 相关技术

1．你如何深入观察预览框

当 B2B 营销用户看他们的收件箱的时候几乎都是使用预览框。根据一个邮件实验室的调查：90%的新邮件用户都获得一个预览框，而 69%的人说他们频繁或者总是使用这个功能。

在看完发件人以及邮件题目之后，这些读者的眼睛就会瞟一下你邮件中有什么。这一眼可能就决定了你整个邮件营销活动的命运。所以，时刻记得设计每封邮件左上角的预览框。如果你在这个地方放着一个鲜艳的广告，那么读者就不会看到任何感兴趣的东西。

2．移动版

目前在手机上定期阅读商务邮件的人群已经超过了 37%。任何 B2B 邮件信息拥有一个精简版本都是非常必要的。

为你的新邮件创建一个可以显示于手机屏幕的移动版，包括你的小版本 Logo。其他的内容应该是便于阅读的文字，并且可以快速浏览。在移动版中，应该包括一个到达完整版本的链接，以便于读者可以在桌面电脑上再次阅读。

很多管理人员使用智能手机来浏览以及删除邮件，如果你有一个比较差的 E-mail，忙碌的管理人员就会在参加一个会议的时候将他删掉。然而，如果你的邮件在前三句话中就展示了一些比较有趣的事情，那么他们可能会保存你的 E-mail，稍后再来阅读。

根据 MailerMailer 的报告，74%的邮件打开发生在最初的 24 小时之内，然而也有一些收件人可能在几周后打开你的邮件，因此保证你的图片、链接以及着陆页面仍然是可用的状态。

20.3 操作流程

1．写一封 B2B 简报

一封好的 B2B 简报就像在酒吧里喝酒时的爆米花、花生、电视一样，你盯着电视咀嚼着。当你在吃着零食、看着电视、并且和人聊天的时候，很可能又点了一杯酒——这就是为什么酒吧经常免费提供这些零食的原因。

你的简报应该充满关于你或者你的用户行业的文字以及信息，而没有必要和产品相关。商务人士喜欢保持关注正在他们行业内发生的事情，这也是他们为什么想要阅读你的简报的原因。如果你可以每月提供有趣的内容、人们想要了解的行业内的事情，那么你的公司就会留给他们一个新鲜即时的印象。他们也就愿意去阅读一些关于你的产品以及公司的 E-mail，这些都可能带来一个问询或者是订单。

因此，你的工作要想出有趣的内容（花生、爆米花、电视）以使你的读者在需要你公司销售的某些产品的时候能最先想到你。那么你应该写点什么呢？

开始注册获取所有竞争对手的简报。你可以学习一下他们在说些什么，然后可以说点类似、但是更好的话。保证参加各种展销会并和人们打成一片，从而发现他们对于你公司以及你的产品说了什么，想要什么。使用 Google 以及 Technorati 来阅读相关博客上都发布了什么信息。你将从博客上获得大量的材料，创建属于自己的博客。

多和你的销售代表以及客服人员交流，他们会给你一些关于邮件内容的点子，你可以与其他没有竞争的公司的邮件撰写者交流消息以及文章。

但是开拓思想的最好资源还是你的读者，在邮件中给他们一些可以给你建议、意见的空间，以收集用户的想法。有趣的是：当你的用户不在办公室的时候，B2B 简报会产生一个自动回复，说明他们将什么时候回来，这个回复通常包括他们的目前头衔以及其他有用的信息。阅读所有这些信息，然后添加到你的数据库中。

2．B2B 简报的主题

- 有趣的事件（展销会、新产品推出等）
- 行业日历

- 行业内重要管理者的访谈
- 技巧和最佳做法
- 结果的调查和报告
- 专家提问
- 常规列和功能
- 十大列表
- 成功六步曲
- 行业统计与基准
- 互动测试
- 读者反馈
- 到达网络上关于行业有趣信息的链接
- 一流的从过去到现在的历程书写
- 行业内使用的项目词汇表
- 案例研究
- 行业趋势的个人见解
- 行业内常规问题以及解决方案

检查你的E-mail每个章节的点击，看一下哪些被阅读而哪些被跳过，这些点击就是你改进的指导。

3. 创建商业博客

博客可以让你的公司对顾客以及外面的世界更加人性化，是营销促销活动中一个强大的工具。因为他们简短、让你的顾客阅读简单，所以他们更喜欢每天来看一下你可能说些什么。

借助博客，你可以向顾客展示你的公司由普通人群组成。如果你做得正确，就可以创建一个不是太私人也不用太正式的博客。公司网站往往由委员会创建，而博客则恰恰相反。

因此，你必须能分配专门的一个人来写作并且管理博客，在不要太正式的指导方针下每天更新博客内容。

Hewlett-Packard使用博客向世界展示他友好的图片。惠普博客法则就是一个大公司如何运营博客的例子。这是值得阅读，并且可以模仿的。

惠普的博客是由公司各种不同水平、不同职位的雇工来写的。所以你能看到各种观点，尤其值得期待以下内容：

（1）我们将努力和我们的读者进行开放诚恳的对话。

（2）我们将及时地更正不准确或误导的发布。除非违反我们的政策，否则我们不会删除发布的信息。大多数的改变都是因添加新内容产生的，并且我们会对新内容明确标出。

（3）我们将披露利益冲突。

（4）我们的商业行为标准将指导我们所写的内容——因此有些我们没有评论的内容，比如财务信息、惠普的知识产权、商业秘密、管理改革、诉讼、股东问题、裁员，以及与联盟伙伴、顾客、供应商的合作协议。

（5）我们将提供其他博客、网站上现成的相关材料的链接，我们将完全公布可信任的所有资源、链接以及引用，除非这个资源申请匿名。

（6）我们懂得尊重是双向的——我们应该对我们发布的文章有个好的判断，读者才能以尊重的态度响应你。

（7）我们相信你会注意你在博客上发布的信息——你发布的任何个人信息都会被所有访问你博客的人看到。

（8）我们必须尊重知识产权。

（9）我们应该在保护个人和企业信息方面有良好的判决能力，同时尊重我们博客用户的个人隐私。

评论：

（1）当博客使用者评论过之后，他们能在我们的博客看到这些内容。

（2）我们可以及时地浏览、发布或者回复评论。我们欢迎建设性的批评。我们不可能回复每条评论，但是我们要阅读所有评论。

（3）禁止使用诽谤、亵渎、或者违反我们的使用条款的词语。

（4）因为我们博客发布的都是关注读者普遍利益的材料，所以我们希望你可以通过传统的客户服务渠道或者 IT 资源信息论坛等为客户提供直接的咨询服务。

（5）我们的博客使用者不会回应顾客的客户支持问题，也不会将这些评论发布到他们的博客上。

4. 接近 C 级管理人员

C 级管理人员是任何公司的顶级管理人员，比如：首席运营官 COO、首席执行官 CEO、首席营销官 CMO、首席财务官 CFO 等。C 级管理人员负责公司百万美元级别的高级决策。

调查这些管理者对你写出一份有价值的报告是很有用的。如何去接近他们呢？

试着去接近这些繁忙的管理者，花费 15 分钟做一个瞄准如下两个问题的调查：他们的很多资料都属于高度商业机密，通常他们不会接受任何鼓励，站在一个位置参加任何涉及金融价值的调查。所以你能做什么呢？

最好的方法之一就是根据营销情报公司 Claire Tinker 在 ESL 的见解——列好提纲。他建议建立一个行政咨询小组。你可以从一封简单的 E-mail 开始，“我们邀请您参加一个商业研究”。这份邀请邮件必须阐明管理者能在这次投入中得到什么回报。你可以为他们提供一个个人奖励或者为慈善组织进行捐赠，更重要的是，提供给管理者这个研究报告的摘要。他们可以得到来自于为其竞争对手工作的其他 C 级管理者提供的信息。

要得到他们的参与，这个邀请必须由公司的 C 级管理者发出。这样看起来像是两个高级管理者之间的对话，而不是研究者问问题。当调查做好后，发送这个结果的摘要给受采访者并致以感谢。这个调查结果可能就成为你全年发送的 E-mail 中最有价值的一封，同时还能和这个参与的 C 级管理者建立起一个亲近的关系。

经验分享

- B2B E-mail 营销是一种完全不同于 B2C 模式的营销。
- 因为 B2B 读者都不会花到自己的钱，因此回扣比折扣更加有效果。
- 你的目的可以不是销售而是将你的公司建立为一个行业信息源。
- 重复发布过去的信息是可行的。
- 经常定义你的技术术语可以让你的读者感觉你像一个权威。
- 学习竞争者的新邮件。
- 记得很多读者都是在手机客户端收到并阅读你的 B2B 邮件。
- 新邮件内容应该尽可能的关于行业趋势、分析报告和白皮书等，而关于你公司以及产品的内容应该较少。
- 如果你想接近一个管理层的读者，那么你的邮件最好从一个同等级别的人那里发出。

第 21 章
建立零售商店流量

大多数人认为 E-mail 营销主要支持的是在线交易。事实上 E-mail 对离线销售的贡献要远大于在线销售的贡献，本章你将学到这些。

21.1 离线销售的收益分析

21.1.1 离线销售的惊人收益

一份 Epsilon 的研究报告说：86%的 E-mail 接受者声称他们因为 E-mail 的作用而在当地的零售商店购买产品或者服务。除了在线销售，E-mail 营销建立了品牌以及驱动了目录销售、电话销售、砖和水泥式的销售模式，这个百分比会让你吃惊。

在 2003 年，目录销售公司 Miles Kimball 做了一个 E-mail 对目录销售刺激效果的开创性测试。他们分三拨发送了 20 000 个目录以及一封伴随的 E-mail 给以前的在线购买者，邮件说“在你的邮箱中寻找……”他们同时发送了没有伴随 E-mail 的 20 000 份目录给以前的购买者。那些收到 E-mail 的每个家庭平均花费相对于没收到邮件的增加了18%。很多目录营销者现在都使用 E-mail 来提高目录销售。在 2007 年，Direct Marketing Association 公司调查的 434 家目录营销者中的 82%的商家都在使用 E-mail 促销。今天，印刷目录销售中超过 44%的销售业绩来自于网络，而不是电话或者邮政。

一个主营视频租赁的连锁店要求他的会员提供 E-mail 地址并且询问他们是否愿意接收关于电影方面的邮件。当这个邮件地址列表足够大的时候，他们每两周一次给 204 000 个会员发送关于电影的新邮件，保持对 16 000 个收不到 E-mail 的群体的控制。在六个月后，零售商发现那些收到 E-mail 的顾客比那些没收到 E-mail 的顾客平均花费多了28%。可见，E-mail 驱动了当地零售的增长。

在 2008 年，Constant Contact 报告称 88%的小型贸易拥有者的被调查者使用 E-mail 在母亲节创建销售。零售者发现，鲜花是最受欢迎的礼物，占 37%，而 25%的礼物是到餐馆吃饭，沙龙/SPA 约会、首饰、衣服等同样是受欢迎的礼物。大多数顾客花费在这些礼物上的钱大约是 25～75 美元。

21.1.2 为什么 E-mail 促进离线销售的效果这么好

- 直邮以及印刷品营销的成本是 E-mail 营销的 100 倍(600 美元/千封 VS 6 美元/千封)。
- E-mail 营销可以针对单独的用户进行个性化或者自定义。
- E-mail 可以完全量化。
- E-mail 在和个人用户建立关系方面很有效果。

一个 Yahoo 的哈里斯互动民意调查报告显示：66%的消费者在网上购物之前都进行过在线或者离线的购物。在这个组织中，75%的人声称在网上调查产品或者服务是他们假期购物体验的第一步，而达到 90%的人则说他们在购物前先在网上研究一下商品会获得更好的购物体验。

多渠道顾客希望零售商可以为他们做一些他们想要的事情，大多数包括如下内容：

- 使用忠诚卡、积分卡以及使用各种渠道的礼券等。
- 当他们打电话到呼叫中心的时候可以得到一个关于特殊订单的 E-mail 更新。
- 在线购买的产品可以进行退货。
- 无论这种产品是否在实体店里提供他们都希望可以在网上查到。

在网上做过调查之后，一些购物者会访问店铺去解除或者体验该产品。然后他们再回到网络上做进一步的价格比较。最终，他们可能会通过在线或者电话方式下订单。

21.2 离线销售的具体操作和注意事项

21.2.1 离线销售的具体操作

1. 带领购物者到店铺中

店铺相对于 E-mail 有一个优点：在商店里，购物者可以使用他喜欢的产品来体验一下。店铺的来访者还可以避免冲动购买。理想的方式是可以选择测试、厨艺示范、教学研讨会、主干显示或签名书籍等。例如，Harry&David 做了一个美食烧烤酱汁品尝活动，并且通过 E-mail 来提高认识。Home Depot 通过 E-mail 促销一个可以用来搭建鸟窝的儿童工作车间。Toys‘R’Us 则使用 E-mail 促销一个 Crayola 3D 粉笔艺术活动。Saks Fifth Avenue 则每月给用户发送一封旗舰店的列表。Macy 则通过邮件促销他们为美国心脏协会做的 National Wear Red Day：如果你在该活动日期内穿着红色衣服到达了 Macy 的店里，你就会获得 15%的优惠。

E-mail 提供独特的方式来创建店铺销售。Walgreen 公布他们每天仅免费赠送 8×10 单位的照片，所有你要做的就是上传你的照片到他们的在线系统，然后去他们当地的店铺里取走打印的照片。

2. 让用户来访问你的店

第一步就是获取你的用户的邮政编码。你可以在网站上进行，再选择加入 E-mail，或者欢迎邮件中。如果你还没有这些邮政编码，在你发送的每封邮件中添加一个索要框。

一旦用户在框中输入邮政编码，他就会被直接带到一个新的登录页面，告诉他离他最近的实体店铺在哪里，包括完整的名字、地址、电话、工作时间和地图等详细信息。如果靠近他的有若干店铺，那么可以让他选择点击他经常去的或者愿意去的那个。他应该再也不需要再次输入邮政编码或者被询问邮编。唯一的希望是，如果你发现他所购物的那个商店并非是那个最靠近他家庭的邮编的商店，那么将设计好的店铺改成他去的那一个。大多数的用户可能都是公司的雇员，因此，他们可能更喜欢在离公司近而不是离家近的店铺买东西，所以你必须允许这一点。如果你做到了，从此之后，他们喜欢的店铺就应该标记在每一封你发往他们的 E-mail 里。

E-mail 应该来自于用户所在区域的当地商店的管理者，包括他的名字以及照片。用户收到的 E-mail 应该来自一个大公司，比如每一封 E-mail 都应该是位于 2314E.Sunrise Blvd 的店铺的管理者 Burton Price 发给 Susan 的一封个人信件。一个促销邮件中有无管理者的名字和照片是否会对店铺的访问者造成不同的影响？这是非常容易测试的，数据将会回答你的问题。

21.2.2 注意事项

1．如何使用店铺管理者的名字

如果店铺对于用户来说在他的购物距离以内，那么试着以管理者的身份向他们发送类似下面的问候：

> Susan，
>
> 感谢您成为我们的 E-mail 用户。我们非常欢迎您来我们店里购物。
>
> 下次您来看到我的时候，我将带您四处转转，我有一份特殊的礼物送给您。可以问我们店里的任何销售人员，他们会告诉您如何找到我。
>
> Burton Price，店主

一定要跟踪这些邮件的效果，这些努力是值得的。

当然，可能有时候你的销售人员轮换得太快，以至于这样一封邮件不可能实现或者不实际。那么如果有顾客来到你的店里根据邮件来寻找 Burton，而他只知道你不在那里工作了，那么这件事就变得很糟糕。

2．正确管理当地商店

一位顾客报告：一家大型零售商真的会输给一封个性化的 E-mail。E-mail 提供一个“我的本地商店”分类，但是并没告诉我这个商店在哪里，我必须将邮件拖到底部，然后看到输入邮件的输入框，输入之后链接会把我带到包含实际地址的页面，然后我还需要再次输入邮件。这是多么浪费时间的事情！

21.3 关于零售

21.3.1 零售商店与零售商

1. 在线销售和离线销售的关系

在 2008 年，eMarketer 提供了一份非常有用的图标显示了网络营销下的销售和零售电子商务的关系。调查结果是显而易见的，如图 21-1 所示。

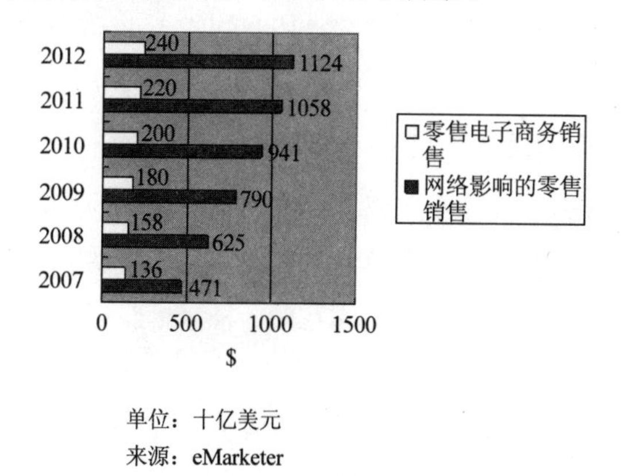

单位：十亿美元

来源：eMarketer

图 21-1 受网络影响的零售

实际上在网络影响下的实体零售交易量是在线销售的四倍，网络诱导销售可以以多种方式进行。消费者可以依靠搜索引擎或者旗帜广告来发现他们在去实体零售商店之前研究产品的网站。他们还可以接受来自他们曾经购物或者注册过的商店或者网站的 E-mail，在这些邮件中建议他们来参加实体店铺的促销活动。这取决于零售商是否等待顾客直到他们再次访问，或者主动成为他们的用户，然后必须提供一些他们感兴趣的东西。

这些数字是庞大的，E-mail 和离线销售的关系显示，任何零售商想要发送设计好的 E-mail 给潜在客户，通知他们自己的店里有什么合宜的东西，这封邮件的回应率都是非凡的，即便他根本没做过在线商务。

2006 年，ComScore 在 Google 的赞助下做了一项调查，发现 25%的网络搜索者直接购买和他们的搜索相关的产品。在这些购买者中，有 63%的人完全以离线的某种方式购买，或者在一个零售商店，或者通过电话，其余的才在网上购买产品。

研究报告称离线购买的最高水平是游戏视频以及游戏机（93%），玩具以及爱好品（88%），消费电子（84%），音乐、电影和视频（83%）。而衣服的离线购买比重在报告中占到 65%。

2. 零售商店的库存

如果你在收到的 E-mail 中发现了一个感兴趣的产品，然后到零售商店购买的时候，发现已经断货，这是多么烦人的一件事情啊！一些零售商已经设法在邮件中放置链接以使用户可以检查他们附近的商店是否还有库存。这能节省一趟无果而终的行程时间，或许这可能就是创造更多离线销售的秘密呢。如果你的商店有一些特殊的晚上活动，你可以在邮件中告知你的用户这个在他附近的活动。Banana Republic 在顶级客户的购物预览活动方面就做得非常出色。

3. 零售商如何成为网络精英

要看到促销邮件如何影响整体收入以及终身价值，我们可以拿 Albert Einstein 的描述作为一个思维体验。我们可以想象一个零售商开始有利可图的生意，他有用的 350 000 名顾客每年会访问他的商店两次，每个访客平均花费 144 美元。我们将跟踪以下三种商店在未来的可能情况：

- 商店有成功的零售店铺，但是没有网站或者 E-mail。
- 商店有网站，但是不在网上进行销售。
- 商店在网站上增加在线销售，并且开始发送 E-mail。

每一个增加销量的方法都有它的益处以及成本，让我们来看一下仅零售的表格，如表 21-1 所示。

表 21-1　无网站的零售商

无网站的小型零售商	52 比率	第一年	第二年	第三年
客户		350 000	175 000	96 250
保留率		50%	55%	60%
每年访问量		2	3	4
总访问量		700 000	525 000	385 000
每次访问花费		$144	$150	$155
总收益		$100 800 000	$78 750 000	$59 675 000
运营成本	65%	$65 520 000	$51 187 500	$38 788 750
获得客户成本	$40	$14 000 000		

续表

无网站的小型零售商	52 比率	第一年	第二年	第三年
营销成本	$4	$1 400 000	$1 400 000	$1 400 000
总成本		$80 920 000	$52 587 500	$40 188 750
毛利润		$19 880 000	$26 162 500	$19 486 250
折扣率		1	1.15	1.36
净现值利润		$19 880 000	$22 750 000	$14 328 125
累积净现值利润		$19 880 000	$42 630 000	$56 958 125
生命周期价值		$56.80	$121.80	$162.74

在表 21-1 中，零售商跟踪 350 000 个顾客的时间超过三年。其中 50%的保留率的意思就是说在第一年购物过的那些人中的一半，再也没有回来过。营销成本包括印刷广告、促销、用来跟踪访客的忠实度的程序等。零售商使用部分预算来奖励那些黄金用户，同时使用部分预算来召回那些失效的客户。

4．建立零售商的网站

商店花费 100 万美元，创建一个网站来突出他的产品、销售、公司历史或管理团队等。这个链条不在网站上出售产品，但是访客可以通过输入他们的邮政编码找到最靠近他们的实体店购买。另外，网站提供一个搜索框，可以找到标明了价格、附带图片的产品。商店偶尔在网站上提供折扣券，访客可以打印出来拿到店铺使用。网站被搜索引擎收录，增加了被访客找到的可能性。所有的这些的结果，就使零售商每年增加了访问量，如表 21-2 所示。

表 21-2　无电子商务网站的零售商

无在线销售网站的小型零售商	52 比率	第一年	第二年	第三年
全部客户		350 000	192 500	115 500
保留率		55%	60%	65%
每年访问量		2.5	3.5	4.5
总访问量		875 000	673 750	519 750
每次访问花费		$146	$152	$157
总收益		$127 750 000	$102 410 000	$81 600 750
运营成本	65%	$83 037 500	$66 566 500	$53 040 488
获得客户成本	$40	$14 000 000		
营销成本	$4	$1 400 000	$1 400 000	$1 400 000
网站成本	$2.50	$875 000	$481 250	$288 750
总成本		$99 312 500	$68 447 750	$54 729 238

续表

无在线销售网站的小型零售商	52 比率	第一年	第二年	第三年
毛利润		$28 437 500	$33 962 250	$26 871 513
折扣率		1	1.15	1.36
净现值利润		$28 437 500	$29 532 391	$19 758 465
累积净现值利润		$28 437 500	$57 969 891	$77 728 356
生命周期价值		$81.25	$165.63	$222.08

尽管网站成本很昂贵，但是顾客的终身价值在第一年内就增加了 24 美元，第二年增加了 44 美元，而第三年增加了 60 美元，其中第一年的利润增加就超过了 2700 万美元。

5．零售商发送 E-mail 并增加在线商店

网站已经成功了。现在零售商开始下一个重要的阶段。他在网站上收集 E-mail 用户或者鼓励店铺员工向顾客询问 E-mail 地址。通过这些努力，他积累了 300 000 个 E-mail 用户以及 200 000 个非邮件用户的规律的离线购物者。零售商开始每周给用户发送系列 E-mail，劝说他们来店铺购物，邮件中允许购物者调查、了解他们的销售，并打印折扣券来商店使用。最终邮件获得巨大成功而带来了丰厚的利润。

另外，我们的零售商开始在网站上销售自己的产品，如表 21-3 所示显示了这个转变的情况。

表 21-3　使用线上线下销售和 E-mail 的零售商

线上&线下销售零售商	52 比率	1 年注册者	2 年注册者	3 年注册者
无 E-mail 客户		100 000	55 000	30 250
E-mail 订阅者		250 000	207 500	174 300
年退订&不可送达		17%	16%	15%
年末订阅者		207 500	174 300	148 155
发送的 E-mail		11 895 000	9 926 800	8 383 830
打开率		25%	22%	19%
打开		2 973 750	2 183 896	1 592 928
打开转化百分比		2.0%	2.3%	2.5%
在线百分比		59 475	49 793	40 142
由 E-mail 产生的线下销售	300%	178 425	149 379	120 426
总销售		237 900	199 172	160 568
在线销售和 E-mail 产生的零售	$144	$34 257 600	$28 680 768	$23 121 792
由之前业务产生的销售		$129 600 000	$112 500 000	$85 250 000
总收益		$163 857 600	$141 180 768	$108 371 792

续表

线上&线下销售零售商	52 比率	1 年注册者	2 年注册者	3 年注册者
运营成本	65%	$106 807 440	$91 767 499	$70 441 665
订阅者获得成本	$40	$10 000 000		
营销成本	$4	$1 000 000	$1 000 000	$1 000 000
每个订单的事务处理邮件	3	713 700	597 516	481 704
每年的触发 E-mail	12	3 000 000	2 490 000	2 091 600
发送的 E-mail 总量		15 608 700	13 014 316	10 957 134
包括创意的 E-mail 成本 CPM	$12	$187 304	$156 172	$131 486
数据库&分析	$4	$1 000 000	$1 000 000	$1 000 000
有购物车的网站成本	$4	$1 000 000	$830 000	$697 200
总成本		$119 694 744	$94 753 671	$73 270 350
毛利润		$44 162 856	$46 427 097	$35 101 442
折扣率		1	1.15	1.36
净现值利润		$44 162 856	$40 371 389	$25 809 884
累积净现值利润		$44 162 856	$84 534 244	$110 344 128
生命周期价值		$126.18	$241.53	$315.27

第一年的在线销售以及邮件诱导销售的收入已经超过 1.63 亿美元。当完全实施在线销售或者离线销售之后，我们就可以在销售中对这种增长进行跟踪，如表 21-4 所示。

表 21-4　增加了 E-mail 和在线购物后的利润提高

零售商的种种改变	注册第一年	注册第二年	注册第三年
原生命周期价值	$56.80	$121.80	$162.74
有网站，无在线销售	$81.25	$165.63	$222.08
线上、线下和 E-mail	$126.18	$241.53	$315.27
先进营销方式带来的收益	$69.38	$119.73	$152.53
35 万基础客户时代	$24 282 856	$41 904 244	$53 386 003

表中的 53 000 000 美元是纯利润。所有的附加的花费都包括在内了。这个例子展示了如何在邮件营销的支持下，逐渐从离线销售到完全在线销售的进程。

21.3.2　案例分析

1. E-mail 优惠券 VS 夹报广告

了解你的读者在做什么是非常重要的。他们在购买吗？销售运行正常吗？关系营销工作吗？E-mail 重要吗？他们驱动了多少离线购买呢？办法就是发送用户可以在线或者离线商店使用的优惠券。

通过 E-mail 发送优惠券，而不是星期日报纸里发现的夹报广告，或者每周通过邮政邮寄。在过去的 50 年里，制造商以及零售商总是印刷优惠券插入到报纸里。在美国，夹报广告的使用率占所有优惠券的 84%，但是平均回应率只有 1.2%。从他们对某个报纸感兴趣开始，直到他们返回来到某个制造商，夹报广告一般需要三个月的时间，他们必须以排序支付的方式为零售商赎回他们。这些优惠券从不个性化，也不可能知道谁使用了他们，甚至在哪里得到的这些优惠券。

然而，夹报广告依然是一项大生意。在 2007 年，平均面值 1.26 美元的优惠券做出了 2570 亿美元的贡献。顶级类别的是包装消费品（家庭清洁用品、宠物食品、个人商品、小吃、除臭品和药品等）。公司参与的商品包括：宝洁、通用磨坊、强生公司、联合利华、雀巢、卡夫食品和金伯利钻石等。

而可以通过 E-mail 送达或者在网站上下载的优惠券则是完全不同的。如果他们使用智能的，可以让广告客户获得即时的反馈，同时能了解到使用这些优惠券的客户的大量信息。他们的优惠券的平均回应率在 5%～20%。用户可以在家打印之后拿到商店使用或者可以凭借输入一个号码到在线验证程序中直接在线使用。

E-mail 在驱动零售交易的一个优点就是速度快。McKinsey&Company 在他们的“利用 E-mail 的威力”的研究中解释了为什么 E-mail 有如此好的效果。他们发现 E-mail 相对于直邮邮件 1%的回应率，它却可以达到 15%。E-mail 的每封成本在 0.03～0.1 美元，而直邮邮件却需要 2 美元，而且 E-mail 的回应一般都是在 48 小时之内。

2．优惠券的传递效果

一旦你允许用户可以在家里打印优惠券，他们就会将其传递给家庭成员或者朋友。当一些人来到你商店的时候，准备用手里的优惠券购买东西时，你的店员会拒绝他们吗？如何应对这种情况取决于你的计划，以下有两种情况。

（1）优惠券只是针对个人的

Sally Warren 是你的一个很忠实的顾客，所以你想回馈他一些特殊的折扣或者邀请他参加一个与管理者一起参加的晚会，但是你不可能让任何人都享有这项奖励。这种情况下，将他的名字写在优惠券上面，比如“此优惠券仅限 Sally Warren 个人使用”，然后你可以在活动或者销售中让你的店员进行身份检查。

（2）优惠券是针对任何人的

另一种情况就是优惠券是用来促进交易的，任何交易。你可以设计这种优惠券为通用的。在这种优惠券上，你可以说“供 Sally Warren 以及他的亲朋好友使用”，然后接受任何人使用的优惠券就可以了。这里一个最大的优点就是，当你在 POS 机上扫描他们的优惠券的时候，系统会记录相关信息。从而可以有更多的机会了解更多关于 Sally Warren 的信息。他是一个为你带来交易的宣传，你可以给他发送 E-mail 以示感谢。在这种情况下，当 Annette Bricker 使用 Sally Warren 的优惠券的时候，你可以让你的店员注意一下，然后感谢一下 Annette 的光临，并且索求他的 E-mail 地址。

3．Coach 店内采购系统

Coach 给他们的用户发送 E-mail，邀请他们使用 E-mail 连接去搜索手提包、鞋子、或者首饰并且在“你选择 Coach 在 2 小时的购买时间”选择商品。一旦用户选中了一个产品，他将被邀请点击店内购买按钮，然后输入邮政编码，之后网站会提供给他一个临近的店铺分布的列表，他可以就近选择，到 Coach 的实体店购买。“一旦你完成了在线检查流程，你就会收到我们的两封邮件。”当购买按钮发送给你的时候，你的订单也将准备妥当。这两封邮件就是订单信息以及购买的信息。

这个系统对购物者来说是非常方便的。相对于开车去实体店、停车、等待、徘徊的寻找一个手提包，在网上进行搜索就简单得多了。购物者只需要在他清楚地知道哪里有他需要的东西的时候才有必要开动汽车。但是这个系统同样非常适用于 Coach，它带着购物者到实体店铺选购，一般购物者都会购买相关的其他东西，而不仅仅是他原本看中的那个。

4．礼品卡：一个 260 亿美元的市场

在 2008 年，有 75%的消费者在购物时都会携带一个礼品卡。超过一半的消费者都希望收到一个礼品卡作为礼物。消费者平均将 16%的假日消费用在礼品卡上。

零售商通过各种途径利用礼品卡，统计建议礼品卡接收者不要使用卡里的所有金额。购物者一般会使用面值 50 美元的礼品卡来购买一件 36 美元的产品，剩余 14 美元在卡上。这种情况不是零售商所希望的。在其他情况下，根据首饰行业的领先出版物 JCK 杂志的描述，大多数消费者使用他们的礼品卡在数额较大的购物中并且最终的消费远大于卡的本身面值。

在 New Yorker 的一篇文章中，James Surowiecki 将礼品卡描述成发放现金的“社会容忍版本”。他解释说：“礼品卡是花费在礼品卡上的金钱的价值等于接收者知觉价值的很少

的几种途径之一。”礼品卡可以在网上购买但是通常在离线的商店或者饭店使用。

另外，礼品卡有两个额外的好处：第一，在许可情况下，零售商可以要求礼品提供者明年继续在同样的时间提供这些礼品；第二，零售商可以获得礼品接收者的邮件地址并向他们发送E-mail，这样你就多了个向他们发送礼品卡的机会。

5．网上订购礼品卡

Gifts.com上面已经有几百家公司注册以获得他们提供的礼品卡，包括Barnes、Noble、Bloomingdale's、Macy's、Marriott Hotels、Nike Dick's Sporting Goods、The Gap、Home Goods、The Sports Authority、Staples、Ticketmaster以及Overstoc.com。该系统以下列模式运行：

- 礼品接收者收到一封包含礼品卡以及礼品兑换码的E-mail。
- 接收者可以浏览列表中的商家选择某个零售商使用礼品卡。他可以在一家使用全部礼品卡面值或者在多家商店使用。
- 为了兑换礼品，他点击E-mail中的链接并且在着陆页面输入他的验证码。他可以现在或者稍后来兑换礼品卡内的钱，并且消费在某个商品上。

这个系统的美妙之处就在于，礼品提供者不需要决定提供什么或者选择什么来邮寄。他们甚至不需要决定提供什么类型的产品，都是由收件人自己决定。

21.4　应用技巧

1．从错误的E-mail中获利

一封发给用户的E-mail：

> 作为我们珍惜的Best Buy的顾客，我们想通知您一个我们在2007年9月23号发生的错误。我们在商品列表中将50寸的松下平板电视，节省90美元前面的价格标成了1799美元，实际上我们想要写的是42寸的1799美元，节省90美元。
>
> Best Buy将无法履行上述的50英寸的松下平板电视的价格。我们为带给您的任何不便表示道歉，并且我们将在9月23号到9月27号之间，为所有的所有松下平板电视提供100美元的及时折扣。这个折扣将在商店展示价格时为您减掉，包括我们的常规商品。谢谢您的理解，我们渴望您的再次光临。

这显然是一个利用错误来建立客户关系的精彩案例。你不是帷幕后的绿野仙踪，而是一个像 Cowardly Lion 一样的会犯错误也会承认错误的人。向上面的例子一样寻找机会，你的用户就会阅读你的邮件。

2．获取用户的购物列表

目标用户已经发展了一个叫做目标列表的独特的购物援助，作为网站的顶部或者 E-mail 的一个功能组件。用户浏览他们的 E-mail 时可以点击他们感兴趣的任何东西并将它们添加到自己的列表中。这个列表可以供其他人使用：配偶、父母、子女、朋友等。目标列表可以在家或者商店里使用。浏览列表选择相应商品，顾客可以在商店扫描一个产品的条形码或者在线点击某个产品添加到购物车。

为了保证礼品接收者可以获得他们想要的东西，建立某种形式让邮件发送者可以在产品的注释部分添加一些特殊的信息，他们可以建议礼品提供者提供他们喜欢的颜色以及主题等。列表制作者可以存储特色礼品创意，购买产品跟踪，发现其他人的列表，以及用 E-mail 发送他们的列表给家人或朋友。

3．E-mail 实现实时聊天

顾客愿意去商店购物而不是网站的一个原因就是在商店里他们可以问任何问题。尽管有些时候，文员总是不在，或者说即使找到了，他们并不知道答案。

免费电话已经让很多消费者放弃，因为现在大多都是一个语音应答系统在要求他们“仔细聆听”。只是仔细聆听以及按键，而很少有机会和一个活生生的人交谈。

在网站上，顾客找不到一个人来说话的情况更为严重。网站顾客是很没有耐心的，如果他们找不到想要的东西，他们就会马上点击关闭，离开页面。大于有四分之三的购物车被遗弃而购物者再也不返回。如何解决？网站或者邮件中的一个即时聊天按钮，提供一个实时操作途径。实时聊天软件可以允许操作者通过即时短信和顾客进行交流互动。通过与运营商的合作，实时软件允许操作者可以通过一种叫做共同浏览的技术和顾客进行在线冲浪。

聊天操作者可以同时和数位顾客进行聊天，提高效率、缩短顾客的等待时间，同时允许更多的顾客寻求帮助。

很多在线支持软件程序都提供一个顾客调查，顾客可以在对话结束时对聊天客服的服务进行评估。如果顾客阅读一个带有实时聊天按钮的 E-mail 数小时后，程序可以启动，为顾客留下 E-mail 信息。

当 CompUSA 建立了一个实时聊天系统时，发现 68.5%的浏览者在浏览网站时会选择购物聊天。而有一半的人是在购物车阶段选择对话的。总体来说，大约有 10%的聊天转化为销售，是在这个系统未建立之前的转化率的十倍。

Allurent 报道说，如果网站提供了增加互动的因素，那么 83%的在线购物者都应该会购买产品。Talisma.com 则报道说，提供在线实时金融信息的网站 esignal.com，通过使用他们的聊天软件，他们减少了 50%的电话呼叫，并且可以每个月增加 5000 次聊天互动。

4．用户建议

在人们购买完物品的时候，让他们对你的产品以及购物流程进行评估是非常有用的。这些应该在购物完成后通过发送 E-mail 来完成。一旦你有这个信息，就将它放在网站上并且链接到每一封预览产品的 E-mail 中。这种链接应该贴上“用户浏览”的标签。

在邮件中包含用户浏览的结果是显著的。在 2007 年的 Marketing Sherpa 的调查中显示，86.9%的反馈着说他们宁愿相信朋友的推荐而不是一个专家的推荐，但是有 83.8%的用户说他们相信用户浏览超过专家评论。Nielsen 的一个对 26 486 名互联网用户进行的调查报告显示：78%的用户说“消费者推荐是广告中最可信的”。JC Williams Group 的研究则提到 91%的受访者将其作为“购买决定的一号目标”。同时 Prospectiv 报说，70%的在线消费者称他们使用互联网搜索日常杂货商品。

经验分享

- E-mail 营销可以提升在线销售的 4 倍的离线销量。
- 让 E-mail 用户来访你的实体店，获得他们的邮政编码并且在 E-mail 中给出他们最近的店铺地址。
- 如果可能并且现实，尽量由店铺管理层来发送 E-mail，带上他的照片，而不是一般的销售人员。

第 22 章 组织管理 E-mail 程序

营销者采用策略（比如定向地提升邮件的相关性）的速度已经开始变得缓慢了，但企业中 E-mail 的使用量却上升了。然而，很多公司还没有集中它们的 E-mail 的能动性，甚至只有极少数的公司会采取一些规则来控制发送频率和分析订阅者行为。由于市场将会继续扩大，复杂性和集中性的缺乏将会增加订阅者收到的邮件量。没有了集中性，营销策略是建立品牌还是损坏品牌就是未定的了，如果企业之中缺乏协作和共识，那么即使是一个普通的策略也是无法完全实现的。执行者已经开始清楚地感觉到了优化邮件效果和效率的挑战性了，这在某种程度上是由于集中性和信息协作的缺乏造成的。

 22.1 E-mail 存在的问题

22.1.1 消费者购物渠道

消费者由最基本的三个渠道来获得产品和服务：

- 零售商店
- 文件目录或其他的直接邮寄包裹
- 网站

在线销售额增长是很快的，但它仅占零售总额的一小部分。目录销售和直接邮寄是通过电话、网络或偶尔的邮寄和传真来产生销售额的。

22.1.2 营销媒介对销售额的影响

如图 22-1 所示，至少有 7 种方法可以让顾客购买，E-mail 营销只是众多方法中的一个。

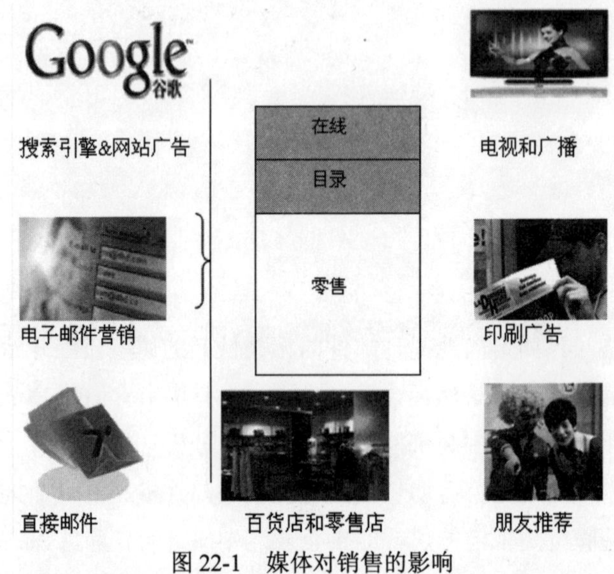

图 22-1 媒体对销售的影响

哪一种方式是最重要的呢？这是无法回答的，要视产品和情况而定了，这是不好预测的。每种方式不仅仅对销售额有影响，对建立品牌、顾客建立关系、建立保留度和忠诚度也是有影响力的。搜索引擎营销重点在于销售产品，而 E-mail 营销和病毒式营销则针对一些不同的方面，电视是建立品牌的主要方式。

每种营销媒介对消费者的行为都有不同的影响效果。电视和广播可以推销品牌，能促使消费者打电话、访问零售店或访问网站，但电视和广播对销售的影响不能被有效地测量。电视追踪依赖于调研机构尼尔森的年度报告，但这些报告是很间接的。尽管电视产生的效果很难被直接追踪，但它却很有威力，优秀的电视广告使很多品牌家喻户晓。

印刷广告有时还包括优惠券，它能够被追踪到，但却极少富有个性。有时要耗时好几个月才能知道优惠券的全面效果，而E-mail优惠券的效果可以在几天之内就知道。在杂志和报纸上印刷广告通常是用来建立品牌的，它们能有效地促使消费者访问零售店。

和其他营销媒介相比，直接邮寄更像E-mail，它是可追踪的、有效力的，并且经常都有盈亏责任的。在某些机构中，这个媒介在预算和影响力方面可以和E-mail营销旗鼓相当了。

若你能让消费者去访问你的网站，那么网站就是一个非常有效力的营销工具。当网站刚诞生的时候，它们是被用来建立品牌的，并且经常很死板和正式，而现在，访问和开发网站是很富有乐趣的了。

搜索引擎营销已经变成打广告和促使顾客访问网站的主要途径了。在网站上，顾客可以了解更多的信息和进行购买。由于Google的成功，毫无疑问地，搜索引擎营销在将来会继续成长，可以和其他任何的营销途径相媲美，在预算方面也能和E-mail营销抗衡了。

E-mail为大量的公司服务，除了能产生在线销售额之外，还能驱使消费者去访问零售店——零售店的销售额是在线销售额的4倍，但E-mail产生的销售额可比这个数字多很多。E-mail已经成为了客户关系管理的关键工具，它们可以提供信息、回答问题、创建忠诚度、建立品牌，还可以做到电视机、广播、印刷广告、直接邮寄和目录销售所有能做到的事——甚至更多。若能结合病毒式营销，它们还能将“向朋友推荐”变成一门美好的艺术。

22.1.3 媒介竞争问题

很多公司的管理者都还没有意识到E-mail的众多功能，所以，他们的E-mail营销往往达不到预期的效果。更糟糕的是，E-mail营销不能良好地统筹而导致内部竞争，在很多公司里，不同的小组会独立地发送E-mail，在未经过协调的情况下，这些小组将E-mail发送给相同的订阅者，这是一个内部竞争。如图22-2所示阐述了对E-mail负责的单位。

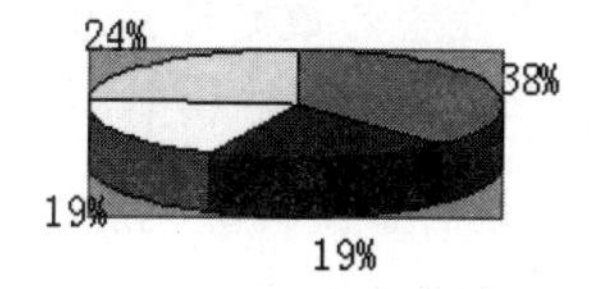

来源：JupiterReasearch 2007

图22-2　主要公司的E-mail单元

除了这些单位给相同的订阅者发送促销性和交易性E-mail之外，内部的媒介分配经常也是不协调的。这种情况通常会导致给订阅者发送过量的E-mail，并且信息里的品牌和风格也会不一致。在某些情况下，多个 E-mail 单位会导致传送问题，因为某个部门错误的邮件会破坏整个公司的信誉。由于 E-mail 已经成为公司多样渠道策略的核心了，分散化已经不仅是一个问题这么简单了。

22.1.4 IT（信息技术）问题

在大多数的公司里，E-mail 营销的最大问题并不是来自于营销媒介之间的竞争，而是来自于 IT。在很多公司里，IT 挡住了有效的 E-mail 营销的道路，下面是它如何运作的。

当网页刚出现的时候，没有人知道它会被用来做什么，很多公司都将互联网当成是一种技术，这就意味着网站的建立和维护的任务被指派给了 IT。当然，就我们目前所知，网站和 E-mail 是最主要的品牌建立、营销和销售的工具。营销是动态的，而 IT 是可以被组织和计划的。IT 的目标是创建可以长期完美运行的方案，而营销就简单一些了，是创建能持续几个月的方案，并且不用做任何改变。最终，大多数的公司管理层就觉醒了，都认识到了这个形势，并且在营销部门中开始使用网站和 E-mail 营销了。但在某些公司中仍然存在一些问题，例如在 IT 中将网站和 E-mail 的功能仍然混淆在一起。

IT 还反映出 E-mail 营销的另一个严重的问题，这个问题是中央数据仓库导致的。IT 通常是维护中央数据仓库的，这会为直接邮寄引发某些问题，因为数据库营销经常需要数百个领域的数据信息（追加的人口统计数据、生命周期价值、RFM 等），这些信息都是进行细分和个性化处理时必不可少的，但它们却和 IT 的核心性能没有关联。营销数据库需要包含潜在客户和失效客户，并且至少每个星期（或者有时可以每天）对数据库进行更新，所有的这些功能都是恒定的，它们不像有规则的、周期性的功能，比如工资、账单、供应管理、订单执行和总账。出于这些原因，营销部门设法将它们的营销数据库外包给服务局，致使 IT 丧失了一个有价值的功能。

即使将营销数据库外包给了一个服务局，IT 在中心数据转移方面还是占有重要位置的。POS 数据、网站购物车数据和电话销售数据在被传递到服务局或其他的任何地方之前，都会先经过 IT 的。只要我们处理的是直接邮寄，这种数据转移功能是不会产生问题的。直接邮寄通常是按周发送出去的，而 E-mail 就不是这样了。

为了达到更好的效果，在消费者进入网站或点击邮件之后的几秒钟之内，E-mail 就必须被发送出去。每日或每周进行更新就显得太缓慢了，消费者希望在他们仍坐在电脑旁或手持式设备还在手上的时候就能收到你的信息。

有些 IT 部门拒绝花费资源来解决数据转移问题。在《E-mail 的成熟》（Maturation of E-mail）中，Jupiter Research 发现，被研究的公司中，有 41%的邮件要花上三天或三天以上的时间来回应和服务相关的询问，有的就干脆不回应了。

如果机构将它们的 E-mail 信息集中起来，就可以很容易地形成一些规则，允许不满的客户在交易性邮件中补救某个服务问题，直到客户的问题被解决为止。在某个基础设施的条件下集中 E-mail，还能够允许发送出去的确认通知能达到促销的目的。

在某个我们曾经工作的公司里，当顾客注册了 E-mail 时事通讯时，IT 要花两个星期来提供所需数据，然后向他们发送欢迎邮件，并且还需要一个星期来筹划第一封促销性邮件。外包的 ESP 和营销数据库服务局将会在那等着采取行动，但却迟迟等不到发来的数据。若你想要拥有一个有效的 E-mail 营销方案，就必须解决像这样的问题。

22.2 如何研制一个能赢利的 E-mail 营销方案

22.2.1 E-mail 在组织内部的用处

在第 1 章中已经提到过，JupiterResearch 研究公司的一份研究报告显示出，E-mail 营销是被用来：

- 客户服务交流（74%）
- 促销性营销（59%）
- 时事通讯（53%）
- 公共关系（40%）
- 账单（38%）
- 订单确认（37%）
- 特别提醒（31%）
- 装运通知（28%）

这些 E-mail 可能是从不同的部门里分离出来的，将它们集中起来就可能会反映出某些问题，然而，必须将问题解决，因为订阅者更喜欢与公司里知道他们、关心他们的人进行单独交流。

22.2.2 确定当前 E-mail 计划的净利润

很多问题是能够被解决的，但需要花费大量的人力和物力，并且有些步骤是必须要采取的。

很多公司都还没有确定出它们现有的 E-mail 方案的效益和利润，为了能够在方案中更好地利用资源，你首先要建立一个数字依据，显示出你正在做什么。应该采取的步骤如下：

（1）根据在线销售额确定订阅者的生命周期价值（见第 6 章）。

（2）确定出 E-mail 产生的离线销售额。尝试使用 E-mail 优惠券，并且查询离线消费者的信息来源。只要做一点点的调查，就可以根据在线和离线销售额描绘出订阅者的生命周期价值了。

（3）估算出当前的 E-mail 对建立忠诚度、保留度、品牌和转介的效果，用生命周期价值的形式将它们进行量化。

22.2.3 制订一个三年的 E-mail 营销计划

现在已经有了当前 E-mail 方案的运作信息，接下来就为将来设计一个激进的计划，确定出如何能够增加在线/离线销售额和利润，以及你需要哪些资源来达到这个目标。在这个计划中，就假设当前的障碍（筒仓式竞争、IT 无回应、缓慢的数据等）都是可以解决的，显示出问题解决后会发生什么，然后将计划集中，让执行人员来审查。计划应该包括：

- 每个三年计划所要获得的订阅者人数，并附上获得这些人数的策划方案。
- 一个病毒式营销方案，并估计一下所能获得的成绩。
- 搜索引擎营销、博客、社会网络和横幅广告的影响力。
- 顾客的状态水平（比如银的、金的和铂金的），并附加上每个水平的人数和效益。
- E-mail 营销方案所导致的打开率、点击率和转化率的上升数，以及在线、离线和目录销售额的增长，比如改善的保留度、NBP、病毒式营销测试、互动性和更相关联的交流等。
- 在第三年末所要实现的总利润，以及为达到这个目标对所需资源的投资回报率（ROI）。

22.2.4 列出 E-mail 方案的利益相关者

公司里对 E-mail 拥有股权的人可能包括：

- 营销人员
- 销售人员
- 客户服务
- 执行、传送或安装人员
- 零售店管理人员
- 宣传人员
- 广告投放人员
- 目录运营人员
- 网站设计者
- 事件策划者
- 信息技术人员

要确保你的计划能让这些人员满意。

22.2.5 列出达成目标的障碍

列出当前的成功障碍，比如：

- 缓慢的数据传送导致 E-mail 无法传递高时效的信息。
- 重点关注的是当前的销售额，却忽略了长期的顾客保留度。
- 反对测试。
- 较低的 E-mail 预算。
- 没有将 E-mail 功能外包给一个有经验的 ESP。
- E-mail 功能未集中。
- 进行了个性化处理的 E-mail 中缺乏营销数据。
- 员工（或客户）获得（或提供）E-mail 地址时没有得到奖励。
- 管理层还没有认识到 E-mail 能做到的事。
- 网站和 E-mail 没有互相协作。
- 没有对订阅者进行群体细分、触发、分析和个性化处理的可用数据。

制订出一个计划来解决所有的困难，并且估算出所需的成本。你的计划必须包含下面列出的解决方案类型。

（1）集中 E-mail 功能。这是最艰难的问题了。如果你的公司里有 5 个或 5 个以上的部门在独立地发送 E-mail，并且没有对订阅者进行协调，那你就需要创建一个核心的 E-mail 营销方案，但是必须要让高层管理人员对这个集中化方法信服，否则这个计划就无法实施。你可能会需要向一个受人尊敬的权威机构获得咨询帮助，《E-mail 的成熟》的观点是：

协调性和集中性的缺乏会导致对订阅者发送过量的 E-mail，并且会使信息品牌的风格缺乏一致性。更甚的是，这种四分五裂的 E-mail 的盛行会产生传送问题，因为某个部门的错误传送会潜在地损坏其他部门的信誉。如果各部门之间没有互相协调的话，这样的分散化将会被更进一步地放大。

（2）迅速地将数据从消费者那传送给外包的 ESP。来自网站、POS 系统和目录式电话销售人员的数据必须在输入后的几秒钟内就传送出去，这样就可以立即发送 E-mail 了。

（3）解决 IT 问题。

（4）外包营销数据库和 E-mail 传送过程。可以将数据库外包给一个服务局或你的 ESP。《E-mail 的成熟》的观点是：

大多数的公司都还没有建立一个商业性的专业化的 E-mail 系统。受调查的执行人员中，有 1/3 和外包的提供商合作，30%使用户内包装的应用系统。还应该特别关注使用外包的提供商和使用户内包装的应用系统的成本对比。

（5）为 E-mail 方案提供足够的预算。还是根据《E-mail 的成熟》的观点：“若不考虑 E-mail 和战略目标的重要性的话，就只有极少数的公司会对渠道进行投资。52%的公司称，E-mail 营销仅占预算的 20%，甚至更少。”

（6）解决内部的数据分布问题。网站应该由营销人员来操作，POS 系统应该经常被更新，用来接收零售客户提供的 E-mail，并且还应该显示出顾客的购买历史和 NBP。

（7）为目录销售和零售人员提供奖励。为了从顾客那里获得 E-mail 地址，就要给销售人员一些奖励，让他们去获得地址，还应该给订阅邮件的顾客和网站访问者提供一些奖励。

（8）突出订阅 E-mail 的好处。电视和印刷广告应该突出订阅 E-mail 的好处。

（9）建立营销细分群体和状态水平。应该根据各个渠道的购买记录和顾客的偏好来细分群体和确立状态水平。比如黄金顾客，由于他们能产生多渠道的效益，目录式电话销售人员、零售人员和网站都应该尊敬他们。

22.2.6 将你的三年计划方案交给管理层

要让你的方案得到认可可能会很难，也可能会很容易，这取决于公司和领导的能力。如果你成功地完成了你该做的事，并且和组织里的人建立了盟友关系，那么你的方案就会很容易地获得认可。但如果这其中参杂一些组织变革，比如更换网站或集中邮件营销功能，那么想让你的方案得到认可就会变得相当困难了。

22.3 E-mail营销的策略和运行

22.3.1 外包E-mail的传送功能

获得了方案的认可以后，你现在要做的就是将它付诸行动。

在《E-mail的成熟》中，JupiterResearch发现：

受调查的公司中，有31%使用本土应用方法来达到E-mail营销的要求。本土应用方法通常是以E-mail服务器和设备为依据的，这些设备是装备不良的，它们能提供应用程序功能，包括传送能力、频率控制、定位和测量洞察，商业化的应用程序也能提供这些功能。如果提供了一些不同的方式来管理E-mail和那些微不足道的预算（这些经常由关键信息媒介负责），那么营销者就必须使基础设施和人力资源集中，与渠道的重要性达成一致。

22.3.2 尽可能多地应用自动化

你的ESP应该能为你提供一些软件，这些软件能自动操作大部分的邮件营销计划，就能让你有足够的时间和精力做一些长期的规划和创建内容，所有的触发器都应该是自动生成的，比如，当某个人订阅的时候，一系列的E-mail都应该自动地发送出去：确认邮件、欢迎邮件和促销性邮件，这是不需要任何人员来操作的。一产生销售的时候，就会自动的发送一系列的交易性邮件：感谢邮件、产品装运邮件、购买过程调查问卷、产品评论请求和感谢评论的邮件等。还有一些其他的自动信息：生日问候、顾客达到的状态水平和周年纪念礼品等。

22.3.3 经常做测试

每个 E-mail 广告至少要进行一次测试，你必须提前为下个月的广告研制测试方案。你可以测试标题、产品排列、管理部门的变动、竞赛和对产品评论的奖励等。测试时最重要的部分就是对每个月的测试结果进行检查，检查时应该能回答这些问题：根据上个月的测试结果，我们能对邮件方案做哪些变更呢？对下个月的广告能做哪些新的测试呢？

22.3.4 定期检测 E-mail 的频率

订阅者对他们目前的邮件频率感到满意吗？应该经常地开展和检查对订阅者频率的测试。通过 E-mail 或电话向退订者询问，要怎么样才能让他们继续成为订阅者。记住：每个月都要对这些进行检查。

22.3.5 每月检查竞争对手的 E-mail

工作人员应该从所有的竞争对手那里订阅 E-mail，在每月的 E-mail 复审会议中，某个工作人员应该总结出竞争对手的行动，这有可能会让你们想出新的点子。你的目标是：完全掌控 E-mail 领域的动态。

22.3.6 挑选出最好的 E-mail 作为对照

以打开率、点击率、转化率为依据，确定出每种类型信息（交易、触发器、促销和病毒式等）的最佳版本。这些就是你的对照组，要鼓励你的工作人员策划出超越对照组的邮件。

22.3.7 建立订阅者对照组

创建一个包含未收到你的最新想法的订阅者组，这样你就能确定出新的想法是否奏效，也能知道新想法好在哪里或差在哪里。让某个员工专门负责挑选对照组列表。

22.3.8 每个月做报告

每个月定期地追踪生命周期价值、NBP、RFM、状态水平、退订倾向和购买习性。你应该不仅拥有每个订阅者的当前价值，以便进行这些测量，而且要在数据库记录中保存订阅者之前的价值，研究一下哪些订阅者的价值上升了，哪些下降了，看看你的 E-mail 方案是起到更好的效果还是更坏的效果，然后在每个月的会议上作总结。

22.4 策划并执行 E-mail 广告活动

22.4.1 审核列表

E-mailLabs Stefan Pollard 在《10 要点质量控制清单》中写到，"成功的 E-mail 发送过程有很多变动的部分，并且它们需要正确地共同合作。在某些问题对你的列表、传送能力、信誉和效益造成破坏之前，一份有效的质量控制清单能帮你识别和改正它们。"

不管是直接邮寄还是 E-mail 营销，质量控制都是必须的。一个本该轻易避免的错误会触怒上百万个订阅者。不管工作是在内部操作还是在外包完成的，在每封促销信息发送出去之前都要仔细地审核一下。质量控制过程包含两部分：列表和邮件本身。

每个促销信息都要包含一个选择标准的清单，比如：

- 选择邮寄的群体
- 删除退订者
- 一定要把买方和非买方区别对待
- 发送频率一定要符合订阅者要求的频率
- 要确保内容和订阅者的偏好有关

在你策划这项工作的时候，要估算出符合这些标准的订阅者人数。我们先假设人数为 351 223 个。当收件人被选定之后，选择软件就会给出实际计数。我们假设计数为 397 556 个，这个数字多出了 46 333 个，这是需要担心的问题吗？这些数字每天都会被更新，它是在不断变化的，这个数字比估算的多了 13%，2%以内的差别是可以接受的，但 13%就有点困难了。E-mail 营销方案经理需要重新做调查研究了。

营销经理了解到，5 个选择标准已经被确立了，所以他用软件迅速地将每个标准和被选入的姓名核查一下，最后结果显示，除了第 4 个标准以外，其他每个标准都符合要求，订阅者的姓名就需要被重新选择一次了。

22.4.2 在传送前检查 E-mail 的内容和设置

软件应该能允许我们用肉眼就能检查 E-mail，就如它能够在收件箱里检查那样。可以随机地对 12 个姓名进行检查，从列表开头部分、中间部分和最后部分各挑选 4 个，你应该查询什么呢？

当你策划 E-mail 的时候，你应该创建一个列表，列出和标准的对照组之间的变化，我们假设列表里的变化包括：

- 40 美元以下的礼服
- 夏季前 10 名必备品——节省 50%的额外费用
- 几乎断货的男士廉价品——从高价到低价排列

检查每封 E-mail 里的每个变化，再加上几个其他的标准来确保订阅者看到的内容就是他们本应该看到的。要特别注意的是，要检查每个"很老"的链接，确保它们还是有效的。

质量控制的背后还有两个秘诀：高级策划和使用备忘录进行系统化地检查。

22.5 E-mail 的执行步骤

22.5.1 四个必要的执行步骤

与一个 ESP 建立 E-mail 方案时，可以遵循以下四个基础步骤：探索发现、开发研究、测试检验和部署调度。

22.5.2 探索发现

探索发现的过程就是找出你有哪些数据，并且该如何使用这些数据来为营销方案创建 E-mail。如表 22-1 所示就是一个个案研究，显示了 ESP 通常是如何处理这个过程的。这个过程通常要花费 18 天的时间。

表 22-1 E-mail 营销计划执行过程探索

客户执行	65 天
探索	18 天
业务和技术要求	18 天
单据业务和技术要求	15 天
要求获得批准	3 天
客户构成要求	15 天
从客户接收域名系统设立文件	15 天

续表

从客户接收回应管理文件	15 天
出站邮件配置	15 天
从客户接收退订模板信息	15 天
从客户接收推荐给朋友模板信息	15 天
向客户发送并接收校样&种子名单文件	15 天
确定的邮件类型	15 天
数据智能用户要求	15 天
转化跟踪要求	15 天
转化跟踪业务探索	15 天
向客户发送的转化跟踪文件	0 天

22.5.3 开发研究

开发研究包含研制一份能整理数据的方案，这样就能够创建和发送 E-mail 了。这个过程大约要花费 33 天时间，如表 22-2 描绘的那样。

表 22-2　进行 E-mail 营销的开发过程

开发	33 天
基本客户端配置	10 天
配置和测试域名系统记录	4 天
回应管理/ReturnPath 设置	7 天
出站邮件配置	6 天
为每个品牌设置的退订模板	10 天
为每个品牌设置的推荐给朋友模板	10 天
校样&种子名单设置	5 天
用户定义的功能-邮件类别设置	5 天
准备数据规范	13 天
数据同步规范（退订，活动，欢迎）	5 天
丢弃的购物车规格	5 天
反馈文件规范	5 天
欢迎触发规范	5 天
数据模型	5 天
规范同意	5 天
建立数据模式	3 天
接收样本数据，退订，欢迎&活动文件	0 天

续表

编写代码	20天
退订数据同步	10天
活动数据同步	10天
欢迎数据同步	10天
欢迎触发	10天
丢弃的购物车数据同步和触发	15天
反馈文件	5天
数据智能仪表盘配置	8天
仪表盘工具建立	3天
质量分析和测试	2天
提供给客户的资格证书	1天
转化跟踪配置	13天
客户安装的转化跟踪代码	10天
转化跟踪设置	3天
数据管理软件设置	4天
建立基本数据管理档案	4天
创意开发	10天
从客户接收模板	0天
为每个品牌建立欢迎创新	10天
为每个品牌建立丢弃的购物车创意	10天

22.5.4 测试检验

在任何一封E-mail被发送之前，都必须有一个严格的测试和试验方案，以确保之前研制的代码正确地运行，并且ISP能习惯于这个新代码。如表22-3所示对测试进行了阶段划分。

表22-3 新的E-mail营销计划的测试与升温

测试	38天
习惯测试	31天
测试欢迎触发	5天
测试丢弃购物车触发	5天
反馈文件测试	5天
转化跟踪测试	3天
数据管理文件的质量分析	1天

续表

推荐给朋友测试	1天
退订测试	1天
回应管理测试	1天
IP 升温/送达能力计划	17天
1周两封邮件	3天
2周两封邮件	3天
3周三封邮件	9天
培训与教育	1天
分析培训	1天
报告制度培训	1天

试验部分是用来向ISP保证，你是一个合法的E-mail营销者，而不是一个垃圾邮件发送者。试验方案看起来需要花很长的时间——确实是这样的，通常需要17天左右。但是若没有试验方案，你的E-mail营销方案就有可能迈错步伐，这会严重损耗传送能力。慢速和稳定是试验方案所必备的。

22.5.5 部署调度

最后一个阶段就是部署调度了，由于之前的步骤已经包含了所有的应变事项，所以这一步就很简单了，如表22-4所示。

表22-4 在ESP的E-mail程序的部署

部署	2天
接收并负载原退订文件	1天
欢迎数据同步和触发	1天
丢弃的购物车活动触发	1天
退订数据活动同步	1天

22.6 什么会出错

Pollard在他的《10要点质量控制清单》推荐了这个列表样本：

- 空白的E-mail
- 有拼写错误的标题

- 将发送给全部列表的信息进行测试
- 错误使用的图像
- 图像遗漏或损坏
- 代码错误导致所有的文本和图像丢失
- E-mail 客户端浏览器未呈送你发送的内容

Pollard 还提供了很多重要的质量检测方法，总结为以下几个方面：

- 检查副本。将副本粘贴到一个纯文本程序中，然后用肉眼检查它，它看起来就会不一样了，这能帮你发现错误。
- 检测执行中心。CAN-SPAM 要求添加退订链接和公司的邮政地址，所以一定要包含这些成分，并且让它们容易被找到，还要包含电话号码、网址和 E-mail 地址，要确保订阅者能用各种方式联系你。
- 标题一定要能准确地反映出 E-mail 的内容，并且发件人的那一行要显示出公司或品牌名称，不要仅仅是一个邮件地址。
- 要保证日期（尤其是版权）反映的是正确的年份。若出现错误的日期，就会显得你不专业和草率。
- 点击每个链接和与链接有关的图像，以确保它们都是有效的，还要保证每张图像都有一个描述内容的 alt 标签。
- 在不同的客户端和不同的计算机平台的预览窗格里预览信息，但要禁用图像。
- 即使你使用了模板对整个信息进行了调试，但在发送之前还是要进行发送测试的。
- 在发送 E-mail 之前，让一个外行人来过目一下。
- 使用第三方传送监控服务 E-mail 来确保你已将大部分的最新过滤模式进行检查了。

每个月对测试结果和之前方案的成绩做检查，并以它们为依据，确定 E-mail 方案需要做的改变。

经验分享

- 很多的大公司里，都有几个内部单位给相同的订阅者发送 E-mail，如果可以的话，应该集中一下 E-mail 营销方案。
- IT 缓慢地传送数据会有损 E-mail 方案的效果，必须要解决这个问题。
- 若要研制一个 E-mail 营销方案，首先就要确定出所有来源（在线和离线）能产生的净收益。

- 制订一个三年 E-mail 营销方案，里面包含获得订阅者的方法、病毒式计划、状态水平、测试、互动性和增加的相关性。
- 列出需要被克服的障碍，包括分散的 E-mail、缓慢的数据传送、不专业的内部生产、不足的预算和缺乏的获得邮件地址的奖励。
- 将 E-mail 外包给一个合格的 ESP。
- 尽可能多地自动发送 E-mail。
- 对每个 E-mail 广告进行测试。
- 订阅并研究所有的竞争对手的邮件。
- 创建订阅者对照组。
- 在传送之前对列表、E-mail 内容和设置进行质量控制。

第 23 章 E-mail 营销的未来

对于一个第一次接触互联网的人来说，E-mail 是一件非常新鲜的事情，当然对于邮件营销者也是一个新鲜的工具，所以 E-mail 营销在早期的反馈远没有现在这样糟糕。然而现在，越来越多的 E-mail 充斥着网民的日常生活，各种粗制滥造的 E-mail，饱含着让接收者满腹怀疑的成分，营销之路，变得越来越坎坷。

为什么会这样？因为太多的营销者将 E-mail 营销当成了一种完整的销售模式，而不是一个维护客户关系的工具。E-mail 营销是一个很好的工具，廉价、快捷、可跟踪，但是永远要记住，营销的核心是客户，维护的核心是关系，以此为核心，积极实施耕作式邮件营销，那么 E-mail 营销的未来还是充满希望的。

23.1 E-mail 营销的现状

23.1.1 E-mail 营销的困境

“野生动物”的狩猎和狩猎式 E-mail 营销都陷入了困境。困境产生的原因是有太多的

“猎人”。越来越多的公司在“森林”中设置了越来越多的“陷阱”，这样便减少了每次狩猎的“战果”（销售），并且逐渐缩小了有利可图的“游戏”（忠诚订阅者）的范围。最终会导致整个“野生动物”狩猎和狩猎式 E-mail 营销行业的毁灭。狩猎式 E-mail 营销出现了什么问题？

首先，订阅者的收件箱里堆了太多的 E-mail——大大地超出了大多数订阅者所能阅读和需要的。E-mail 营销人员每年仍然在发送更多的邮件。E-mail 开始由每月几封变为了每星期几封，然后是半周几封，甚至是每天几封。这是为什么呢？因为销售压力地增加。E-mail 发送的越多，销售量便越多。因此，很多营销人员的目标便是将订阅者浸于尽可能多的 E-mail 中。

每年，都会有更多的公司开始使用 E-mail 营销业务。他们看到其他人在 E-mail 营销中获益，便也想加入进来。但是，打开率降低了：年复一年，每一年的邮件平均打开率都会比前一年的低。打来率由平均 40%变为了 25%，如今可能会低于 13%。

订阅者疲于收到铺天盖地的 E-mail，并且不再信任所谓的“退订”按钮（也许是因为很难发现并且很难使用“退订”按钮）。他们采取了简单的方式，他们举报曾经注册过的 E-mail 为垃圾邮件。结果，越来越多的合法的营销 E-mail 被指控为垃圾邮件。Merkle 的研究表明：68%的顾客说，他们曾注册过的表示愿意接收的 E-mail 被过滤器错误地当做是垃圾邮件。这组中的大部分人（73%）不在意发生这样的事情。垃圾邮件过滤器已经成为了一种无意识的，非常受欢迎的，减少 E-mail 数量的工具。这损害了整个合法的 E-mail 营销过程。

E-mail 营销深受公共悲剧的毒害。公共悲剧是一个经济陷阱，它是个人利益与公共利益对有限资源的争夺。它表明，对于有限资源（如公共土地或因特网）的免费使用和无限制的需求，最终会导致资源的过度开采。因为因特网本质上是如同未被保护的公共土地一样的免费资源，每个人都可以使用。如果没有人保护它，它会逐渐被破坏。

23.1.2 解决方案：耕作

对于这些问题只有一个解决方案：想生存下去的 E-mail 营销人员必须由狩猎转为耕作。在 18 世纪的英格兰，公共悲剧是由圈地运动解决的：土地被篱笆隔开，这样爱护土地和牲畜的个人便可以进行耕作，牧场不再是公有财产。我们今天需要在 E-mail 营销中做同样的事。

E-mail 营销人员必须关注注册过的订阅者的兴趣和倾向性，而不是只关注建立漂亮的 E-mail 和在不认识的顾客身上下工夫。营销人员应该建立营销数据库，数据库中包含每个订阅者 360 度的信息：他的地理位置、线上线下的购买史、倾向性、NBP 以及市场细分。对顾客必须进行分析，发送个性化内容，用名字打招呼，并感谢他们的参与。顾客必须被分级——银卡、金卡、铂金卡，并且给予适当的感谢和奖励。

23.2 怎样进行耕作式 E-mail 营销

1．E-mail 耕作的目标

目标很简单：通过尽量多地了解我们的订阅者（这样便能够像杂货店老板与其顾客那样进行日常对话），从而产生利润。不要去想业务，想一想建立关系。耕作包括收集数据，并且利用数据去建立个人的交流：促销、交易、触发性信息、忠诚度建立信息、感谢信、病毒式信息以及会员资格信息。我们对每一位订阅者都应该有很好的了解，我们关心他们、并且认同他们。我们的 E-mail 应该发自一个真正的人，订阅者可以通过 E-mail 或电话联系到。我们授予订阅者权利，让订阅者决定邮件发送的频率和内容。作为回报，他们也愿意收到我们的邮件。

2．怎样从狩猎转为耕作

从狩猎转为耕作不是一日可以完成的。首先应下定决心成为一名耕作者，接下来则是一个多年的交易计划：什么人做了什么事情，它的成本是多少，对于成功的期望是什么。它将会通过一系列的步骤得以实现。

3．对管理程序的解释

对于任何一个公司来说，转型为耕作型的 E-mail 营销是一个重大的改变。首先，它可能很昂贵，必须要建立数据库、数据采集、用户注册以及对所提供数据的奖励。然后必须进行市场细分，并指派市场细分管理人员，必须建立预算和一到两年的计划。最后，整个过程必须向管理人员解释清楚，这样他们才能理解并批准预算。一名外部顾问或 ESP 策划师能够帮助你完成计划，并培养管理人员。直到买进，你才能进行以下步骤。

4．建立数据库

如果你缺少营销数据库，那么已有的订阅者数据库应该被当做营销数据库。它建立在相关联的平台上，所有的营销人员和 ESP 都可以使用 insight-builder 软件，通过网络进行访问，决定订阅者的哪些信息对于耕作式营销是有用的。对人口的统计应该附在邮政地址上。

5．雇用一位 ESP

如果你还没有一位外部的 ESP，那么现在应该找一位了。E-mail 营销对于任何一家企业的成功来说都很重要。在 Jupiter Research 和 Forrester Research 有数十家经审查并推荐的大型的、有经验的 ESP。向这些机构进行咨询，写一份申请请求（RFP），然后就可以开始用专业的方式进行 E-mail 营销了。

6．整合线上线下数据

所有的线下数据源都应当进行调查，并且应该发现一种方法，可以将一个用户的所有信息整合在一个中央数据库记录中。这一过程应该被外包给 ESP 或外部数据库服务提供商，因为如果内部尝试这一过程，通常会有遗留的数据所有权问题阻碍成功。例如，在很多公司，目录操作始终留有自己的数据库。但它也不需要，它能够一夜间分享数据。对于零售 POS 系统和网站维护系统也是一样的。

7．决定从订阅者那里可以得到什么数据

通过一系列的信息项，建立每一位订阅者的信息。其目标是了解每一位订阅者，并且得知他们希望获得的信息类型、信息发送频率、感兴趣的产品、NBP（第二个最好的产品）、礼品登记、周年纪念、生日以及家庭职责。我们也想知道订阅者的收入、年龄、财产、房子的类型、种族和生活方式等。对订阅者输入参考信息的表格进行设计。对于每一项数据，建立一项业务规则以确定怎样应用这项数据与顾客进行对话，并且能够发送让他感到高兴的 E-mail。

想一想这些数据是怎样对零售商店的销售人员、呼叫中心，以及目录销售代理人起作用的。很多狩猎 E-mail 营销人员在其订阅者数据库中只有订阅者的 E-mail 地址和名字，要想实现耕作，就需要从现有的订阅者和新的订阅者那里得到更多的信息。用适当的方式，获得订阅者更多的信息，特别是他们的通信地址、电话号码以及倾向性。用数字目标建立一个计划，最好为用户、细分管理人员以及其他可以推波助澜的客户联系人员提供奖励。利用双向选择程序确保订阅者真的愿意接收你的信息。

8．确定细分需求

以消费者注册的数据为市场细分的基础，而不是一些主观臆断的想法。开始时，你可以使用一些临时的市场细分计划，如年龄、收入、点击细分或是所购产品的类型。当已经

收集好了数据，倾向性表格也已经填好时，应该修改市场细分，从而获得 E-mail 营销的最佳效果。任命细分经理并让他们负责设计出能够吸引各个细分组的交流方式。经理们的目标是增加来自细分组的打开率、点击率和转换率，减少退订和不可发送率，以及整体细分生命周期价值和赢利能力。

9．立即开始测试

每一项新的想法都应该使用 A/B 分割或控制组进行测试。从现在起，所有的邮件在发送前都应该经过测试。每一位细分经理都应该给出所进行的测试、测试的结果、以及从每个月的测试中得出的改变推荐和新措施。没有经过测试的 E-mail 浪费了学习有价值事情的机会，没有经过分析和行为修改的测试是所得信息的浪费。

10．学习案例

进行 E-mail 营销就如同真实的耕作，只有实践者才能得到经验。大部分的经验只可意会，不可言传。如果我们成为现代专业的耕作者，就应该思考并记录这些经验。毕竟，其他的耕作者只有读了专家们所写的经验，耕作才会变得非常高效。

对于我们的 E-mail 营销来说，每一位账户经理和细分经理都应该定期进行案例学习。为学习制订一个计划：以前的情况是怎样的，现在实现了哪些新的想法，它是怎样进行测试的，测试的结果，得出的结论，以及所学经验的一般性应用。结果应该包括很多结论，例如“每 1000 份 E-mail 产生的转化为 12，用以前的方法得到的转化为 8”。

11．收集例子

建立一系列的例子，如触发器、交易信息、内容、病毒式邮件、忠诚奖励等。你的例子需要进行索引，并向所有的营销人员和 ESP 开放，这样就省去了很多麻烦。

12．规律性地进行检查

每季度或每年，检查你的 E-mail 营销项目。设立一个正规的检查，使用完备的图表、测试结果，以及改革推荐。在准备这些检查时，建立每项细分的生命周期价值和细分成员，并与之前的检查进行比较。研究并分析 NBP 分析、病毒式营销、激活业务、身份级别奖励、竞赛、游戏以及互动的结果。

13．建立忠诚计划

在早期，确定什么类型的客户忠诚计划对公司来说收益最多，并且最受订阅者欢迎。将它向当前与所有订阅者和顾客联络的人员解释清楚，建立收集忠诚顾客的目标。

14. 使用互动

在全部信息中进行计划和执行的互动，目标是让每封 E-mail 成为一项冒险。通过 E-mail 将文字聊天的在线代理商发送给用户，并且包括一个搜索框，让用户可以在他们所收到的 E-mail 中查找需要的内容。

15. 设计一个管理部门

所有发送事务处理电子邮件的机构都应该设有行政管理部门。

16. 设计标准的交易信息

用商业规则设计能够自动执行的标准交易信息。

17. 资料记录

确保你的数据库记录了订阅者的 NBP、RFM 码元、段号和生命周期。当客服为 E-mail 的建立、网站或是报告而使用数据库时，应该能够看到这些信息。

18. 选择一个 ESP

Jepiter Research 的《从内部发送》写道：目前，大概 56%的商业 E-mail 是由外包商发送的。这是因为增加了 E-mail 发送能力的复杂性，以及 ESP 提供的更多的服务。拥有外包业务的 3%的公司正在考虑转移到内部运营。根据 Jupiter Research 的叙述，希望通过上端解决方案增强生产控制，表明营销人员被上端利益所误导；如果执著于这一观念，他们可能会失望。生产和控制问题通常会陷入组织功能障碍和冲突，并且技术不能解决。

对此我们有两个理由。

第一，复杂性和改变。E-mail 营销是一个高度复杂的行业，不只是专门的软件、培训和经验，它总是在变化中。与有技巧和经验能够处理 100 多个客户的 ESP 相比，内部工作人员很难适应此行业的变化。

第二，必须要学习专业程序。为了在 E-mail 营销上有竞争力，营销人员必须要懂得并实施病毒式和互动营销、市场细分、生命周期价值、分析、触发、测试、事务处理 E-mail，以及对邮件主题行不断地进行实验。可能我们雇不起该领域的专家，但没有他们，我们就不能建立起能够跟上顶级 E-mail 营销人员的 E-mail 项目。

通过内包降低 E-mail 营销成本真的是小事精明大事糊涂。与其他形式的营销相比，E-mail 营销非常便宜。公司需要考虑的就是订阅者的兴趣和倾向性：你是否能够不断地传递相关性信息关系到忠诚度建立和销售。你能够从有经验的 ESP 那里得到关于这个领域的任何帮助，且会远远超过内包节约的成本。如表 23-1 所示为狩猎式与耕作式的对比。

表 23-1 狩猎式与耕作式的对比

功　能	狩　猎　式	耕　作　式
营销数据库	订阅者和买家名单。只拥有买家的邮寄地址；无人口统计因素，无线下历史	完整的营销数据库，包括姓名，邮寄地址，人口统计因素；打开，点击和转化历史，包括来自电子收款机系统和目录的线下销售
频率	每天或一周两次；订阅者没有选择	每月，每半月，每周，有时每天；给予订阅者大量的选择
市场细分	无，所有的订阅者得到同样的信息	数个营销细分，每个都有不同的创意，每个都有一个管理者
个性化	无，或只有个人问候	个人问候；基于数据库中每个人记录的内容
触发	无	生日，纪念日，之前购买的提醒，基于购买的建议，产品推荐
事务处理	感谢信息，发运订单	感谢信息，发运订单，订单处理流程调查，产品评论请求
分析	打开，点击，转化	打开，点击，转化，产品推荐，脱离预测，生命周期价值，RFM
互动	每封 E-mail10 个链接	大量的链接，寻宝，游戏，每封 E-mail 有 200 多个可能存在的链接，视频，文字字体放大，图片放大
Cookies	用于购物车	用于问候，购物车，填写表格，网站布局，个性化自动店铺定位器
相关性	平均 1.5 左右	平均 2.7 左右
线下销售	店铺定位器	店铺定位器，来自店铺管理者的信件，店铺折扣券，根据家庭电话进行的线下销售完全跟踪
主题行	大量的测试	大量的测试
订阅者获得	来自电视，印刷品，搜索引擎，旗帜广告，随即抽取，直接邮件	来自电视，印刷品，搜索引擎，旗帜广告，随即抽取，直接邮件，病毒营销；双向选择；给予离线销售人员和目录销售人员奖励
病毒营销	几乎没有	在每个 E-mail 页面一直存在，并对订阅者和病毒目标给予奖励
买家的对待方式	与非买家一样	买家按等级给予很好的待遇，不断感谢，对更高等级的买家免运费
退订和不可送达	每年失去 35%左右；无激活程序	每年失去 20%左右，用直接邮件跟进能够激活 5%左右的流失客户
创意	内部进行	内部促销，向 ESP 外包事务处理和触发信息
测试	主题行	每个促销、大多数触发和事务处理信息，根据测试结果进行多次修改
营销成功的回顾	每年	此项计划每个方面的月讨论，季正规回顾

续表

功　能	狩 猎 式	耕 作 式
订阅者加入	偏好表；不基于偏好的行动和内容	大量的加入：偏好表，产品评论，博客；基于获得订阅者商业规则的所有外向型 E-mail
忠诚度计划	无	积分或折扣
投资回报率	每 1 美元的投资产生 10 美元的回报	每 1 美元的投资产生 80 美元的回报

经验分享

- 使用狩猎方式发送的 E-mail 获得成功的可能性逐年降低。
- 耕作，而不是狩猎，是成功 E-mail 营销的解决方案。
- 建立一个转向耕作方式的三年计划。
- 向管理者解释此过程。
- 建立在线、离线数据库。
- 从订阅者那里得到相关信息。
- 建立市场细分并任命细分管理者。
- 开始测试、收集案例，并且每季度进行业务检查。
- 建立忠诚度计划、互动计划，并建立管理部门。
- 使用实时聊天和搜索框。
- 计算 NBP，生命周期价值，RFM 等。

《E-mail 营销——网商成功之道》读者交流区

尊敬的读者：

感谢您选择我们出版的图书，您的支持与信任是我们持续上升的动力。为了使您能通过本书更透彻地了解相关领域，更深入的学习相关技术，我们将特别为您提供一系列后续的服务，包括：

1. 提供本书的修订和升级内容、相关配套资料；

2. 本书作者的见面会信息或网络视频的沟通活动；

3. 相关领域的培训优惠等。

请您抽出宝贵的时间将您的个人信息和需求反馈给我们，以便我们及时与您取得联系。

您可以任意选择以下三种方式与我们联系，我们都将记录和保存您的信息，并给您提供不定期的信息反馈。

1．短信

您只需编写如下短信：B11252+您的需求+您的建议

发送到1066 6666 789（本服务免费，短信资费按照相应电信运营商正常标准收取，无其他信息收费）

为保证我们对您的服务质量，如果您在发送短信24小时后，尚未收到我们的回复信息，请直接拨打电话（010）88254369。

2．电子邮件

您可以发邮件至jsj@phei.com.cn或editor@broadview.com.cn。

3．信件

您可以写信至如下地址：北京万寿路173信箱博文视点，邮编：100036。

如果您选择第2种或第3种方式，您还可以告诉我们更多有关您个人的情况，及您对本书的意见、评论等，内容可以包括：

（1）您的姓名、职业、您关注的领域、您的电话、E-mail地址或通信地址；

（2）您了解新书信息的途径、影响您购买图书的因素；

（3）您对本书的意见、您读过的同领域的图书、您还希望增加的图书、您希望参加的培训等。

如果您在后期想退出读者俱乐部，停止接收后续资讯，只需发送“B11252+退订”至10666666789即可，或者编写邮件“B11252+退订+手机号码+需退订的邮箱地址”发送至邮箱：market@broadview.com.cn 亦可取消该项服务。

同时，我们非常欢迎您为本书撰写书评，将您的切身感受变成文字与广大书友共享。我们将挑选特别优秀的作品转载在我们的网站（www.broadview.com.cn）上，或推荐至CSDN.NET等专业网站上发表，被发表的书评的作者将获得价值50元的博文视点图书奖励。

我们期待您的消息！

博文视点愿与所有爱书的人一起，共同学习，共同进步！

通信地址：北京万寿路 173 信箱　博文视点（100036）　　电话：010-51260888

E-mail：jsj@phei.com.cn，editor@broadview.com.cn

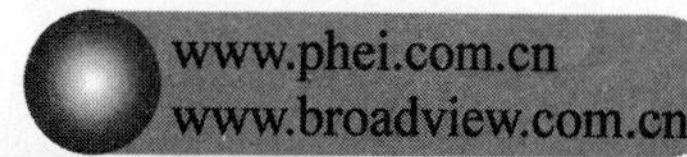

反侵权盗版声明